Wissenschaftliche Taschenbücher WTB

Texte und Studien

Festkörperphysik

Entwicklungstendenzen und Anwendungsmöglichkeiten

Akademie-Verlag · Berlin

WTB Wissenschaftliche Taschenbücher

Reihe BIOLOGIE

HANS BERGNER
Tierernährung

HELMUT FRIEMEL / JOSEF BROCK
Grundlagen der Immunologie

HELLMUTH GÄBLER
Forstschutz

HEINZ GEILER
Ökologie der Land- und Süßwassertiere

PAUL HOFFMANN
Photosynthese

EBERHARD HOFMANN
Eiweiße und Nucleinsäuren als biologische Makromoleküle
Dynamische Biochemie, Teil I

EBERHARD HOFMANN
Enzyme und energiebereitstellende Reaktionen des Stoffwechsels
Dynamische Biochemie, Teil II

EBERHARD HOFMANN
Der Stoffwechsel lebendiger Systeme und seine Regulation
Dynamische Biochemie, Teil III

EBERHARD HOFMANN
Grundlagen der Molekularbiologie und Regulation des Zellstoffwechsels
Dynamische Biochemie, Teil IV

FRIEDRICH JACOB
Bewegungsphysiologie der Pflanzen

GERHARD LERCH
Pflanzenökologie

JOACHIM NITSCHMANN
Entwicklung bei Mensch und Tier

HANS-WERNER NOLTE
Pflanzenschutz in der Landwirtschaft

KLAUS ODENING
Parasitismus

ALFRED PALISSA
Bodenzoologie in Wissenschaft, Naturhaushalt und Wirtschaft

MARTIN SCHMIDT
Pflanzenschutz im Gartenbau

ULRICH SEDLAG
Biologische Schädlingsbekämpfung

LUDWIG SPANNHOF
Zellen und Gewebe der Tiere

GÜNTER TEMBROCK
Grundlagen der Tierpsychologie

GÜNTER TEMBROCK
Biokommunikation
Informationsübertragung im biologischen Bereich
Teil I und II

EBERHARD TEUSCHER
Pharmakognosie
Teil I und II

GERALD WOLF
Neurobiologie

Reihe CHEMIE

HANS-MARTIN BARCHET
Chemie photogaphischer Prozesse

ULRICH BEHRENS
MANFRED RINGPFEIL
Mikrobielle Polysaccharide

ROLF BORSDORF
MANFRED SCHOLZ
Spektroskopische Methoden in der organischen Chemie

HANS DAWCZYNSKI
Temperaturbeständige Faserstoffe aus organischen Polymeren

HANS DAWCZYNSKI
Temperaturbeständige Faserstoffe aus anorganischen Polymeren

WERNER DÖPKE
Stereochemie organischer Verbindungen

MARTIN FINKE / WALTER LEIPNITZ
Moderne Methoden der Erdölanalyse

ERICH GUNDERMANN
Chemie und Technologie des Braunkohlenteers

WERNER HABERDITZL
Magnetochemie

SIEGFRIED HAUPTMANN
Über den Ablauf organisch-chemischer Reaktionen

HORST KEHLEN / FRANK KUSCHEL
HORST SACKMANN
Grundlagen der chemischen Kinetik

GERHARD KEMPTER
Struktur und Synthese von Vitaminen

PETER KRUMBIEGEL
Isotopieeffekte

KLAUS KÜHNE
Werkstoff Glas

DIETER MERKEL
Riechstoffe

DIETER ONKEN
Steroide

JOACHIM RIEMER
Quantitative organische Mikroanalyse

ROLF SCHÖLLNER
Die Oxydation organischer Verbindungen mit Sauerstoff

WOLFGANG WAGNER
Chemische Thermodynamik

GÜNTHER WAGNER
HANS KÜHMSTEDT
Pharmazeutische Chemie

Reihe MATHEMATIK/PHYSIK

HANS BANDEMER
ANDREAS BELLMANN
WOLFHART JUNG / KLAUS RICHTER
Optimale Versuchsplanung

DIETRICH BENDER
ERNST-EGON PIPPIG
Einheiten, Maßsysteme, SI

WOLFRAM BRAUER
HANS-WALDEMAR STREITWOLF
Theoretische Grundlagen der Halbleiterphysik

SIEGFRIED BREHMER
Einführung in die Maßtheorie

FERDINAND CAP
Einführung in die Plasmaphysik
I. Theoretische Grundlagen

FERDINAND CAP
Einführung in die Plasmaphysik
II. Wellen und Instabilitäten

FERDINAND CAP
Einführung in die Plasmaphysik
III. Magnetohydrodynamik

John Cunningham
Vektoren

Georg Dautcourt
Relativistische Astrophysik

Albert Einstein
Grundzüge der Relativitätstheorie

Albert Einstein
Über die spezielle und die allgemeine Relativitätstheorie

Hannelore Fischer
Joachim Piehler
Modellsysteme der Operationsforschung

Alfred Frieser
Mikrowellenmeßtechnik

Herbert Goering
Elementare Methoden zur Lösung von Differentialgleichungsproblemen

Michael Gössel
Angewandte Automatentheorie
Band I

Michael Gössel
Angewandte Automatentheorie
Band II

Michael Gössel
Wahrscheinlichkeitsautomaten und Zufallsfolgen

E. G. Golstein
Konvexe Optimierung

Ulrich Kausmann
Klaus Lommatzsch
František Nožička
Lineare parametrische Optimierung

Volker Kempe
Theorie stochastischer Systeme

Volker Kempe
Analyse stochastischer Systeme
Teil I

A. R. Kessel
Akustische Kernresonanz

Heinrich Kindler
Der Regelkreis

Dieter Klaua
Elementare Axiome der Mengenlehre
Einführung in die
Allgemeine Mengenlehre I

Dieter Klaua
Grundbegriffe der axiomatischen Mengenlehre
Teil 1 und 2
Einführung in die
Allgemeine Mengenlehre II

Dieter Klaua
Kardinal- und Ordinalzahlen
Teil 1 und 2
Einführung in die
Allgemeine Mengenlehre III

Dieter König / Dietrich Stoyan
Methoden der Bedienungstheorie

Konrad Kreher
Festkörperphysik

Jean Kuntzmann
Unendliche Reihen

Jean Kuntzmann
Systeme von Differentialgleichungen

Jean Kuntzmann
Komplexe Veränderliche

Wolfgang Meiling
Kernphysikalische Elektronik

Peter Paufler / Dieter Leuschner
Kristallographische Grundbegriffe der Festkörperphysik

Harry Paul
Lasertheorie
Teil I und II

Vorschau auf die nächsten Bände:

Frank Beichelt
Prophylaktische Bedienung von Systemen

Helmut Hess
Der elektrische Durchschlag in Gasen

Wilhelm Kämmerer
Kybernetik – eine Einführung auf naturwissenschaftlicher Grundlage

Regine Witkowski
Falko H. Herrmann
Einführung in die klinische Genetik

WTB

BAND 168

Festkörperphysik

Entwicklungstendenzen und Anwendungsmöglichkeiten

Mit 8 Abbildungen

AKADEMIE-VERLAG · BERLIN

WTB TEXTE UND STUDIEN

Verantwortlicher Herausgeber dieses Bandes:

Prof. Dr. sc. M. Balarin

Forschungsbereich Physik, Kern- und Werkstoffwissenschaften
der Akademie der Wissenschaften der DDR

Übersetzung aus dem Russischen von:

Prof. Dr. M. Balarin

Dr. R. Gerbatsch

Dr. R. Rattke

Dr. R. Teichmann

1976

Erschienen im Akademie-Verlag, 108 Berlin, Leipziger Str. 3—4

Herstellung: VEB Druckhaus „Maxim Gorki", 74 Altenburg

Lizenznummer: 202 · 100/434/76

Bestellnummer: 762 241 3 (7168) · LSV 1184

Printed in GDR

DDR 12,50 M

Inhaltsverzeichnis

Die Festkörperphysik stellt die direkteste und erfolgreichste Anwendung der Quantentheorie auf die natürliche Welt um uns herum dar. — CH. KITTEL

Vorwort

Gegenwärtig und auch für die nächste Wissenschaftlergeneration stellt die Festkörperphysik ein interessantes, aktuelles und in seinen Auswirkungen äußerst nützliches Forschungsgebiet dar. Um die heute vielfach geführten Diskussionen und Verständigungen zu ihren aktuellen Problemen, zu ihrer Stellung innerhalb der Physik und zu ihren Beziehungen zu anderen Wissenschaftsdisziplinen und zur Technik noch zu beleben und anzuregen wurden im vorliegenden Band Beiträge namhafter sowjetischer Autoren zusammengestellt, die sich direkt oder mittelbar zum Stand und zu den Entwicklungstendenzen äußern. Dabei kommen sowohl hervorragende Spezialisten auf dem Festkörpergebiet zu Wort, als auch Vertreter verschiedenster benachbarter Gebiete, wie der allgemeinen Physik, der Werkstoffkunde oder der Chemie, die eine breite Beziehung herstellen und die zumindest nicht in den Verdacht geraten, daß sie bei der Einschätzung der Bedeutung festkörperphysikalischer Kenntnisse etwa pro domo reden würden.

Die Übersetzung dieser Beiträge erfolgte nicht nur, um sie auch sprachlich einem größeren Leserkreis zugänglich zu machen, sondern vor allem, um sie allen Interessenten konzentriert anzubieten. Ursprünglich waren die einzelnen Beiträge voneinander unabhängig entstanden und in verschiedenartiger Weise verstreut publiziert. Wenn andererseits bestimmte Ergebnisse, Höhepunkte oder Erwartungen wiederholt in den einzelnen Berichten hervorgehoben werden, so muß man das als eine gegenseitige Bestätigung der Ansichten der betreffenden Autoren auffassen.

Besonders charakteristisch für den wissenschaftlichen Meinungsstreit ist der Bericht über die durch das Präsidium der Akademie der Wissenschaften der UdSSR durchgeführte Beratung über die Arbeiten der Abteilung für allgemeine und angewandte Physik (später Abteilung für allgemeine Physik und Astronomie), der sofort nach dieser Diskussion im Dezember 1969 im offiziellen Organ der Akademie der Wissenschaften der UdSSR veröffentlicht wurde, um diesen lebhaften, ideenreichen und unkonventionellen Meinungsaustausch bekanntzumachen und um solche Diskussionen im großen Kreis fortzusetzen. Allein schon die wohltuend offene und sachkundig-kritische Teilnahme an dieser Diskussion regt zu neuen Ideen an und zu größerer Zielstrebigkeit. Wenn in den inzwischen vergangenen mehr als zehn Jahren manche Details einzelner wissenschaftlicher Aufgaben gelöst wurden und die Bearbeitung neuartiger Probleme aufgenommen wurde, so hat die Grundlinie dieser Beratung nichts an Bedeutung verloren, die Fragen der Proportionen in der Physik, die Anteile fundamentaler und applikativer Arbeiten und ihre wechselseitige Befruchtung, das Verhältnis und das Zusammenwirken der Akademieeinrichtungen mit der sozialistischen Industrie, die Verantwortung für die Entwicklung von Kadern, die Fragen der Planung und Leitung der Wissenschaften und ähnliche weitere Fragen benötigen heute dem Umfang, vor allem aber auch der Intensität nach eher noch mehr Aufmerksamkeit und Parteinahme. Und wenn man die heutige Zeit mit 1964 vergleicht, so kann man für die DDR feststellen, daß die Akademie der Wissenschaften der DDR inzwischen auf dem besten Wege ist, in unserer Gesellschaft einen Platz einzunehmen, den die sowje-

→

Abb. 1. Anzahl der physikalischen Veröffentlichungen, ermittelt aus der Referatezeitschrift „Fizika", und ihre Verteilung auf die wesentlichen Teildisziplinen;
die Jahreszahlen geben das Datum des Referierdienstes an, das etwa $^1/_2 - 1$ Jahr nach Erscheinen der Primärpublikation und $1 - 2^1/_2$ Jahre nach dem Einreichen des Manuskriptes durch den Autor liegt

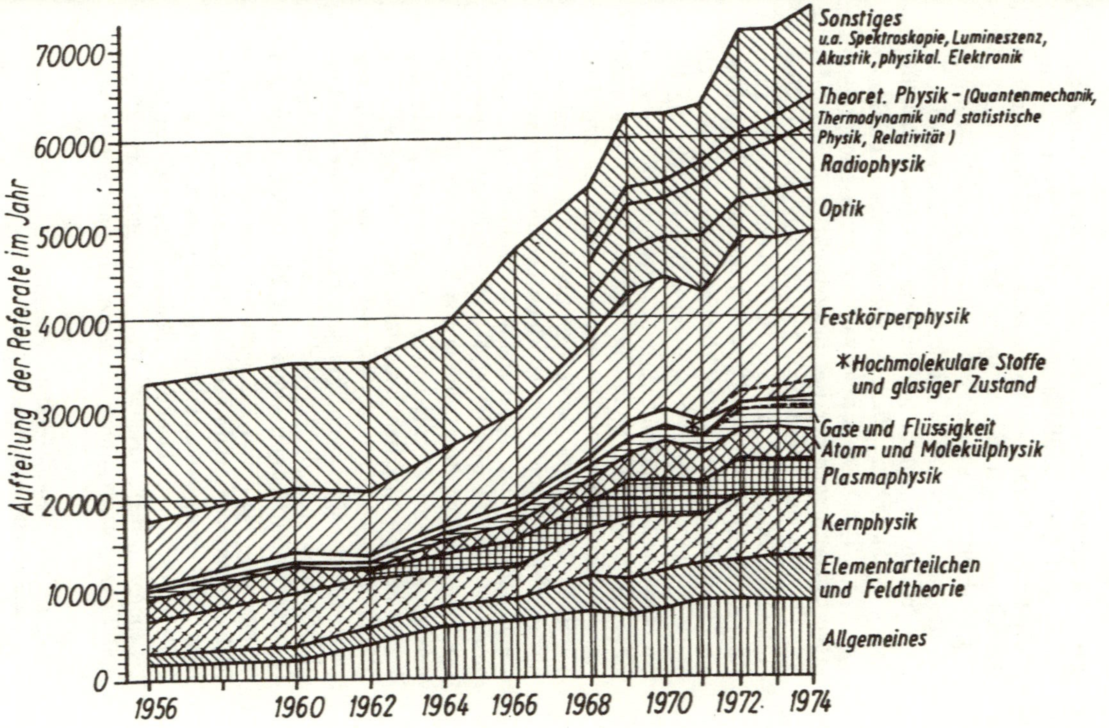

Aufteilung der Referate im Jahr
70000
60000
50000
40000
30000
20000
10000
0
1956
1960
1962
1964
1966
1968
1970
1972
1974
Sonstiges
u.a. Spektroskopie, Lumineszenz,
Akustik, physikal. Elektronik
Theoret. Physik - (Quantenmechanik,
Thermodynamik und statistische
Physik, Relativität)
Radiophysik
Optik
Festkörperphysik
*Hochmolekulare Stoffe
und glasiger Zustand
Gase und Flüssigkeit
Atom- und Molekülphysik
Plasmaphysik
Kernphysik
Elementarteilchen
und Feldtheorie
Allgemeines

tische Akademie sich durch ihre wissenschaftliche Leistung und die gründliche Klärung ihrer Position, ihrer Ziele und Lösungen — siehe auch den übernommenen Bericht — schon früher erarbeitet hatte.

Innerhalb der Physik hat sich die Festkörperphysik zu dem am stärksten bearbeiteten Teilgebiet entwickelt, dem in den letzten zwei Jahrzehnten ständig 20—25% der physikalischen Fachveröffentlichungen gewidmet sind (Abb. 1). Diese Zahlen wurden durch stichprobenartige Auswerungen der Referatezeitschrift „Fizika“ des VINITI Moskau ermittelt; vollkommen analoge Verhältnisse ergaben sich anhand der Referateorgane „Physikalische Berichte“ und „Physics Abstracts“. Vergleichsweise ist dabei der Anteil der Festkörperphysik noch immer leicht ansteigend, während z. B. ein Rückgang des Anteiles der Kernphysik zu beobachten ist. Solche Zahlenangaben aus der Sekundärliteratur sind nicht vollständig, aber auch direkte Angaben über die primären Veröffentlichungen — soweit sie überhaupt vorliegen — dürfen natürlich nicht in einzelnen Details überbewertet werden. Es ist aber sicher damit zu rechnen, daß in der gesamten Physik wie in der Festkörperphysik weiterhin die Zahl der Veröffentlichungen sich in etwa 10 Jahren verdoppeln wird. Außerdem ist zu erwarten, daß die Verflechtung zwischen verschiedenen Wissenschaftsdisziplinen noch zunimmt, von der Festkörperphysik aus sicher mit der Physik der Flüssigkeiten und der Molekülphysik, und auch die in Abb. 1 gesondert angegebenen Gebiete Optik, Lumineszenz und Elektronik enthalten zu einem großen Teil Arbeiten mit festkörperphysikalischem Inhalt. Gerade auf diese gegenseitige Befruchtung und einige ausgezeichnete Beispiele wird in den Beiträgen des vorliegenden Bandes eingegangen, insbesondere in den Berichten von Prochorow, Trefilow und Tananajew, und noch weiter bis zur Biologie wird

→

Abb. 2. Aufteilung festkörperphysikalischer Arbeiten auf Teilgebiete der Festkörperphysik; ermittelt wie für Abb. 1

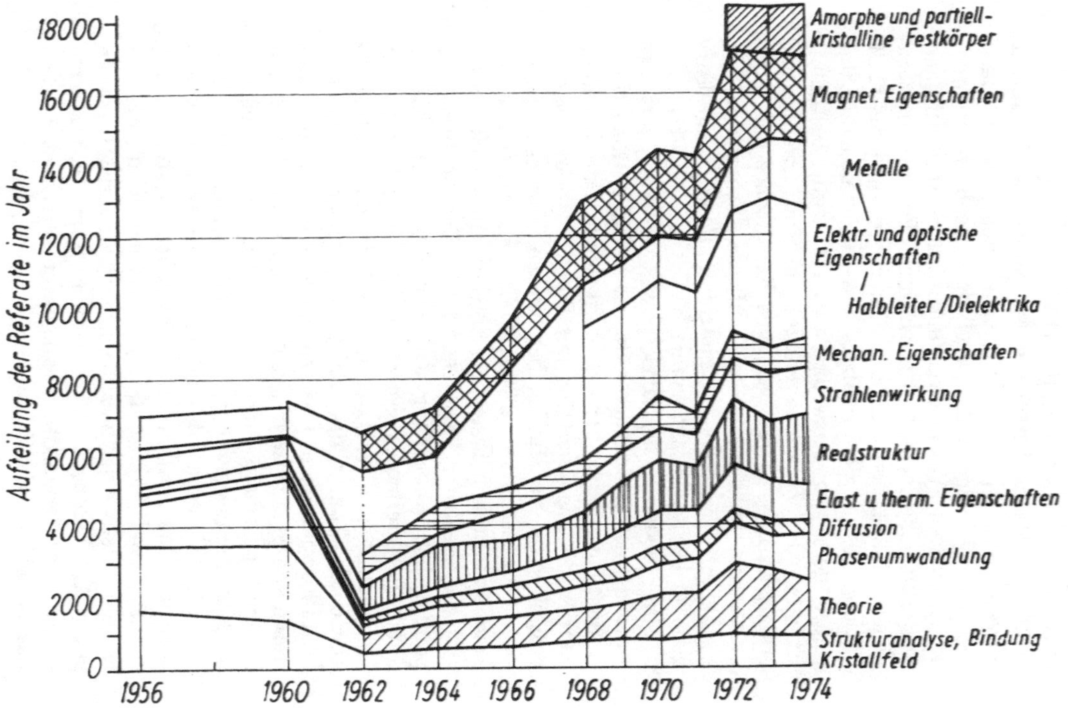
Aufteilung der Referate im Jahr
18000
16000
14000
12000
10000
8000
6000
4000
2000
0
1956
1960
1962
1964
1966
1968
1970
1972
1974
Amorphe und partiell-kristalline Festkörper
Magnet. Eigenschaften
Metalle
Elektr. und optische Eigenschaften
Halbleiter /Dielektrika
Mechan. Eigenschaften
Strahlenwirkung
Realstruktur
Elast. u therm. Eigenschaften
Diffusion
Phasenumwandlung
Theorie
Strukturanalyse, Bindung
Kristallfeld

der Bogen durch die Beiträge von LIFSCHITZ und KAGANOV und von KAPIZA gespannt.

Die gewissermaßen innere Aufteilung der Festkörperphysik (Abb. 2), ebenfalls ermittelt aus „Fizika", zeigt auf allen Teilgebieten, gegliedert nach bestimmten Eigenschaften, Wechselwirkungen oder Strukturfragen, weiterhin eine lebhafte Entwicklung. Das bedeutet zugleich, daß unsere Kenntnis auch auf engeren Teilgebieten keinesfalls als abgeschlossen gelten kann, und selbst dort, wo zeitweilig geglaubt wird, bestimmte Effekte oder Zusammenhänge genügend erkannt und erklärt zu haben, trat bald eine Renaissance des Interesses ein, indem weitere Einflüsse, Störungsgrößen, metastabile Zustände qualitativ und/oder quantitativ genauer berücksichtigt wurden.

Eine moderne Festkörperphysik entstand erst zu Anfang unseres Jahrhunderts, als sich die atomistische Auffassung vom Aufbau der Stoffe durchsetzte; bis dahin wurden die Eigenschaften nur durch phänomenologisch bestimmbare Konstanten beschrieben. Nunmehr gelang es, die Eigenschaften, z. B. die Wärmekapazität und ihre Temperaturabhängigkeit, als Ergebnis eines Vielteilchensystems abzuleiten (EINSTEIN 1907). Der Nachweis der periodischen Anordnung der Atome in einem Kristall durch die Interferenz gestreuter Röntgenstrahlen in dem Experiment von v. LAUE und Mitarbeitern (1912) erklärte gleichzeitig die vielen seit langem bekannten kristallographischen Gesetzmäßigkeiten und das Auftreten von Symmetrien und Anisotropien im Aufbau und in den Eigenschaften der Kristalle. Mit der Entwicklung der Quantenmechanik und der Berechnung der Atomwellenfunktionen wurde bald versucht, solche Rechnungen auch auf den Festkörper als Vielteilchensystem auszudehnen; zwei Fälle ließen sich besonders günstig behandeln: erstens der perfekte unendliche Kristall konnte unter Ausnutzung der Translationssymmetrie und entsprechender Periodizitätsbedingungen berechnet werden, was besonders wichtig für die äußeren Elektronen, die

Leitfähigkeit, die Elektronenzustandsdichte, die elastischen Moduli u. a. Eigenschaften ist; zweitens für stark lokalisierte Zustände, wie z. B. Farbzentren an Aktivatorionen in Ionenkristallen, konnte der Einfluß des Kristallgitters wie eine Störung auf das Aktivatorion betrachtet werden, ebenfalls mit Berücksichtigung aller spezifischen Symmetrieoperationen.

Mit der raschen Entwicklung der Experimentiertechnik und der immer besser aufgelösten Abbildung des Mikro-Aufbaus der Festkörper wurden verschiedenartigste Störungen eines idealisiert perfekten Gitters festgestellt und ihre Wechselwirkung miteinander; das wurde zum neuen Gegenstand tiefergehender Untersuchungen. Diese Realstruktur des Festkörpers bestimmt überhaupt erst wichtige Eigenschaften und Reaktionen im festen Zustand, sie ist kein Schönheitsfehler der Kristalle, und sie entsteht und ändert sich gesetzmäßig mit den Bedingungen der Erstarrung und Kristallisation ebenso wie mit mechanischen, thermischen, Strahlungs- u. a. Belastungen. In der Beschreibung und Theorie wurden inzwischen ausführliche Arbeiten zu verschiedenen Defekten in der atomaren, elektronischen und Spinordnung durchgeführt, zu ihrer Stabilität, Kinetik und Reaktivität, zum Verhalten im thermodynamischen Gleichgewicht und weit außerhalb eines solchen Gleichgewichtes. Besonders sei auf die Bedeutung von Grenzflächen, Oberflächen und dünnen Schichten hingewiesen, die einerseits charakteristische Unterschiede im Aufbau und dem Verhalten gegenüber dem Volumenmaterial aufweisen können und denen typische Funktionen übertragen werden, z. B. bei Katalysatoren, mikrominiaturisierten elektronischen Bauelementen, als Schutz- und Haftschichten usw. Oft ist es dabei zweckmäßig gewesen, den Begriff eines Quasiteilchens im Festkörper einzuführen. In den letzten zehn Jahren beschäftigte man sich in zunehmendem Maße mit Systemen, bei denen selbst die Nahordnung gestört ist, mit amorphen Schichten und Stoffen, aber auch mehr mit wenig oder partiell geordneten Polymeren und dem glasartigen Zustand, letztlich wird man sich auch mit dem organisch-biologischen Stoff abgeben. Für die Mehrzahl der elektronischen Eigenschaften ist es schon gut gelungen, sie quantentheoretisch herzuleiten, z. B. die Halbleitung, die Supraleitung, die Thermo-EMK, die optischen Konstanten der Metalle; andere Eigenschaften sind zumindest im Prinzip erhalten worden wie der elektrische Widerstand, die Bildungs- und Wanderungsenergie eines Defektes, die Energie einer Phase, obwohl es nach wie vor Schwierigkeiten bereitet, quantitativ genaue Werte zu berechnen, so daß es oft noch nicht eindeutig ist, welche räumliche Konfiguration eines Defektes energetisch bevorzugt ist oder welche Phase. Auch gibt es noch keine befriedigende Legierungstheorie.

Den größten Rückstand und prinzipiell offene Probleme gibt es aber noch für die Eigenschaft, die dem Festkörper seinen Namen gegeben hat, für die Festigkeit und die anderen eng benachbarten mechanischen Eigenschaften, wie Härte, Sprödigkeit, Plastizität, Verfestigung usw. Hier handelt es sich um ein anders geartetes Vielteilchenproblem, das faktisch nicht quantentheoretisch, sondern in weiten Grenzen sogar mit einem Anteil klassischer Kontinuumsmechanik behandelt wird, wobei gegenwärtig ein empfindlicher Engpaß allerdings allein bei geeigneten zwischenatomaren Wechselwirkungspotentialen zu spüren ist. Eine Belastung führt im Festkörper zu inhomogenen elastischen und plastischen Distorsionen und zur inhomogenen Spannungsverteilung über ein größeres Volumen (bis $\gtrsim 10^{12}$ Atome).

Durch Wechselwirkung und Intensivierung der Spannungen an Strukturdefekten und durch die zusätzlich auftretenden thermischen Fluktuationen können sich mikroskopische Vorstadien und schließlich der Bruch als makroskopische Erschöpfung der Festigkeit entwickeln. Wegen dieser Schwierigkeiten werden gewöhnlich in Monographien über Festkörperphysik die Behandlung der mechanischen Eigenschaften noch ausgeschlossen oder höchstens auf die Beschreibung der elastischen Eigenschaften beschränkt, die technisch jedoch im allgemeinen von geringerem Interesse sind. Zu dieser Problematik sei der Leser deshalb auf die Beiträge von GULJAJEV, INDENBOM/ORLOV und SLUZKER verwiesen.

Die Festkörperphysik ist durch ihren Gegenstand bestimmt, sie untersucht und erklärt den Aufbau, die vorkommenden Wechselwirkungen und die Eigenschaften der Festkörper; sie arbeitet eng mit anderen Teildisziplinen der Physik, der Chemie und der Technik zusammen und ergänzt sich mit diesen; die Herstellung und auch die Gebrauchswerte unserer materiellen Güter erfordern so eine interdisziplinäre Zusammenarbeit, und vielerorts wird deshalb schon im Sinne einer Integration von einer Materialforschung oder „Material Science" gesprochen, und die Entwicklung wird sicher weiter in diese Richtung gehen. Andererseits ist bei dem wachsenden Umfang und der fortschreitenden Spezialisierung leider oft auch eine gegenseitige Abgrenzung festzustellen; dann wird die Festkörperphysik zu eng und z. T. traditionsbehaftet nur als die Physik der „idealen Kristalle" betrachtet, und daneben wird für jede Eigenschaft eine „eigene" Physik gestellt. Diese Barriere muß immer neu überwunden werden, um gemeinsam Gültiges zu erkennen, zu verallgemeinern und zu pflegen.

Abschließend soll der Leser deshalb zum besseren Allgemeinverständnis noch darauf hingewiesen werden, daß erstens im internationalen Sprachgebrauch unser Begriff Festkörperphysik nicht zu eng, eher noch allgemeiner verwendet wird und daß zweitens künftig schon in der Ausbildung speziell im Lehrplan der Oberschulen mehr und direkter über Festkörperphysik geboten werden muß.

In anderen Sprachen wird anstelle von „fest" auch „solid" im Sinne von (form-)beständig, kompakt oder dicht, aber auch „hart" gesagt (nicht aber eigentlich als Festigkeit!), und „Körper" ist mit „Zustand" oder gar „Stoff" übersetzt, z. B.

deutsch:	Festkörperphysik	wörtliche Entsprechung
lateinisch:	physica status solidi	Physik des „soliden“ Zustandes
englisch:	solid state physics	Physik des „soliden“ Zustands
französisch:	physique (du corps) des solides	Physik des „soliden“ Zustandes
russisch:	физика твердого тела	Physik des harten Körpers
polnisch:	fizyka ciała stalego	Physik des festen Körpers
tschechisch:	fizika pevnich latek	Physik beständiger Stoffe

Der Physik-Lehrplan ist klassisch eingeteilt in Mechanik, Optik, Wärmelehre usw. und soweit Stoffeigenschaften darin vorkommen wie Wärmeausdehnung, Elastizität, Leitfähigkeit und Widerstand, Dichte und Komprimierbarkeit, werden sie als phänomenologische Größen oder Funktionen gelehrt. Sogar die Erklärung des Begriffes Kristall wird dem Chemie-Unterricht überlassen. Die einzige löbliche Ausnahme ist ein Schema für die Wirkung von Dotierungselementen in Halbleitern. Die ganze physikalische atomistische Modellvorstellung kommt eigentlich über das Bohrsche Atommodell — als einzelnes isoliertes Atom gesehen — nicht hinaus, und die moderne Physik unseres Jahrhunderts wird nur an der Kernphysik demonstriert. Es mag sein, daß viele Probleme der Festkörperphysik und ihre Ergebnisse komplexer Natur und deshalb als Lehrstoff zu kompliziert sind, aber umso eher müssen einige geeignete Grundtatsachen über den atomaren Aufbau der Stoffe und die Herausbildung der Stoffeigenschaften in die Allgemeinbildung und zur Fundierung der polytechnischen und beruflichen Ausbildung eingehen.

Möge dieser Band mit Texten über und um die Festkörperphysik anregend und nützlich sein für alle, die sich selbst ständig oder gelegentlich, mit speziellen Einzelproblemen oder mit dem großen Zusammenhang in Wissenschaft und Technik abgeben.

Dresden, im Juli 1975 M. BALARIN

1. Festkörperphysik als Teil der Physik

1.1. Die Festkörperphysik auf der „Landkarte der Wissenschaften"

I. M. Lifschitz und M. I. Kaganov

Die Festkörperphysik oder, in einer etwas allgemeineren Formulierung, die Physik des kondensierten Materiezustandes stellt heute einen großen Teil der Gesamtphysik dar. Davon kann man sich leicht überzeugen, wenn man ein beliebiges Exemplar einer physikalischen Zeitschrift mit weitreichender Thematik aufschlägt oder die Fachzeitschriften aufzählt, die sich mit Festkörperphysik befassen. Die Veröffentlichungsflut hat ungeheure Ausmaße. Im Grunde genommen hat sich die Festkörperphysik in einige mehr oder weniger voneinander isolierte Bereiche aufgespaltet, von denen jeder selbständig ist. Jeder Bereich hat seine eigene Theorie und Versuchsmethodik, seine eigenen Leitbilder und Ideen, und für jeden gibt es Fachleute, die nur selten zu einem anderen überwechseln.

Darum löst der Begriff „Festkörperphysik" selbst bei den Fachleuten ganz unterschiedliche Assoziationen aus, abhängig davon, auf welchem Gebiet sie arbeiten. Um so mehr ist dies bei Laien der Fall, bei denen Quantität und Qualität der Kenntnis des Gegenstandes häufig von völlig zufälligen Ursachen abhängt, beispielsweise davon, welche populärwissenschaftliche Broschüre ihnen zufällig in die Hände geriet. Dieser Umstand erschwert wesentlich unsere Aufgabe, über die Entwicklung der Festkörperphysik zu berichten, und veranlaßt uns, mit einer Präzisierung zu beginnen, mit einer Erklärung dessen, was wir – jedenfalls im Rahmen dieser Arbeit – in den Begriff „Festkörperphysik" hineinlegen.

Hier wird nur von den Hauptideen die Rede sein, von Grundvorstellungen, auf denen sich die Theorie der Erscheinungen aufbaut, die in Festkörpern ablaufen, sowie von Festkörpereigenschaften unterschiedlicher Natur. Unsere Hauptaufmerksamkeit werden wir jenen Ideen und Vorstellungen widmen, die mit der Bewegung atomarer Partikeln im Zusammenhang stehen, aus denen die Festkörper aufgebaut sind. Außerdem werden wir natürlich unsere Überlegungen zu den Entwicklungswegen der Quantenphysik der Festkörper formulieren.

Organisationsniveaus der Materie

Das Verständnis der atomaren Natur aller uns umgebenden Dinge, dieses wissenschaftliche, durch unwiderlegbare experimentelle Fakten gesicherte Verständnis hat unsere Vorstellungen von der Welt grundlegend verändert und die Voraussetzung für die Entstehung neuer physikalischer Theorien – wie etwa der kinetischen Gastheorie – geschaffen, deren Hauptinhalt darin besteht, auf der Grundlage der Eigenschaften und der Bewegungsgesetze der einzelnen Partikeln (Atome oder Moleküle) die Eigenschaften und Bewegungsgesetze makroskopischer Körper festzustellen bzw. abzuleiten. Die Entwicklung solcher Theorien – hierzu gehört natürlicherweise auch die Festkörpertheorie – hat in der Gnoseologie eine wichtige Rolle gespielt, indem der Begriff „Erklärung" mit einem neuen Inhalt erfüllt wurde: Bestimmte Eigenschaften eines makroskopischen Körpers zu erklären, das heißt, diese Eigenschaften auf dem Mikroniveau zu beschreiben und zu verstehen, wie sich die den Körper bildenden mikroskopischen Partikeln unter verschiedenen Bedingungen bewegen.

Ein Physiker, der sich mit den Eigenschaften von Festkörpern befaßt, braucht normalerweise nicht in die innernukleare Welt hinabzusteigen, in die Welt der Elementarteilchen. In der Regel kann er sich auf das Niveau der Atome und Moleküle bzw. Elektronen beschränken. Die auf den ersten Blick einfach erscheinende Frage „Woraus besteht das?“ fordert bei ernsthaftem Nachdenken eine Erläuterung. Aus den Grundbausteinen der Materie, wenn man einmal die Elektronen und Nukleonen (Protonen und Neutronen) als diese Grundbausteine ansieht, wird in der Natur eine ganze Subordination von Strukturen realisiert: Aus den Nukleonen sind die Atomkerne „zusammengesetzt“, Kerne und Elektronen bilden die Atome, die Atome sind als Moleküle organisiert und aus den Molekülen sind die Festkörper aufgebaut. Wir haben hier ein sehr vereinfachtes Schema skizziert: Gelegentlich treten als Baustoffe für die Festkörper nicht Moleküle, sondern Ionen auf und in den Metallen auch Elektronen.

Allen Organisationsniveaus atomarer und subatomarer Partikeln entspricht eine bestimmte Energetik. Je tiefer das Niveau liegt, d. h., je weiter es vom makroskopischen Niveau entfernt ist, oder ganz einfach gesagt, je kleiner die Partikeln sind, von denen die Rede ist (beginnend bei den Molekülen bis zu den Nukleonen), um so mehr Energie muß aufgewendet werden, um die Struktur zu zerstören. Die Dissoziationsenergien der Moleküle betragen einige Elektronenvolt (eV); um einem Atom ein Elektron zu entreißen, muß man einige Dutzend eV aufwenden, und um schließlich einen Atomkern zu zertrümmern, bedarf es bereits einiger Millionen eV. Die Atomenergie und selbst die Kernenergie (umgerechnet auf eine Partikel) ist im Vergleich zu jenen Energien, die in der Makrowelt anzutreffen sind, verschwindend gering. (Die Energie, die man z. B. aufwenden muß, um 1 g auf 1 cm Höhe zu heben, beträgt 980 erg $= 6 \cdot 10^{14}$ eV.) Doch die energetische Vielfalt der atomaren und nuklearen Strukturen ist grandios.

Das Nachdenken über die Strukturen und ihre Energetik zeigt, daß die Frage „Woraus besteht das?“ eine Präzisierung der Bedingungen (d. h. der Energetik) des Versuches erfordert, mit dessen Hilfe die Antwort auf die Frage erhalten werden soll. Man darf nicht denken, daß wir um so mehr erfahren, je mehr Energie wir aufwenden. In einem bestimmten Sinne ist es gerade umgekehrt: Legen wir eine zu hohe Energie an den Körper an, d. h. zerstören wir ihn, lassen wir ihn detonieren und zerlegen ihn in seine Elementarbausteine, dann gelangen wir zu einem Truismus: Alle Körper bestehen aus gleichen Mikropartikeln, aus Elektronen, Protonen und Neutronen. Die Erforschung jedes Organisationsniveaus der Materie erfordert eine eigene Versuchstechnik, eigene Untersuchungsmethoden und eigene theoretische Vorstellungen, unter denen eine der wichtigsten in der Vorstellung von der Existenz eines tiefer liegenden Niveaus besteht, eines Niveaus mit kleinerem Maßstab (Molekül → Atom → Kern → Nukleon).

Der Platz der Festkörperphysik auf der „Landkarte" der modernen Physik

Die Schaffung der modernen physikalischen Weltanschauung wird gewöhnlich mit einer Revolution verglichen, womit gleichzeitig unterstrichen wird, daß zu Beginn des Jahrhunderts eine grundlegende Revision der physikalischen Grundgesetze erfolgte. Es wäre richtiger, von zwei Revolutionen zu sprechen. Die eine Revolution ist mit der Änderung unserer Vorstellungen von Raum und Zeit verknüpft (Entwicklung der Relativitätstheorie durch Einstein sowie der relativistischen Mechanik, d. h. der Bewegungstheorie bei Geschwindigkeiten im Bereich der Lichtgeschwindigkeit) und die andere mit der Änderung unserer Vorstellungen von der Bewegung der Mikropartikeln (Entwicklung der Quanten- oder Wellenmechanik). Die Entstehung neuer vollkommenerer Theorien ist begleitet von der Einführung neuer „Weltkonstanten" in die Theorie, wobei ein Vergleich mit diesen die Ortsbestimmung der alten Theorie (oder wie man üblicherweise sagt, „klassischen" Theorie) ermöglicht.

Solche universellen Konstanten der neuen Physik sind die Lichtgeschwindigkeit c und das PLANCKsche Wirkungsquantum $\hbar$. Bei der Untersuchung von Bewegungen mit der Geschwindigkeit v, die wesentlich geringer als die Lichtgeschwindigkeit $c = 3 \cdot 10^{10}$ cm/s ist, kann man die klassische Mechanik NEWTONS benutzen, ohne die Relativitätstheorie heranzuziehen. Die Quantenmechanik, ohne die man nicht auskommen kann, wird wirksam, wenn die Wirkung in der Größenordnung des PLANCKschen Wirkungsquantums $\hbar$ ($\hbar \approx 10^{-27}$ erg · s) liegt. (Die Wirkung S ist grob gesagt das Produkt aus der charakteristischen Bahnlänge und dem charakteristischen Impuls einer Partikel.)

Man kann eine schematische „Landkarte“ der modernen Physik skizzieren, indem man auf der Ordinatenachse v/c und auf der Abszisse $\hbar/(2 \cdot S)$ aufträgt. Diese Karte nimmt dann ein Quadrat von 1×1 ein. Unterteilt man dieses Quadrat in vier gleiche Teile, indem man zu den Koordinatenachsen parallele Geraden zieht, so gehört das linke untere Quadrat der klassischen Mechanik, das linke obere der EINSTEINschen Mechanik und die beiden rechten Quadrate gehören der Quantenmechanik (das untere der klassischen und das obere der relativistischen). In welchem Quadrat wäre die Festkörperphysik anzuordnen?

Natürlich ist diese Unterteilung relativ zu sehen, und klar ist auch, daß man Fragen stellen kann, für deren Beantwortung man sich an jedes beliebige der Quadrate „wenden“ müßte; zuweilen auch an alle vier.

Und trotzdem läßt sich der „Platz“ der Festkörperphysik recht genau bestimmen. Da die Erklärung der Festkörpereigenschaften auf ihrer Atom- bzw. Molekülstruktur basiert, müssen wir unser Hauptaugenmerk auf die Wechselwirkung und Bewegung von atomaren Partikeln in Festkörpern richten. Als charakteristische Parameter für die Partikelbewegung (Elektronen, Ionen) in Festkörpern dienen der mittlere Atomabstand $a \approx 3 \times 10^{-8}$ cm und die Temperatur T (kT ist die mittlere Energie der Partikeln, $k = 1{,}4 \cdot 10^{-16}$ erg/Kelvin).

Die Geschwindigkeit des leichtesten unter den atomaren Partikeln, des Elektrons, liegt bei den höchsten Temperaturen, bei denen Festkörper existieren – die Schmelztemperaturen der schwerstschmelzenden Stoffe betragen allenfalls einige Tausend Kelvin –, beträchtlich unter der Lichtgeschwindigkeit ($v \ll c$). Die Wirkung S jedoch, also das Produkt aus dem mittleren Partikelimpuls und dem charakteristischen Weg, ist eine Größe in der gleichen Größenordnung wie das PLANCKsche Wirkungsquantum ($S \approx \hbar$). Hieraus folgt: Die Festkörperphysik ist der nichtrelativistischen Quantentheorie untertan; sie ist in der rechten unteren Ecke unserer Landkarte beheimatet.

Es könnte scheinen, daß sich unsere Überlegungen nur auf die Elektronen beziehen, während die Schwingungen von Atomen und Ionen, also relativ schweren Partikeln, sich mittels klassischer Formeln beschreiben lassen. Analysiert man diese Frage und geht dabei von der Annahme aus, daß die Atome (bzw. Ionen) innerhalb des Festkörpers geringfügige Schwingungen um ihre Gleichgewichtslage vollführen, so gelangen wir zu dem Schluß, daß die Schwingungen der Atome für jeden beliebigen Festkörper auch bei niedrigen Temperaturen eine quantenmechanische Beschreibung erfordern. Dabei sind die „niedrigen" Temperaturen gar nicht so niedrig, wie man denken könnte: Für die Mehrzahl der Festkörper liegt diese Temperatur unterhalb 100…400 Kelvin. (Die Raumtemperatur von 20 °C entspricht 293 Kelvin.) Für Beryllium beginnt der Quantenbereich dagegen etwa bei 1000 °C.

Das Energiespektrum von Festkörpern und Quasipartikeln

Die Festkörperphysik ist nach altem Brauch der Schauplatz der Quantenmechanik. Durch Erklärung der Existenz stabiler Atome und Moleküle kam die Quantenmechanik mit natürlicher Notwendigkeit zur Erklärung der Eigenschaften makroskopischer Körper, und zwar in erster Linie der Kristalle. Bekanntlich bestand eines der fundamentalen Ergebnisse der Quantenmechanik in der Schlußfolgerung bezüglich der Existenz diskreter Energiezustände des Atoms (und der Moleküle). Aus diesem Schluß ließen sich die wichtigsten experimentellen Fakten (die diskrete Struktur der optischen Spektren, die Versuche zur Streuung atomarer Partikeln u. a.) erklären und auch die Eigenschaften makroskopischer Mengen von Atomen und Molekülen berechnen, also die Eigenschaften der Gase (ihre Wärmekapazität, ihre Kondensierbarkeit u. dgl.).

Unter den diskreten Zuständen der Atome und Moleküle existiert ein Zustand, der eine besondere Rolle spielt. Es ist dies der Grundzustand, also der energieärmste Zustand, der Zustand, in dem das Atom (bzw. Molekül) beliebig lange verweilen kann, sofern es nicht durch eine äußere Einwirkung aus diesem Zustand herausgeführt wird. Im Unterschied zu der klassischen Mechanik behauptet die Quantenmechanik, daß der Grundzustand nicht der Ruhelage, also nicht einer bewegungslosen Lage, entspricht. Das „klassische“ Pendel[1]) z. B. ruht in seinem Grundzustand, das „Quanten“-Pendel dagegen führt Schwingungen aus, deren Energie gleich $\frac{1}{2} \hbar \omega_0$ ist (ω_0 ist die Eigenfrequenz der Pendelschwingungen).

Wir haben hier natürlich keine Möglichkeit, die Ergebnisse der quantenmechanischen Analyse von Festkörperzuständen folgerichtig abzuleiten, und sind gezwungen, uns auf kurze und sehr allgemeine Bemerkungen zu beschränken. Vermutlich dürfte einer der grundlegenden Erfolge der Quantentheorie in der prinzi-

---

[1]) Gemeint ist ein Pendel, das wir mit den Formeln der klassischen Mechanik beschreiben. Jedes beliebige Pendel stellt ein Quantenpendel dar; wenn jedoch die Pendelmasse hinreichend groß ist, besteht keinerlei Notwendigkeit, zur Quantenbetrachtung Zuflucht zu nehmen, denn die Quantenkorrekturen sind dann ganz und gar unerheblich.

piellen Analyse des Grundzustandes von Festkörpern bestehen, womit es nicht nur gelang, die Ursache für die Existenz von Festkörpern unterschiedlicher elektrischer Natur zu erklären (Metalle als Leiter und Dielektrika als Isolatoren), sondern auch die Erklärung für eine so ungewöhnliche Eigenschaft einer ganzen Reihe von Metallen wie den vollständigen Verlust des Widerstandes, d. h. die Supraleitfähigkeit, zu liefern.

Die Analyse angeregter Zustände von Festkörpern führte zur Entstehung des Begriffes „Quasipartikel", dessen Sinn wir zu erklären versuchen werden. Das Verständnis der mikroskopischen Festkörperstruktur gibt, wie es zunächst scheinen könnte, die Möglichkeit, die Beschreibung des angeregten Festkörperzustandes durch die Angabe zu detaillieren, was mit jedem Atom geschehen ist, mit anderen Worten, durch die Angabe, in welchem angeregten Zustand sich jedes Atom befindet. Diese Detaillisierung widerspricht jedoch den wichtigsten Prinzipien der Quantenmechanik. Wegen der Wechselwirkung der Atome untereinander wird die Anregung jedes beliebigen Atoms, die etwa durch Absorption eines Lichtquants durch ein Atom eingetreten ist, auf dessen Nachbarn übertragen und breitet sich in Form einer Welle durch den Festkörper aus. Man kann sich die Festkörperatome näherungsweise als gleichgestimmte Resonatoren vorstellen. Berührt man einen von ihnen, so beginnen alle zu tönen. Entsprechend den Gesetzen der Quantenmechanik entsteht eine mit Wellen in Verbindung stehende Anregung nur in Form einzelner Portionen oder Quanten und wird auch nur in dieser Form übertragen. Ein Anregungsquant ist die elementarste (unzerlegbare) Energieexistenzform des Festkörpers. In vielen Beziehungen erinnern die Anregungsquanten an Partikeln[1]). Man bezeichnet sie als Quasipartikeln. Der Übergang von

---

[1]) Die Quantenmechanik hat den Begriff „Partikel" revidiert und ihn insbesondere eines gewohnten Attributes, nämlich der exakt bestimmten Lage und des exakten Geschwindigkeitswertes der Partikel beraubt. Anregungsquanten ähneln Quantenpartikeln.

der Wellenbeschreibung zur Korpuskularbeschreibung, d. h. von der Anregungswelle zu Quasipartikeln, erfolgt mit Hilfe der berühmten Beziehungen von Louis de Broglie, wonach die Energie ε eines beliebigen Wellenprozesses mit der Frequenz ω gleich $\hbar\omega$ und der Impuls gleich $2\pi\hbar/\lambda$ ist, wobei λ die Wellenlänge darstellt.

Die Behauptungen „in einem Körper breitet sich eine Anregungswelle mit der Frequenz ω und der Wellenlänge λ aus" und „im Körper existiert eine Quasipartikel mit der Energie $\hbar\omega$ und dem Impuls $2\pi\hbar/\lambda$" bedeuten ein und dasselbe.

Die Einführung der Quasipartikeln macht das ganze Bild sehr anschaulich. Beispielsweise wird die Bewegung (Anregung) der Atome im Festkörper als Existenz eines Gases aus Quasipartikeln in diesem Körper beschrieben; solange die Anregung klein ist — wir wollen eine nicht allzu hohe Temperatur annehmen —, ist das aus Quasipartikeln bestehende Gas verdünnt, Zusammenstöße zwischen den Quasipartikeln treten selten auf und alle dynamischen Prozesse können relativ einfach betrachtet werden. Die Größen zur Beschreibung dieser Prozesse lassen sich ohne Schwierigkeiten berechnen. Der Festkörper verwandelt sich in eine Welt, die von Quasipartikeln bevölkert ist. Die Atome und Moleküle sind der Baustoff des Festkörpers. Ihre Lage im Raum definiert die „Geographie" dieser Welt. Die Quasipartikeln — also die „Bewohner" dieser Welt — legen die dynamischen Eigenschaften des Festkörpers fest.

Leider ist die konsequente Einführung der Quasipartikeln nur in Festkörpern einfachster Struktur, d. h. in Kristallen möglich, in denen die Atome streng periodisch[1]) angeordnet sind.

Die wichtigsten Erfolge der Quantentheorie der Festkörper betreffen Kristalle; der Aufbau einer Quanten-

---

[1]) Eine Ausnahme bildet Helium, das bis zum absoluten Nullpunkt flüssig bleibt. Im Grundzustand (bei $T = 0$ Kelvin) ist Helium homogen, so daß Elementaranregungen (Quasipartikeln) mit einem bestimmten Impuls (Phononen) eingeführt werden können.

theorie amorpher Strukturen beginnt erst, wobei die Hauptaufgabe der Theorie darin besteht, adäquate und dabei hinreichend einfache und anschauliche Vorstellungen zu entwickeln.

Quasipartikeln haben eigene individuelle Eigenschaften. Das Phonon, ein Schallschwingungsquant im Kristallgitter, ist dem Magnon, dem Schwingungsquant der magnetischen Momente in einem Ferromagneten, unähnlich. Ein Exciton, das Quantenanalogon einer Molekülanregungswelle, unterscheidet sich substantiell von einem Leitfähigkeitselektron. Im Festkörper können verschiedenartige Bewegungen entstehen, und jedem Bewegungstyp entspricht ein eigener Typ von Quasipartikeln. Doch selbst wenn man einen bestimmten Bewegungstyp ins Auge faßt, kann man sich leicht davon überzeugen, daß die Quasipartikeln, die dem betrachteten Bewegungstyp entsprechen, voneinander sehr verschieden sind. Während die Abhängigkeit der Energie ε einer gewöhnlichen Partikel (z. B. eines Elektrons) von seinem Impuls p sehr einfach ist ($\varepsilon = p^2/2M$; M ist die Partikelmasse), ist die Abhängigkeit der Energie einer Quasipartikel vom Quasiimpuls eine komplizierte periodische Funktion. Diese Periodizität ist die Folge der periodischen Eigenschaften des Kristalls, der Welt also, in der die Quasipartikeln existieren (sich bewegen).

Der Untersuchung der Abhängigkeit der Energie der Quasipartikeln von ihrem Impuls, also des Dispersionsgesetzes, wie man üblicherweise sagt, ist eine ungeheuer große Zahl von Arbeiten gewidmet, und im Verlauf des vergangenen Jahrzehnts sind sehr wesentliche Resultate erzielt worden. Es werden die verschiedenartigsten Mittel eingesetzt. Man untersucht die Neutronenstreuung an Festkörpern, die Reflexion und Absorption elektromagnetischer Strahlung in den unterschiedlichsten Bereichen; man sendet Ultraschall durch Festkörper, bringt Festkörper in ein starkes Magnetfeld usw. Die Dispersionsgesetze von Quasipartikeln sind für viele Körper gegenwärtig keineswegs schlechter bekannt als die Energieniveaus der Atome, aus denen diese Körper aufgebaut sind.

In einem Festkörper sind immer viele Quasipartikeln vorhanden. In der Mehrzahl der Fälle sind für eine bestimmte Eigenschaft des Festkörpers nicht eine oder mehrere Quasipartikeln, sondern ihr Makrokollektiv verantwortlich. Die Zahl der Quasipartikeln in jedem Körper ist der Anzahl der darin enthaltenen Atome proportional. Der Proportionalitätsfaktor ist allerdings um so niedriger, je niedriger die Temperatur liegt, doch selbst bei einer sehr niedrigen Temperatur (für Phononen z. B. bei 1 K) beträgt der Proportionalitätsfaktor ungefähr 10^{-6}. Die Anzahl der Atome in einem Festkörper ist jedoch phantastisch groß: Ein einziger Kubikzentimeter enthält $\approx 10^{23}$ Atome! Darum ist die Klärung des Verhaltens von Kollektiven der Quasipartikeln nicht weniger aktuell als die Ermittlung des Verhaltens von Kollektiven gewöhnlicher Partikeln. Die Gesetze für das Verhalten von Makrokollektiven von Partikeln (und Quasipartikeln) werden von einer besonderen Wissenschaft, der statistischen Physik, formuliert und erforscht, die durch das Eindringen der Gedanken der Quantenphysik wesentlich bereichert worden ist.

Eine der fundamentalen Folgerungen aus der statistischen Quantenphysik besteht in der Formulierung der Tatsache, daß Partikeln „nach ihrer Art und Weise sich in einer Umgebung gleichartiger Partikeln zu verhalten“ in zwei Klassen (zwei Typen) unterteilt werden. Die einen — sie werden nach Enrico Fermi als Fermionen bezeichnet — sind Individualisten. Sie behindern sich gegenseitig. Einen bestimmten Zustand kann immer nur eine Partikel einnehmen. Die anderen sind typische Kollektivisten — sie heißen Bosonen nach Satendranath Bose. Nicht allein, daß sie sich gegenseitig nicht stören, sie sind vielmehr geneigt, sich in einem Zustand zu vereinigen. Die Existenz nur zweier Typen von Partikeln erklärt sich aus ihren Mikroeigenschaften. Dieser Schluß kann als strenges mathematisches Theorem formuliert werden. Für Quasipartikeln ist ein analoges Theorem nicht bewiesen. Aber vorläufig fallen alle Quasipartikeln eigensinnigerweise entweder in die eine oder in die andere Klasse; sie gehören entweder zu den Bosonen oder zu den Fermionen. Gibt es andere Quasipartikeln? Vorläufig haben wir keine Antwort auf diese Frage.

Der Austausch von Ionen

Das rasche Eindringen in die Geheimnisse der Natur ist von einer Aufgliederung der Wissenschaften begleitet. Ehemals enge Spezialgebiete der Physik verwandeln sich in bis ins einzelne entwickelte Wissenssysteme, in Gebiete, in deren Grenzen meist neue interessante Erscheinungen festgestellt werden. Ihre Erforschug erweitert die alten Gebiete und schafft Raum für das neue Wissenssystem. Parallel zu derartigen „Grenzzwischenfallen" erfolgt ein kontinuierlicher Austausch von Ideen, Methoden und Möglichkeiten. Die Festkörperphysik — selbst wenn man sie als nichtuntergliederte einheitliche Wissenschaft auffaßt — steht in diesem globalen Prozeß nicht abseits. Sie nimmt die Errungenschaften anderer Wissenschaften und anderer Bereiche der Physik in sich auf und stellt ihnen freimütig die eigenen zur Verfügung.

Die Jahre nach dem zweiten Weltkrieg waren durch erstaunliche Erfolge in der Quantenelektrodynamik gekennzeichnet, der Wissenschaft, die die Wechselwirkung geladener Partikeln mit elektromagnetischer Strahlung erforscht. Die Erfolge in dieser Richtung waren so groß, daß viele glaubten, es würde schon morgen das „endgültige" Bild der Mikrowelt geschaffen und daß sich die Probleme späterer Generationen auf die Ableitung der Schlußfolgerungen aus den formulierten Gleichungen einer „Supertheorie" beschränken würden. Diese Hoffnungen — von vielen auch als Befürchtungen aufgefaßt — haben sich nicht bestätigt, obwohl eine Vielzahl von Experimenten eine erschöpfende Erklärung erfahren hat und der Fortschritt im Verständnis der Materiestruktur ganz offensichtlich ist. Die Quantenelektrodynamik (Quantentheorie des Feldes) schuf einen neuen mathematischen Apparat für die Beschreibung der Wechselwirkung von Partikeln und formulierte insbesondere einfache Berechnungsvorschriften unter Benutzung graphischer Verfahren. Der Festkörper erschien wie ein von der Natur eigens bereitgestelltes Objekt für die Anwendung dieses neuen mathematischen Apparates. Das Eindringen des mathematischen Apparates der Quantentheorie des Feldes in die Festkörpertheorie erlaubte einen erheblichen Fortschritt im Verständnis der diffizilen Quantenerscheinungen, die in Festkörpern ablaufen. Als leuchtendes Beispiel hierfür kann die Entwicklung der Theorie der Supraleitung dienen, die wahrscheinlich unmöglich gewesen wäre, wenn man nicht vorher in der Quantenelektrodynamik die wichtigsten Verfahren für die „Liquidierung der Schwierigkeiten“ entwickelt hätte, die sich auf dem Weg der mathematischen Beschreibung eines Systems von Elektronen auftürmten, das über Phononen in Wechselwirkung tritt. Seit vielen Jahren fesselt die Physiker die Lösung des Problems des Verhaltens eines kondensierten Stoffes (Flüssigkeit, Festkörper) in kritischen Situationen, nämlich beim Übergang aus einem Zustand in einen anderen.

Besondere Aufmerksamkeit erregen die sogenannten Phasenübergänge II. Art wegen der komplizierten Lösung der hierbei entstehenden theoretischen Probleme und wegen der Eigenart der Begleiterscheinungen, wobei der Übergang aus dem einen Zustand (der einen Phase) in den anderen Zustand (die andere Phase) quasikontinuierlich erfolgt; im Moment des Überganges entsteht die neue Eigenschaft gerade erst[1]). Ungeachtet der in den

[1]) Beispiele für Phasenübergänge II. Art sind der Übergang von paramagnetischen Stoffen in den ferro- oder antiferromagnetischen Zustand; der Übergang eines Metalls in den supraleitenden Zustand; der Übergang von Helium in den superfluiden Zustand u. v. a.

letzten Jahren erzielten Erfolge bekommt man die Lösung des Problems nicht „in den Griff". Die Anstrengungen, die hierauf verwendet werden, sind natürlich nicht im geringsten vergebens: Es wird ein neuer mathematischer Apparat für die Theorie entwickelt, der unerwartet in entfernten Bereichen der Physik „aktiv" wird. So zeigte sich beispielsweise, daß einige Probleme der Theorie der Elementarteilchen in ihrem mathematischen Formalismus der Theorie der Phasenübergänge II. Art nahestehen und daß man zu ihrer Lösung den in der Makrophysik entwickelten mathematischen Apparat — wenigstens taktisch — mit Erfolg einsetzen kann.

Und hier noch ein Beispiel, das freilich weniger erzielte Erfolge konstatiert als vielmehr eine Hoffnung formuliert. In der Physik der Elementarteilchen kehrt man immer wieder zu dem Versuch zurück, eine Theorie der Elementarteilchen, ausgehend von den Eigenschaften des Raum-Zeit-Kontinuums, zu entwickeln. Das Raum-Zeit-Kontinuum stellt in bezug auf Partikeln ein Vakuum dar, den Grundzustand der materiellen Welt. Bei dieser Art des Herangehens stellen die Partikeln elementare Anregungen im „Vakuum" dar. Dieser Gesichtspunkt steht der Art des Herangehens nahe, die in der Festkörperphysik bei der Einführung und der Erforschung der Eigenschaften von Quasipartikeln angewendet wird. Der Kristall im (nichtangeregten) Grundzustand bildet in bezug auf die Quasipartikeln ein „Vakuum". Die Quasipartikeln stellen Anregungszustände des Kristalls dar. Das inzwischen angesammelte ungeheure Tatsachenmaterial erlaubt es, die Eigenschaften des Grundzustandes von Kristallen unterschiedlichen Typs (des „Vakuums") mit den Elementaranregungen (Quasipartikeln) in den Kristallen zu verbinden. Möglicherweise wird sich dieses Tatsachenmaterial als nützlich für das Verständnis der Beziehungen zwischen den Raum-Zeit-Eigenschaften und den Partikeln erweisen. Viele Ergebnisse der Festkörpertheorie wurden ja ohne unnötige Konkretisierung und ausgehend von den allgemeinsten Überlegungen erhalten. Diese Hoffnung ist nicht so sehr phantastisch wie es scheinen könnte; die ersten Arbeiten, die „Brücken“ zwischen so weit voneinander entfernten Gebieten der Physik „schlagen“, beginnen bereits zu erscheinen.

Die Festkörperphysik nutzt nicht nur Ideen aus anderen Bereichen der Physik, sondern auch die Erfolge der Meßtechnik. Empfindliche Geräte und Verfahren, wie sie typisch für die Kernphysik und die Physik der Elementarteilchen sind, beginnen in der Festkörperphysik ganz allmählich zu Standardverfahren zu werden. Mit leichter Trauer müssen wir konstatieren, daß die Festkörperphysik ihre alten Züge rasch verliert, die Züge einer Wissenschaft, deren Grundergebnisse mit Hilfe einfacher Geräte auf dem Labortisch und ohne Beteiligung einer komplizierten Apparatur von einzelnen Wissenschaftlern erhalten worden sind. Ein modernes Labor für die Erforschung der physikalischen Eigenschaften von Festkörpern ist heute mit einer umfangreichen aufwendigen Ausrüstung ausgestattet, ein Kernreaktor wird ebenso benötigt wie ein Beschleuniger, das Labor muß im engen Kontakt mit dem Rechenzentrum stehen; heute ist dieses Labor ein Kollektiv von Wissenschaftlern, Wartungsingenieuren, Technikern und Mathematikern.

Die Festkörperphysik nimmt im Bereich der Methoden und der Gerätetechnik nicht nur von der Mikrophysik, sondern bereichert diese auch. Zwei Beispiele hierfür, die einander dem Wesen nach nahestehen, in ihrer Konkretisierung jedoch sehr weit voneinander entfernt sind. Vor einigen Jahren wurde eine eigentümliche Erscheinung beobachtet, die die Bezeichnung JOSEPHSON-Effekt erhielt; dieser Effekt besteht im Durchgang eines supraleitenden Stromes durch eine dünne dielektrische Zwischenschicht[1]). Legt man an die Trennschicht die Potentialdifferenz V an, dann erzeugt diese Vorrichtung Schwingungen, deren Frequenz ω aus der einfachen Glei-

[1]) Die Erscheinung selbst — ohne Bezug auf ihre Anwendung, wovon weiter unten die Rede sein wird — demonstriert ungewöhnlich effektvoll die Quanteneigenschaften eines Kollektivs von Elektronen, die über Phononen zu Quasi-

chung $\hbar\omega = 2eV$ folgt, worin e die Elektronenladung und $\hbar$ das PLANCKsche Wirkungsquantum sind. Da die Potentialdifferenz V und die erzeugte Frequenz der unmittelbaren Messung zugänglich sind, liefert die beschriebene Erscheinung ein Verfahren zur Messung des Verhältnisses $\hbar/e$. Es stellte sich heraus — und das war wahrscheinlich das Erstaunlichste —, daß dieses Verfahren heute das genaueste ist. Das erhaltene Ergebnis erlaubte es seinerseits, die Werte einer großen Anzahl fundamentaler Mikrokonstanten zu präzisieren.

Das andere Beispiel: Dem noch recht jungen Physiker RUDOLF MÖSSBAUER wurde ein aufsehenerregender, aber verdienter Erfolg zuteil, als er eine typische Festkörpererscheinung, nämlich die Resonanzabsorption von γ-Quanten durch Kristalle entdeckte. Unmittelbar nach seiner Entdeckung wurde der MÖSSBAUER-Effekt, der den Experimentatoren ein phantastisch genaues Verfahren zur Frequenzmessung lieferte, als Methode zur Erforschung feinster tiefliegender Festkörpereigenschaften eingesetzt. Darüber hinaus wird er jedoch auch zur Lösung von Grundlagenproblemen benutzt. Mit Hilfe des MÖSSBAUER-Effektes wurde auf der Erde die von ALBERT EINSTEIN vorhergesagte Abhängigkeit des Zeitablaufes von der Schwerkraft überprüft. (Es wurde bisher immer angenommen, daß hierfür kosmische Experimente und astronomische Beobachtungen notwendig seien.) Die mit Hilfe des MÖSSBAUER-Effektes gemessene Breite der Kernenergieniveaus erlaubte es, die richtige Auswahl unter den Theorien zu treffen, die die subatomare Materie beschreiben.

Man könnte statt der zwei genannten eine Vielzahl solcher Beispiele anführen. Die Geräte, mit denen heute jedes physikalische Labor ausgerüstet ist, benutzen die eine ebenso wie die andere Eigenschaft von Festkörpern. Halbleitergeräte haben nicht nur in der Technik,

---

molekülen („Paaren") gekoppelt sind: Der supraleitende Strom fließt durch die Trennschicht, sobald deren Dicke kleiner als ist der Durchmesser eines „Paares". Dies ist vermutlich die anschaulichste Demonstration der Unschärferelation mit Hilfe eines makroskopischen Effektes.

sondern auch im Alltag Eingang gefunden. Festkörper sind notwendige Elemente technischer Konstruktionen, und diese Tatsache zu unterstreichen, heißt offene Türen einrennen. Im letzten Jahrzehnt hat sich allerdings der Charakter des Einsatzes von Festkörpern verändert. Immer häufiger werden den Anwendungen Quanteneigenschaften von Festkörpern unterschiedlicher Typen zugrunde gelegt — in den beiden angeführten Beispielen ist dies gerade der Fall; der Festkörper wird als Quantengerät eingesetzt.

Quantengeräte

Jene Bewegungen, die wir oben mit Hilfe der Quasipartikeln beschrieben haben, schöpfen nicht alle möglichen Bewegungsarten im Festkörper aus. Obwohl in der Regel an jener Elementarbewegung (Anregung), die wir als Quasipartikel bezeichnen, alle Atome (Moleküle) des Festkörpers Anteil nehmen, bleibt es trotzdem eine Mikrobewegung; Energie und Impuls jeder Quasipartikel liegen im atomaren Bereich. Die beobachteten Effekte werden von ungeheuren Kollektiven von Quasipartikeln erzeugt, deren Anzahl dem Körpervolumen proportional ist, wobei sich jede einzelne Quasipartikel im wesentlichen unabhängig von der anderen bewegt. Gerade deshalb stellen die Eigenschaften eines nahezu idealen Gases von Quasipartikeln ein gutes Modell für die Eigenschaften des Festkörpers bei niedrigen Erregungsstufen dar.

Die atomaren Partikeln (Elektronen) kondensierter Materie können an Bewegungen völlig anderer Natur beteiligt sein, die ihrem Wesen nach makroskopisch sind, und trotzdem ihre Quanteneigenschaften nicht verlieren. Als hervorstechende Beispiele für solche Bewegungen dienen der stromdurchflossene Zustand eines Supraleiters, etwa ein supraleitender Ring, in dem ein nichtabklingender Strom erregt worden ist, sowie die superfluide Bewegung des Heliums.

Der Unterschied dieser Bewegungen besteht in der strengen Koordinierung der einzelnen Partikeln, die an der Bewegung beteiligt sind. (Als Demonstrationsmodell kann die Bewegung einer Marschkolonne von Soldaten dienen im Vergleich zu dem Durcheinander der nichtorganisierten Städter, die auf den Straßen dahinspazieren).

Solche Bewegungen, die man als kohärente Bewegungen bezeichnet, können unmittelbar durch makroskopische Geräte registriert werden. Andererseits liefert uns ihre strenge Determiniertheit, d. h. die fehlende chaotische Bewegung der Partikeln, die Möglichkeit, die Wirkung der Quantengesetze im makroskopischen Experiment zu beobachten (und häufig auch zu messen). Der Festkörper, genauer gesagt, die makroskopische Bewegung darin, erweist sich als Quantenobjekt. Die Quantenbesonderheiten, insbesondere die Diskretheit der Zustände, die sich gewöhnlich auf dem atomaren bzw. molekularen Niveau bemerkbar macht, kann an einem makroskopischen Körper beobachtet werden. Gerade in derartigen Situationen sagt man, daß der Festkörper die Rolle eines Quantengerätes spielt. Wir bemerken, daß der Festkörper in den beiden oben angeführten Beispielen (Josephson-Effekt und Mössbauer-Effekt) zweifellos als Quantengerät „fungiert". Noch ein weiteres, möglicherweise anschaulicheres Beispiel ist der supraleitende Ring, in dem ein Strom erzeugt worden ist. Es zeigt sich, daß der magnetische Fluß (das Produkt aus dem Magnetfeld H und der Fläche S des Ringes) streng definierte (Quanten-)Werte annehmen kann;

$$SH = \frac{2\pi\hbar c}{2e}\,n;$$

hierin ist $n = 0, 1, 2, \ldots$ ganzzahlig. Dies ist das Ergebnis der geordneten, kohärenten Bewegung von Elektronenpaaren im Ring. Die Quantelung des magnetischen Flusses bildet die Grundlage für die Entwicklung einer Reihe empfindlichster Meßgeräte, die gegenwärtig konstruiert werden. Die wichtigste Bedeutung dieser Erscheinung besteht jedoch vermutlich darin, daß sie völlig zweifelsfrei bewiesen hat: Elektronen bewegen sich paarweise im

Supraleiter. Im gegenteiligen Fall, d. h., wenn sich jedes Elektron unabhängig von den anderen bewegte, wäre ein Quant des Flusses doppelt so groß.

Die kohärente Bewegung im Festkörper ist bereits gegenwärtig die Grundlage vieler Geräte und Anlagen, die in der Technik Eingang gefunden haben (supraleitende Magnete, Laser und Maser). Wie es scheint, ist dies aber nur das Vorspiel. Wir haben gerade damit begonnen, die Vielfalt und Spezifik von Quantenbewegungen in makroskopischen Körpern zu erfassen. Allem Anschein nach wurden nur jene Eigenschaften festgestellt, verstanden und genutzt, die „an der Oberfläche“ liegen. In den veröffentlichten Arbeiten von theoretischen Physikern und Experimentatoren haben sich noch eine Vielzahl von Vorhersagen und Beobachtungen von Quanteneigenschaften bei Festkörpern angesammelt, die ihre technische Verwirklichung noch nicht gefunden haben. Im Unterschied zu den Chemikern beginnen die Physiker gerade erst zu lernen, Körper mit geforderten Eigenschaften herzustellen. Jeder Tag gibt jedoch den Experimentatoren immer wirksamere Methoden für die Einwirkung auf Festkörper in die Hand. Niemand wundert sich heute mehr über ein magnetisches Feld von 100 Kilogauß, und noch vor einigen Jahren konnte man von solchen Magnetfeldern nur träumen. Experimente an Kristallen unter einem Druck in der Größenordnung von einigen 100 Kilobar wurden zu einer ganz gewöhnlichen Sache. Diese Zahlen (100 Kilogauß bzw. 100 Kilobar) machen wahrscheinlich nicht auf alle einen hinreichend starken Eindruck.

Ist das nun viel oder wenig? In einem Magnetfeld von 100 Kilogauß gehen Legierungen von Wismut und Antimon aus dem metallischen Zustand in den eines Dielektrikums über. Unter einem Druck von 80 Kilobar wird bei Antimon ein Phasenübergang beobachtet. In diesem neuen Zustand ist Antimon ein Supraleiter. Das alles kann man bei hinreichend starker Einwirkung erreichen, natürlich nur dann, wenn die Einwirkung zielgerichtet erfolgt.

Festkörperphysik und Molekularbiologie

Lassen Sie uns nun einen Kristall unter einem anderen Gesichtspunkt betrachten. Der Kristall ist ein Beispiel für hochgeordnete Materie. Kennt man die Struktur einer einzigen Kristallzelle (eines Kristallmoleküls) mit den Maßen $3 \cdot 10^{-8}$ cm $\cdot$ $3 \cdot 10^{-8}$ cm $\cdot$ $3 \cdot 10^{-8}$ cm, dann können wir durch einfache periodische Fortsetzung in allen drei Richtungen einen makroskopischen Körper aufbauen, der etwa aus 10^{25} Atomen besteht. Lebende Materie ist ebenfalls hochorganisiert. Wollte man jedoch für die Organisation der Materie eine „Wertskala" aufstellen, dann müßte man zugeben, daß lebende Materie eine wesentlich höhere Organisationsform besitzt. Obwohl die Organisationschiffre von lebender Materie ebenso wie beim Kristall in einem einzigen Molekül kodiert ist — freilich in einem Riesenmolekül, wenn man die Maßstäbe der unbelebten Natur anlegt —, hat doch das Aufbauprinzip nichts mit einer einfachen periodischen Fortsetzung gemein.

Und noch eines: Im Kristall kann man die Struktur (die Anordnung der Atome bzw. Moleküle) leicht von der Bewegung trennen, die gewissermaßen vor dem Hintergrund der Struktur erfolgt. (Wir sagten, daß die Anordnung der Atome die „Geographie" der Welt der Quasipartikeln definiert, d. h. der Träger der Bewegung.) Natürlich ist diese Trennung relativ zu sehen: Die Stabilität einer bestimmten Konfiguration hängt nicht nur von ihren statischen, sondern auch von ihren dynamischen Eigenschaften ab. Bei Berechnung der dynamischen Eigenschaften ist jedoch eine „Trennung" der Bewegung von der Struktur vollauf zulässig. Die lebende Materie ist in dieser Beziehung allem Anschein nach wesentlich anders eingerichtet. Die Stabilität allen Lebens wird durch unablässige Bewegung aufrechterhalten, durch den Austausch des lebenden Organismus mit seiner Umgebung.

Trotzdem gibt es, ungeachtet der deutlich sichtbaren

Unterschiede zwischen einem Kristall und lebender Materie, keinen Zweifel, daß die Ideen und Vorstellungen, die bei der Erforschung der Quanteneigenschaften von Festkörpern entstanden sind, auch ihre Anwendung in der Physik des Lebens finden werden, und zwar nicht nur zur Erklärung einzelner, in den lebenden Organismen vorliegenden Mechanismen der Energieumwandlung und -übertragung. Das ist offensichtlich. Vielmehr gilt dies auch für die Lösung grundlegender Probleme wie etwa der Entstehung des Lebens, der Evolution der lebenden Materie usw. Derartige Hoffnungen fußen auf der Kenntnis der Vielfalt qualitativ unterschiedlicher Arten des Herangehens und der Methoden, die zur Erforschung der verschiedenen Eigenschaften makroskopischer Systeme entwickelt worden sind: Sie reichen von der phänomenologischen Beschreibung der Erscheinung, die hinreichend streng sein kann, ihre Natur jedoch in keiner Weise erklärt, bis zu einer detaillierten Erklärung der Rolle aller mikroskopischen Partikeln, die an der Erscheinung teilnehmen. Ein besonderer Platz gebührt jenem Teil der Festkörperphysik, der sich nicht mit der Erforschung des Zustandes eines Festkörpers, sondern mit den in Festkörpern ablaufenden Prozessen befaßt. Dieser Teil der Physik wird als physikalische Kinetik bezeichnet. (Die physikalische Kinetik untersucht auch Prozesse, die in Flüssigkeiten und Gasen ablaufen.)

Die Vielzahl in der Festkörpern stattfindenden Prozesse ist im Grunde genommen unbegrenzt: der Stromfluß, die Ausbreitung und Absorption des Schalles, die Verbrennung und die Wärmeleitung, die plastische Verformung und die Reflexion elektromagnetischer Wellen an der Oberfläche von Körpern ... Diese Aufzählung ließe sich unendlich fortsetzen. Die Mechanismen dieser Prozesse unterscheiden sich wesentlich voneinander, was klar in den unterschiedichen Relaxationszeiten — die Relaxationszeit ist die Zeit, die ein System benötigt, um in den Gleichgewichtszustand, d. h. in den stabilen Zustand zu gelangen ,— zum Ausdruck kommt; im gleichen

Körper können sich die unterschiedlichen Relaxationszeiten voneinander um den Faktor 100, 1000 und in einer Reihe von Fällen auch um den Faktor 1000000 unterscheiden. Diese Eigenschaft makroskopischer Körper hat zur Entwicklung einer Theorie von Quasigleichgewichtszuständen der Systeme geführt, die sich hinsichtlich bestimmter Parameter im Gleichgewicht mit ihrer Umgebung befinden, bezüglich anderer dagegen nicht. Es darf angenommen werden, daß die Übertragung dieser Art des Herangehens — ist bereits erfolgt — unsere Kenntnisse von der Physik des Lebens wesentlich bereichern wird.

Wir wollen uns hier davor sichern, zu wörtlich und darum zu vereinfacht verstanden zu werden. Die lebende Materie besteht aus bestimmten Elementen (Eiweißmakromolekülen, DNS-Molekülen usw.), von denen jedes ein äußerst interessantes physikalisches Objekt darstellt und bei denen die Physik des kondensierten Materiezustandes für das Verständnis der Eigenschaften und der Funktionen eine äußerst wesentliche Rolle spielt und auch weiter spielen wird. Auf diesem Niveau sind bereits jetzt außerordentlich bedeutsame Erfolge erreicht worden. Der Übergang von der molekularen zur subzellulären Ebene, zur Ebene der Zelle und schließt zum Organismus insgesamt enthällt die Spezifik der Prozesse und Erscheinungen, die sich auf den verschiedenen „Etagen" der biologischen Konstruktion abspielen. Offenbar erfordert die physikalische Beschreibung dieser spezifischen Prozesse und Erscheinungen die Schaffung qualitativ neuer Vorstellungen, die die Eigenart der kinetischen Erscheinungen unter den starren Steuerungsverhältnissen des gesamten biologischen Systems berücksichtigen.

Gerade bei der Entwicklung dieser Vorstellungen vermag die Festkörperphysik nicht so sehr durch ihre eigenen konkreten Resultate als vielmehr durch ihr Beispiel für die Einführung (Schaffung) neuer Begriffe beim Übergang von dem einen Organisationsniveau der Materie zum anderen hilfreich zu sein.

Die wissenschaftliche Prognose unterliegt nach unserer Meinung einem eigenartigen Komplementaritätsprinzip: Je konkreter eine Prognose ist, um so geringer sind die Chancen ihres Eintreffens. Das erklärt unser Bemühen, sich auf hinreichend allgemeine Behauptungen zu beschränken, die, wie uns scheint, aus dem gegenwärtigen Zustand und Verständnisniveau im Bereich der Festkörperphysik folgen. Es wird vermutlich niemanden geben, der uns widerspricht, wenn wir unserer Überzeugung Ausdruck geben, daß die Erfolge der Festkörperphysik die Entwicklung vieler technischer Bereiche wesentlich beeinflussen. Dies ist offensichtlich. Wir wagen es jedoch, noch mehr zu behaupten: Die Erfahrungen und die konkreten Resultate, die bei der Erforschung der physikalischen Eigenschaften von Festkörpern erhalten werden, spielen auch eine wesentliche Rolle in anderen Bereichen der modernen Wissenschaft und der Wissenschaft der nächsten Zukunft, die scheinbar weitab von der Festkörperphysik liegen, und sie werden in der Zukunft eine noch größere Rolle spielen. Dies gilt nicht nur für die Biophysik, sondern auch für die Geologie, die Astrophysik und andere möglicherweise noch gar nicht entstandenen Bereiche. Leider haben wir uns auf einige Bemerkungen beschränken müssen, die nur die Biophysik betreffen. Wir konnten nicht die Aufmerksamkeit der Leser auf jene Pfade lenken, die bereits heute von der Festkörperphysik aus in verschiedene Richtungen zu verlaufen beginnen, insbesondere zur Geologie, zur Astrophysik und zur Kernphysik — es war zu wenig Platz.

1.2. *Die Zukunft der Wissenschaft*

P. L. Kapiza

Rede auf einem Internationalen Symposium über Wissenschaftsplanung; Prag, 20. September 1959

Ich wurde gebeten, zum Thema der zukünftigen Entwicklung der Wissenschaft vorzutragen. Das ist eine schwierige, aber interessante und nützliche Aufgabe, denn nur eine klare Perspektive in der Zukunft erlaubt es uns, in der Gegenwart unserer Arbeit die richtige Richtung zu geben.

Ich möchte bemerken, daß ich einer der ältesten Teilnehmer dieser Konferenz bin. In meiner vierzigjährigen wissenschaftlichen Tätigkeit war ich Zeuge vielfältiger Änderungen, die in der Entwicklung der Wissenschaft und ihrer Aufgaben vor sich gingen. Wenn man in Gedanken diese Periode der Wissenschaftsentwicklung zurückverfolgt, lassen sich die tiefgreifenden Veränderungen nicht übersehen, die jetzt vor sich gehen. In meiner Jugend war oft von der „reinen Wissenschaft", der Wissenschaft für die Wissenschaft, die Rede. Heute spricht man nicht davon. Die Wissenschaft wird heute als notwendiger Bestandteil des Gesellschaftssystems verstanden, als nicht nur nützlicher, sondern unabdingbarer Bestandteil. Der Staat widmet der Wissenschaft als wichtigem Element des gesellschaftlichen Lebens steigende Aufmerksamkeit; heute stehen wissenschaftliche Einrichtungen auf einer Stufe mit anderen Zweigen des Gesellschaftsaufbaus, wie z. B. die Volksbildung, der Verkehr, die Armee. Das gab es vor 50 Jahren nicht. In der Organisation der Wissenschaft überwogen zufällige Faktoren, und ihre Entwicklung beruhte auf Privatinitiative.

Bedingt durch die sich erweiternden Maßstäbe der Forschungstätigkeit wachsen gegenwärtig in allen Ländern die stattlichen Aufwendungen für die Wissenschaft sowohl in Akademie- als auch in Industrieeinrichtungen unaufhörlich an. Komplizierteste Anlagen von eindrucksvollem Umfang wie Beschleuniger für viele Millionen Volt oder Kernreaktoren werden gebaut, Sputniks in den Weltraum entsandt usw. Aufgaben dieser Größenordnungen lassen sich nicht durch einzelne Personen lösen, sondern nur im Ergebnis kollektiver schöpferischer Tätigkeit unter großen Aufwendungen an Organisation und Mitteln, wie sie nur große Staaten aufbringen können.

Verbunden mit den wachsenden Maßstäben der wissenschaftlichen Arbeit erfolgt eine Teilung in Grundlagenforschung (Erkenntnisforschung) und angewandte Forschung. Mir scheint, daß diese Teilung in vieler Hinsicht künstlich ist und sich schwer ein Punkt angeben läßt wo die Grundlagenforschung aufhört und die angewandte Forschung anfängt. Es hängt davon ab, welche unmittelbaren Ziele der Wissenschaftler verfolgt, die Erkenntnisgewinnung oder die Anwendung. Die Grundlagenforschung konzentriert sich deshalb zunehmend in Akademieinstituten und Universitäten, die angewandte Forschung in Forschungsinstituten der Industrie. Diese Einteilung der Wissenschaft ist mehr mit der Notwendigkeit der Finanzierung, der Planung und der Kontrolle wissenschaftlicher Arbeiten verbunden.

In der Tätigkeit herausragender Wissenschaftler läßt sich kaum auseinanderhalten, wann sie die Erkenntnisgewinnung oder eine Anwendung verfolgten. Beispielsweise arbeitete der berühmte Physiker LANGMUIR sein Leben lang in Industriebetrieben und löste eine Reihe wichtiger technischer Aufgaben in der Glühlampenindustrie; es ist aber gut bekannt, daß er im Verlaufe dieser Arbeiten eine Reihe fundamentaler Untersuchungen auf dem Gebiet der Elektronik und Vakuumphysik durchführte.

Kollektivarbeit in der Wissenschaft und Rolle des Leiters

Wir überlegen jetzt oft, wie die wissenschaftliche Arbeit organisiert werden muß, die von ihrem Maßstab her ein großes, eingespieltes schöpferisches Kollektiv verlangt. Wer soll die Arbeit eines solchen Kollektivs leiten, ein Wissenschaftler oder ein Administrator?

Prof. Bernal äußerte in seinem Vortrag, daß Manager hier die entscheidende Rolle spielen und sie für die Organisationstätigkeit bei der Bearbeitung umfangreicher Wissenschaftsprobleme unentbehrlich sind. Ich stimme nicht mit Prof. Bernal überein. Nicht, daß solche Organisatoren für die kollektive Arbeit in der Wissenschaft nicht notwendig wären. Nach meinem Erachten müssen dies aber nicht Manager sein, sondern unmittelbar die Wissenschaftler selbst. Um meinen Gedanken besser ausdrücken zu können, möchte ich zum Vergleich mit anderen Gebieten des schöpferischen Schaffens greifen, und zwar zum Theater und Film.

Seinerzeit war das Theater nur eine Schauspielertruppe, und der Regisseur war eine unscheinbare Figur. Jetzt aber ist, besonders mit der Entwicklung des Films, wo Tausende und Zehntausende Schauspieler beteiligt sind, die wichtigste und den Erfolg der Inszenierung bestimmende Rolle an den Regisseur übergegangen. Für umfangreiche kollektive Arbeiten ist der Regisseur jetzt auch in der Wissenschaft notwendig geworden. Welche Forderungen haben wir an ihn? In erster Linie die, daß r eine schöpferische und nicht rein administrative Rolle spielen muß. Er muß den Sinn und das Ziel der wissenschaftlichen Arbeit verstehen und die schöpferischen Möglichkeiten der Beteiligten richtig einschätzen, muß die Rollen entsprechend den Fähigkeiten verteilen und die vorhandenen Kräfte zielgerichtet so einsetzen, daß sich alle Seiten des zu lösenden Problems harmonisch entwickeln.

Da die Organisation der Lösung jedes neuen wissenschaftlichen Problems spezifische Organisationsformen erfordert, muß der Leiter eines großen wissenschaftlichen Problems, auch wenn er selbst an der eigentlichen wissenschaftlichen Arbeit keinen Anteil nimmt, großes schöpferisches Talent besitzen. Warum z. B. sollte der Leiter einer solchen glänzenden wissenschaftlichen Leistung, wie es der Start des ersten künstlichen Erdtrabanten ist, nicht eines Nobelpreises würdig sein, auch wenn er selbst keine mit der Vorbereitung dieses unikalen Experiments verbundene wissenschaftliche Arbeit ausführte? Er hat sie doch organisiert! Regisseure wie SERGEJ EISENSTEIN oder RENÉ CLAIR, die man als große schöpferische Leiterpersönlichkeiten sehen kann und die, wie wir alle wissen, herausragende Filme geschaffen haben, waren selbst keine Schauspieler. Es gibt Fälle, wo ein großer Schausieler gleichzeitig ein großer Regisseur ist, zum Beispiel CHARLY CHAPLIN. Ebenso sind in der Wissenschaft Beispiele dafür bekannt, daß herausragende Wissenschaftler sich auch als Organisatoren kollektiver wissenschaftlicher Arbeit bewährten. Solche vielseitigen Wissenschaftler waren beispielsweise RUTHERFORD und FERMI. Das sind aber glückliche Ausnahmen und nicht die Regelfälle. Zweifellos hat jetzt in der Entwicklung der Wissenschaft eine Periode begonnen, in der den Wissenschaftsorganisatoren eine zunehmend bedeutende Rolle zukommt.

Mir scheint, daß wir beginnen müssen, speziell Kader für die Organisation großer wissenschaftlicher Probleme heranzubilden. Um diese Tätigkeit attraktiv zu gestalten, sollte derartigen Kadern große Achtung entgegengebracht und sie nicht als eine Art von Bürokraten betrachtet werden. In einem kurzen Vortrag läßt sich schwer formulieren, nach welchen Prinzipien solche Leute ausgewählt, herangebildet und erzogen werden sollten. Sie finden sich nicht allzu oft und verkörpern offensichtlich eine unikale Art von menschlichem Talent, so daß sie großer Aufmerksamkeit und Fürsorge wert sind.

Ich möchte also postulieren, daß eine der zukünftigen

Aufgaben die Entwicklung und Erziehung eines neuen Typs von Wissenschaftsorganisatoren sein wird, deren Tätigkeit und Bedeutung ich darzulegen versuchte. Dieser Typ des wissenschftlichen Leiters befindet sich gegenwärtig im Anfangsstadium seiner Herausbildung, er wird aber in der zukünftigen „großen Wissenschaft" eine entscheidende Rolle spielen.

Maßstäbe der wissenschaftlichen Arbeit

Das nächste Problem, auf das ich eingehen möchte, sind die Maßstäbe der Wissenschaft in der Zukunft. Versuchen wir, etwas darüber auszusagen, welche Aufwendungen (Kader, materielle und finanzielle Fonds) der Staat in der Zukunft für die Forschung zur Verfügung stellen wird. Gegenwärtig betragen diese Mittel selbst in den hochentwickelten Staaten nur drei bis vier Prozent des Staatshaushaltes. Dieser Anteil wächst aber von Jahr zu Jahr in den sozialistischen wie in den kapitalistischen Ländern.

Viele Ökonomen konstatieren die Auslösung tiefgreifender sozialer Prozesse als Folge der steigenden technischen Kultur. In der Industrie wie in der Landwirtschaft geht die Rolle der physischen Arbeit unaufhörlich zurück. Es wurde schon mehrfach darüber geschrieben, daß mit der zunehmenden Bereitstellung von Elektroenergie, mit der wachsenden Mechanisierung und Automatisierung die Produktion nur noch einen geringen Teil der Kraft des Menschen erfordern wird. Auf Kosten der Energie der Kraftwerke werden kybernetische Maschinen diese Tätigkeit übernehmen, und die freigesetzten schöpferischen Kräfte und geistigen Energien der Menschen werden vor allem auf die Wissenschaft und die Kunst gerichtet sein. Es fragt sich: Welcher Teil der Menschheit wird mit der Zeit auf dem Gebiet der Wissenschaft und Kunst tätig sein? Hier können wir zu Analogien im Stil von Herbert Spencer greifen. Wenn wir den Organismus des Staates mit einem lebenden Organismus vergleichen und den Teil eines Tierkörpers, der geistige Arbeit verrichtet, nämlich den Kopf, zum Gewicht des übrigen Körpers ins Verhältnis setzen, kommen wir zu einem interessanten Ergebnis. Beginnen wir mit einem prähistorischen Tier, beispielsweise dem Dinosaurus. Es war dies ein Tier mit kleinem Kopf und gigantischem Körper. Wir wissen, daß in der Evolution des Lebens auf der Erde diesem Tier nicht die Zukunft gehören konnte. Die Zukunft gehörte dem Menschen, dessen Kopf 5—10% vom Körpergewicht ausmachte.

Analog wird auch im Entwicklungsprozeß der menschlichen Gesellschaft die Kultur ständig zunehmen und immer größere Mittel in Anspruch nehmen. Hier kann man einflechten, daß die Natur bisher der Entwicklung der geistigen Seite des Menschen im Vergleich zur physischen qualitativ großzügigere Möglichkeiten bietet als dies selbst die entwickeltsten Staaten tun.

In einer seiner Arbeiten schrieb Akademiemitglied N. N. Semenov, daß in der Zukunft die Hälfte der Menschheit auf diese oder jene Weise an schöpferischer wissenschaftlicher Arbeit beteiligt sein wird. Somit wird also die Hälfte der Bevölkerung eines Staates eine gesellschaftliche Funktion erfüllen, während die andere Hälfte in Instituten, Konstruktionsbüros, Versuchsbetrieben arbeiten wird, d. h. dort keine Automatisierung und Mechanisierung möglich, sondern ein individuelles Herangehen an die Lösung jeder Aufgabe erforderlich ist. Prof. Bernal beschreibt die wissenschaftlich-schöpferische Tätigkeit der Menschen in der Zukunft anders. Er nimmt an, daß jeder Mensch einen Teil seiner Zeit der geistig-schöpferischen Tätigkeit und den anderen Teil der produktiven Arbeit widmen wird. Mir erscheint die Semenovsche Annahme wahrscheinlicher, da Menschen mit einer Neigung zur geistig-schöpferischen Arbeit sich dieser ganz hingeben werden. Das gibt diesen Menschen eine größere Befriedigung und führt zu einer höheren Produktivität ihrer schöpferischen Tätigkeit.

Wissenschaftliche Entdeckungen der Zukunft

Ich möchte jetzt auf Wissenschaftszweige eingehen, von denen man annehmen kann, daß sie in der Zukunft neu entstehen werden. Hier sind Prognosen von verschiedenen Ausgangspunkten her möglich. Ich werde nach dem Extrapolationsprinzip vorgehen und deshalb mit einer Abschätzung der Zahl neuer Naturerscheinungen beginnen, die von der Wissenschft in den letzten Jahren entdeckt wurden. Dabei verstehe ich unter einer „neuen Naturerscheinung" eine physikalische Erscheinung, die sich auf der Grundlage schon vorhandener theoretischer Konzeptionen weder vollständig voraussagen noch erklären läßt und die deshalb ein neues Forschungsgebiet eröffnet. Um die vorzuschlagende Extrapolation anschaulicher zu machen, nenne ich die wesentlichsten, grundlegenden Erscheinungen in der Physik, die in den letzten 150 Jahren entdeckt wurden.

In erster Linie möchte ich die Entdeckung des elektrischen Stromes durch Galvani im Jahre 1789 nennen, die sich natürlich in keiner Weise aus den damals bestehenden theoretischen Konzeptionen zur Natur der Elektrizität ableiten ließ, die im wesentlichen durch Franklin entwickelt wurden.

Die nächste Entdeckung, die der gegebenen Definition entspricht, ist der durch Oersted 1820 entdeckte Einfluß des elektrischen Stroms auf die Magnetnadel. Unter unserem Gesichtspunkt ist die später erfolgte Entdeckung der magnetischen Induktion durch Faraday nicht neu, da die magnetische Induktion im Prinzip die Umkehrung der Oerstedschen Entdeckung ist und somit damals hätte vorausgesehen werden können. Die Arbeiten von Oersted und Faraday führten zum Lenzschen Gesetz, zur Aufstellung der Maxwellschen Gleichungen und einer Reihe weiterer fundamentaler Schlußfolgerungen, die aber alle eine Weiterentwicklung der grundlegenden Oerstedschen Entdeckung waren, deren Voraussagen auf theoretischer Basis absolut unmöglich war.

Das nächste Beispiel einer neuen Erscheinung ist der 1887 von Hertz entdeckte äußere Fotoeffekt (wir alle ehren natürlich Hertz weitaus mehr für die Auffindung der elektromagnetischen Wellen). Auch diese Erscheinung konnte theoretisch nicht vorausgesehen werden. Die Untersuchung des äußeren Fotoeffektes führte 30 Jahre später Einstein zu seinen berühmten Gleichungen, indem er die Quantennatur dieser Erscheinungen erkannte. Die Unschärferelation und die Quantentheorie waren durch die Entdeckung des Fotoeffektes vorausbestimmt, und alle herausragenden Weiterentwicklungen dieser Erscheinung sind lediglich als weitere methodische Arbeit zu sehen.

Weiter kann die Entdeckung der Radioaktivität im Jahre 1896 durch Becquerel genannt werden (die ebefalls auf der Grundlage der damals existierenden Theorien nicht voraussagbar war), die den Grundstein für die Kernphysik legte.

Ebenfalls als Entdeckung einer neuen Erscheinung ist die Auffindung des Elektrons durch Thomson zu werten, die der Ausgangspunkt für die moderne Elektronik war. Auch der Michelsonsche Versuch kann, da sein Ergebnis nicht theoretisch vorausgesehen werden konnte, als Entdeckung einer neuen Erscheinung angesehen werden, aus der sich die Grundprinzipien der Relativitätstheorie ableiteten. Nicht vorauszusagen war die Entdeckung der kosmischen Strahlen durch Gesse im Jahre 1919. Ich glaube, als neue Entdeckung muß auch die Uranspaltung durch Hahn und Meitner angeführt werden.

Was ist für die bisherigen Entdeckungen typisch? Zunächst die Tatsache, daß man ihren Wert erst nach 20 bis 30 Jahren voll erkannte, als klar wurde, daß sie sich durch die wissenschaftlichen Anschauungen der jeweiligen Zeit nicht erklären lassen und deshalb unter ihrem Einfluß neue Richtungen in den grundlegenden Konzeptionen entstanden.

Sind solche Entdeckungen in Zukunft möglich? Sind

gegenwärtig alle physikalischen Entdeckungen in der Natur erschöpft? Gibt es noch fundamentale Naturerscheinungen, die ihrer Entdeckung harren?

Wenn man in einer Kurve die Zahl der Entdeckungen gegen die Zeit aufträgt, stellt man fest, daß sie keine Tendenz aufweist, gegen Null zu gehen. Die Extrapolation dieser Kurve zeigt uns, daß wir auch in nächster Zukunft Zeugen weiterer nicht weniger wichtiger und „neuer“ Entdeckungen als die oben angeführten sein werden. Sie werden uns helfen, die uns umgebende Natur noch besser zu verstehen und tiefer in sie einzudringen, werden den Menschen neue Möglichkeiten zur Entwicklung ihrer Kultur geben. Gewöhnlich kann man beobachten, daß der Mensch geneigt ist anzunehmen, er wisse über die Natur alles, was man über sie wissen könne. Das war immer so. Es reicht aus, die Arbeiten von Newtons Zeitgenossen zu lesen, um zu sehen, daß auch damals viele annahmen, mit der Entdeckung der klassischen Gesetze der Dynamik sei die Erkenntnis der unbelebten Natur abgeschlossen. Obwohl dies manchmal unserem subjektiven Empfinden widerspricht, dürfen wir im weiteren diesen Fehler nicht machen und annehmen, daß die Zukunft keine neuen Entdeckungen bringen wird.

Vielleicht fragen Sie mich, was das für Entdeckungen sein werden? Könnte ich sie voraussagen, wären sie damit nicht unerwartet und neu. Dennoch möchte ich ein Beispiel anführen, wo es mir schien, daß ich eine Entdeckung machen könnte, wo ich aber nicht versucht habe, es zu realisieren. Dieses Beispiel ist in gewisser Hinsicht lehrreich.

Als ich in den dreißiger Jahren sehr starke Magnetfelder erzeugte, um den Faktor 10 stärker als sie bis dahin angewendet wurden, rieten mit eine Reihe Wissenschaftler, Versuche über den Einfluß eines starken Magnetfeldes auf die Lichtgeschwindigkeit durchzuführen. Besonders eindringlich sprach mit mir darüber Einstein. Er sagte: „Ich glaube nicht, daß Gott das Weltall so geschaffen hat, daß darin die Lichtgeschwindigkeit von nichts abhängt." EINSTEIN liebte es, sich in solchen Fällen, wo es keine vernünftige Begründung gab, auf Gott zu beziehen. Aus schon in dieser Richtung unternommenen Versuchen war bekannt, daß auch mit meinen starken Feldern der Effekt nur sehr klein, nur zweiter Ordnung sein konnte. Dabei war es natürlich nicht möglich, da es sich um eine neue Erscheinung handelte, die tatsächliche Größe des Effekts vorauszusagen. Andererseits versprach der Versuch außerordentlich schwierig zu werden, da bereits durchgeführte Experimente mit Feldern bis 20 kOe zeigten, daß selbst bei sehr empfindlichen Meßverfahren kein Einfluß des Magnetfeldes auf die Lichtgeschwindigkeit nachweisbar war.

Auf der Durchführung dieses Experiments bestand ebenfalls OLIVER LODGE, er bot sogar finanzielle Unterstützung für diesen außerordentlich komplizierten und heiklen Versuch an. Und dennoch habe ich abgesagt. Warum? Ich möchte es mit dem folgenden lehrreichen Beispiel erklären, das möglicherweise vielen nicht bekannt ist.

Wie Sie wissen, wurde das Gesetz der Erhaltung der Masse experimentell 1756 von LOMONOSSOV und etwas später von LAVOISIER entdeckt. Anfang unseres Jahrhunderts wurde es von LANDOLDT mit großer Genauigkeit überprüft. Er brachte ebenfalls chemische Stoffe in zugeschmolzene Gefäße und zeigte durch Präzisionswägungen vor und nach der Reaktion, daß das Gewicht mit einer Genauigkeit auf mindestens 10 Stellen konstant blieb. Geht man von der Energie aus, die bei der Reaktion freigesetzt wird, und berechnet nach der von EINSTEIN aus der Relativitätstheorie abgeleiteten Gleichung den Gewichtsverlust, so ergibt sich, daß bei einer um noch 2–3 Größenordnungen besseren Wägegenauigkeit LANDOLDT den Gewichtsverlust hätte bemerken können.

Wir wissen also jetzt, daß LANDOLDT sehr nahe an der Entdeckung eines der fundamentalen Naturgesetze war. Nehmen wir aber an, LANDOLDT hätte dem Experiment noch mehr Anstrengungen gewidmet, hätte noch fünf

Jahre daran gearbeitet, die Genauigkeit um noch 2 bis 3 Größenordnungen gesteigert und die Gewichtsveränderung bemerkt, die meisten Wissenschftler hätten ihm nicht geglaubt. Bekanntlich ist ein mit extremer Genauigkeit durchgeführtes Experiment nie voll überzeugend, und eine Überprüfung würde voraussetzen, daß sich ein zweiter Experimentator findet, der ebenfalls bereit ist, zehn Jahre angestrengter Arbeit daranzusetzen. Die Erfahrung lehrt: Solange die Lösung eines Problems mit bekannten Methoden an der Grenze der Meßgenauigkeit liegt, wird sie nur dann überzeugend sein, wenn die Natur selbst eine neue Lösungsmethode anbietet. So war es in diesem Falle auch. Das Einsteinsche Gesetz wurde relativ unkompliziert durch Aston experimentell überprüft, der eine neue, genaue Methode zur Massebestimmung radioaktiver Isotope nach der Ablenkung eines Ionenstrahls erfand und ausarbeitete. Deshalb sollten wir auch in dem von mir beschriebenen Fall warten, bis die Natur selbst uns neue methodische Möglichkeiten zur Untersuchung des Magnetfeldeinflusses auf die Lichtgeschwindigkeit in die Hand gibt, wodurch sich wahrscheinlich auch ein einfacher und überzeugender Versuch zur Untersuchung dieser Erscheinung ergeben wird. Deshalb habe ich damals von der Durchführung dieser komplizierten Versuche Abstand genommen.

Diesen Abschnitt abschließend kann man, denke ich, mit voller Überzeugung sagen, daß den Physikern in der nahen Zukunft noch sehr viel Neues und Interessantes zu entdecken bevorsteht, und es ist angebracht, sich an die Worte des Hamlet zu erinnern: „Es gibt mehr auf der Welt, Freund Horatio, als sich die Gelehrten träumen lassen.“ So war es vor 300 Jahren zu Shaekespeares Zeiten, und so wird es auch immer sein. Hier geht es eigentlich um nichts anderes als um das Gesetz der unbegrenzten Erkenntnis der Natur durch den Menschen.

Wichtigste wissenschaftliche Probleme der nahen Zukunft

Neben der Entdeckung neuer Naturerscheinungen, die wir nicht voraussehen können, werden die Anstrengungen der Wissenschaftler stets auf die vertiefte Untersuchung schon entdeckter Naturerscheinungen gerichtet sein, auf die Lösung methodischer und angewandter Aufgaben. Um die Forschungsrichtungen zu bestimmen, die in der nächsten Zukunft führend sein werden, sind die naturwissenschaftlichen Gebiete herauszuarbeiten, die besonders eng mit den aktuellsten Problemen des Lebens verbunden sind.

Die wichtigsten und interessantesten Probleme, die gegenwärtig vor der Wissenschaft stehen, sind allen gut bekannt, und ich werde nicht im Detail auf sie eingehen. Das erste dieser Probleme ist die Erschließung des Kosmos. Für die Realisierung dieses Zieles wurde der entscheidende Schritt getan: der Mensch löste sich aus dem Schwerefeld der Erde. Die Hauptaufgabe der Zukunft liegt in der Nutzung der Kernenergetik als Antriebskraft von Raumschiffen. Welche praktischen Ergebnisse bringt die Lösung dieses Problems? Es vergrößert sich die Möglichkeit, fremde Planeten zu besiedeln. Natürlich ist das eine Aufgabe der sehr fernen Zukunft, vorläufig ist es uns hier auf der Erde noch nicht zu eng. Aber die Schönheit und der Reiz des Vordringens in neue, unbekannte Gebiete liegt darin, daß der Mensch nicht voraussehen kann, was er dort für sich findet. Die gesamte historische Erfahrung der Menschheit zeugt davon, daß die Erschließung neuer Gebiete stets auch neue Möglichkeiten zur Weiterentwicklung der menschlichen Kultur eröffnet. Ohne Zweifel wird das auch hier so sein.

Man kann darauf hinweisen, daß es jetzt schon Möglichkeiten einer praktischen Anwendung kosmischer Raketen gibt: Es ist dies die Beseitigung radioaktiver Abfälle und Schlacken von Kernreaktoren. Schon mehrfach wurde darauf hingewiesen, daß es in naher Zukunft zu einer solchen Anhäufung radioaktiver Abfälle von kernenergetischen Anlagen kommen wird, die ihre Lagerung schwierig und gefährlich werden läßt, und es ist die Meinung verbreitet, daß dies das wesentliche Hindernis für die Entwicklung der großtechnischen Kernenergetik sein wird. Eine Entfernung dieser radioaktiven Schlacken in den Weltraum mittels Raketen wäre für die Menschheit ungefährlich und wahrscheinlich auch nicht mit übermäßigem Aufwand verbunden. Möglicherweise könnte dies die Lösung des Problems radioaktiver Abfälle sein.

Eines der ständigen brennenden Probleme der Gegenwart und Zukunft ist die Bereitstellung billiger Elektroenergie.

Die wichtigste sich abzeichnende Lösung dieses Problems liegt in der gesteuerten Kernfusion. Sie ist das wichtigste Problem der modernen Physik, ihre Realisierung gibt den Menschen eine unerschöpfliche Energiequelle. Die Lösung dieses Problems hängt von der Schaffung eines Plasmas ausreichend hoher Temperatur ab, und Wege dazu werden von den Wissenschaftlern gegenwärtig gesucht.

Näher liegt uns das Problem einer effektiven Ausnutzung der aus fossilen Brennstoffen gewonnenen Wärme. Bekanntlich beruht die Umwandlung der Verbrennungsenergie in elektrische Energie auf einer ganzen Kette von Prozessen: Zunächst wird die chemische Energie in der Feuerung in Wärme umgesetzt, diese in Dampfkesseln in Energie des Dampfes und weiter in Dampfmaschinen in mechanische Energie, die dann letztlich in Generatoren in elektrische Energie verwandelt wird. Auf diesem Wege läßt sich aber nur ein Anteil von 30—35% der chemischen Energie in der Kohle wirklich nutzen, und das bei hohen Investitionen in Maschinen und Anlagen. Zur effektiveren Gestaltung dieses Prozesses in der Zukunft zeichnet sich die Entwicklung einer neuen Richtung ab, und zwar der magnetohydrodynamischen Generatoren. Die grundlegende Idee dazu stammt bereits aus dem Beginn des

Jahrhunderts. Sie besteht darin, daß beim Durchleiten eines schnellen Plasmastrahls hoher Leitfähigkeit durch ein Magnetfeld eine elektromotorische Kraft in Querrichtung auftritt. Auf diese Weise läßt sich ein elektrischer Strom gewinnen und somit die kinetische Energie des Plasmastrahls in elektrische Energie umwandeln. In letzter Zeit wird dank der Entwicklung des Strahlantriebes in der Luftfahrt und der Raketentechnik die Erzeugung heißer Gasströme großer Leistung gut beherrscht. Dadurch wurde die alte Idee des magnetohydrodynamischen Generators real, und eine Reihe großer Institute in unserem Land und in den USA arbeiten daran. Es ist abzusehen, daß dieser Generator bei hohen Leistungen in der Größenordnung von einigen Hundert Megawatt effektiv arbeiten und dabei relativ klein sein wird.

Besonders verlockend bleibt aber die direkte Überführung von chemischer in elektrischer Energie. In gewöhnlichen galvanischen Elementen und Akkumulatoren ist dies schon längst realisiert, und bekanntlich läßt sich dabei ein fast vollständiger Übergang der chemischen in elektrische Energie mit einem Wirkungsgrad nahe Eins realisieren. Die hauptsächliche, vor den Wissenschaftlern stehende Aufgabe ist die Schaffung eines Elementes, in dem aus der Oxydation der Kohle unmittelbar elektrische Energie gewonnen werden könnte. Die Realisierung derartiger, bei erhöhtem Druck und erhöhter Temperatur arbeitender Gaselemente erwies sich als realisierbar und in den letzten Jahren wurden hier merkbare Fortschritte erreicht, obwohl die Aufgabe noch nicht zu einer praktisch anwendbaren Lösung geführt werden konnte. Leider ist zu bezweifeln, daß derartige Anlagen für große Leistungen entwickelt werden können, da dies mit prinzipiellen Schwierigkeiten verbunden ist. Sie liegen in der Notwendigkeit, die Oxydation an der Elektrodenoberfläche und nicht im Volumen des Elektrolyten durchzuführen, weshalb sich für große Leistungen die Forderung nach sehr großen Oberflächen ergibt, was sich nur in riesigen Anlagen realisieren läßt. Deshalb wird dieses

Prinzip der Elektroenergieerzeugung nur für die „kleine“ Energietechnik Bedeutung gewinnen.

Ein anderes Problem der Energetik darf nie vergessen werden: die direkte Umwandlung von chemischer in mechanische Energie. Hier ist die Natur dem Menschen voraus. Der „Muskelmotor“ ist noch immer der verbreiteste. Die von den Muskeln aller Tiere erzeugte mechanische Energie übertrifft immer noch um ein Vielfaches die aller vom Menschen geschaffenen Wärmemaschinen. Außerdem arbeitet der „Muskelmotor“, wie die Erfahrung zeigt, sehr effektiv, mit höherem Wirkungsgrad als Verbrennungsmotoren, Turbinen und andere Wärmekraftmaschinen. Das Erstaunlichste ist aber, daß muß man eingestehen, daß die Wissenschaft bis heute das Wesen der Muskelprozesse noch nicht versteht. Es gibt viele Hypothesen, aber solange den Wissenschaftlern die künstliche Reproduktion des Kontraktionsprozesses der Muskelfaser nicht gelingt, kann man nicht vom Verständnis des Prozesses sprechen.

Ohne Zweifel wird die Untersuchung des Muskelkontraktionsprozesses eines der zentralen Probleme der zukünftigen Forschung sein, an dem Physiker, Chemiker und Biologen mitarbeiten werden. Kann man damit rechnen, daß es in den nächsten Jahren gelöst wird? Wir können diese Aufgabe dann als gelöst ansehen, wenn uns die reversible Kontraktion einer synthetischen Faser unter dem Einfluß sich verändernder Umgebungsbedingungen, d. h. die Modellierung der Muskelprozesse gelingt. Gegenwärtig wächst die Zahl der Gruppen und Ketten ständig, aus denen synthetische polymere Fasern aufgebaut werden. Es vertieft sich das Verständnis des Charakters und der Eigenschaften molekularer Bindungen in Polymeren, und dies alles läßt hoffen, daß das Geheimnis der Muskelkontraktion an synthetischen Fasern gelüftet werden kann. Jedenfalls ist dies eine der wichtigsten Aufgabe der näheren Zukunft, deren Lösung dem Menschen möglicherweise den Weg zu einem effektiven Motor öffnet. Es ist natürlich zu erwarten, daß ein solcher

Motor klein und nur für relativ geringe Leistungen sein wird.

Nebenbei sei bemerkt, daß sich in polymeren Fasern noch viele Geheimnisse verbergen, deren Kenntnis dem Menschen sehr nützlich sein könnte. Beispielsweise ist bekannt, daß sich über Nervenfasern, die wir als Dielektrika ansehen, ohne weiteres elektrische Impulse (Signale) fortpflanzen. Daß dies der Fall ist, unterliegt keinem Zweifel. Aber der Mechanismus dieser interessanten Erscheinung ist noch völlig unverstanden und nicht reproduzierbar. Wenn auch diese Aufgabe gelöst ist, lassen sich Signalschaltkreise, Zähler und andere Elemente kybernetischer Maschinen ohne metallische Leiter aufbauen. Das Verständnis dieser Erscheinung ist auch eines der großen Probleme der Zukunft.

Wissenschaftsmethodische Probleme der Zukunft

Eine ganze Reihe wichtiger wissenschaftlicher und wissenschaftlich-technischer Probleme ist gegenwärtig wegen der begrenzten methodischen Möglichkeiten, die uns zur Verfügung stehen, nicht lösbar. Diese Begrenzung kann sowohl in der Komplexität der Erscheinung selbst, die zu unlösbaren mathematischen Schwierigkeiten führt, als auch in den verfügbaren Meßverfahren liegen, die nicht ausreichend empfindlich oder ausreichend genau sind. Möglicherweise entzieht sich die zu untersuchende Erscheinung überhaupt der Messung.

Eine erfolgreiche Lösung einer Reihe von Problemen ist deshalb an die Erweiterung unserer methodischen Möglichkeiten gebunden. Der Erfolg wird hier im wesentlichen durch die Erfindung neuer Beobachtungsverfahren und auf neuen Prinzipien beruhender Meßgeräte und letzten Endes auch durch die Erfindung neuer Methoden zur theoretischen und mathematischen Verallgemeinerung der wissenschaftlichen Erfahrungen bestimmt.

Alle diese Erfindungen kann man als eine Art wissenschaftlicher Entdeckungen betrachten: die bedeutendsten unter ihnen treten ebenso unerwartet und unvorhersehbar auf wie wissenschaftliche Entdeckungen und verkörpern in gleicher Weise das menschliche Genie. Große methodische Erfindungen können ebenso wie wissenschaftliche Entdeckungen den Grundstein für die Entwicklung neuer Wissenschaftszweige bilden und zur Lösung grundlegender, schon lange vor der Wissenschaft stehender Aufgaben führen. Als Beispiele aus der Vergangenheit kann die Erfindung der Differentialrechnung durch Newton oder die Erfindung des Uhrenpendels durch Huygens dienen.

Eine der herausragenden methodischen Erfindungen der Neuzeit, die zu einer starken Fortentwicklung einer ganzen Reihe von Gebieten geführt hat, ist die Schaffung elektronischer kybernetischer Maschinen. Die gegenwärtige stürmische Entwicklung kybernetischer Maschinen ermöglicht die erfolgreiche Bearbeitung vieler sehr komplizierter Aufgaben, die noch vor kurzem keinen Zugang boten (schnelle und genaue Flugbahnberechnungen für Raumschiffe, Berechnungen der Struktur von Atomen, Molekülen, Kristallgittern und eine Reihe weiterer Probleme). Ohne Zweifel wird sich die intensive Entwicklung elektronischer kybernetischer Maschinen fortsetzen, und mit ihrer Hilfe werden viele Aufgaben gelöst werden können, die sich bis jetzt noch einer Bearbeitung entziehen.

Ich möchte jetzt auf einige sehr wichtige Aufgaben hinweisen, die eine Lösung im Sinne einer theoretischen Lösung erfordern, aber so kompliziert sind, daß sie nach wie vor auf grobem empirischen oder halbempirischen Wege gelöst werden müssen. Man darf nicht vergessen, daß sich die Empirie als Weg zur wissenschaftlichen Erkenntnis noch lange nicht überlebt hat.

Die Empirie in derartigen Untersuchungen ist gewöhnlich mit einer aufwendigen Sammlung großer Mengen experimenteller Daten und mit großen Schwierigkeiten ihrer Systematisierung und Verwendung verbunden.

Nehmen wir als Beispiel solcher empirischer Untersuchungen, wie sie jetzt öfter durchgeführt werden, die Entwicklung von Werkstoffen mit definierten mechanischen Eigenschaften, Festigkeit, Warmfestigkeit, Verformbarkeit usw. Bekanntlich setzen auf Gebieten extremer Beanspruchungsbedingungen der Luftfahrt, der Raumfahrt, des Turbinenbaus gewöhnlich Festigkeit und Wärmestandsvermögen der Werkstoffe die Grenzen. Es wäre ausreichend, die Wärmefestigkeit von Legierungen lediglich um einige Hundert Grad und die Bruchfestigkeit um 20–30% zu steigern, um eine Reihe neuer technischer Aufgaben lösen zu können. Aber ungeachtet dessen, daß sich jetzt alle mechanischen Eigenschaften gut und schnell bestimmen lassen und der Charakter der Bindungskräfte zwischen den Atomen klar ist, existiert immer noch keine quantitative Theorie für den Zusammenhang dieser Eigenschaften mit der chemischen Zusammensetzung einerseits und der physikalischen Struktur des Werkstoffes andererseits. Die Aufgabe ist mathematisch so kompliziert, daß sie sich nicht einmal formulieren läßt. Der hauptsächliche Erkenntnisweg ist deshalb hier die Empirie.

Es läßt sich aber einfach zeigen, daß auch die Empirie nicht in der Lage ist, diese Aufgabe restlos zu lösen. Wir kennen etwa 100 legierungsbildende Elemente. Nehmen wir an, die Beschreibung der neuen Eigenschaften eines Metalles oder einer Legierung wie Festigkeit, Wärmefestigkeit, Elastizität, Leitfähigkeit usw. erfordere eine Druckseite. Für die Elemente selbst wären dann 100 Seiten erforderlich, für die Beschreibung der binären Legierungen bereits 10000 und für die der ternären Legierungen 1 Million. Es ist einzusehen, daß Untersuchung und systematische Beschreibung lediglich der ternären Legierungen unsere Möglichkeiten bis zur Grenze ausschöpfen. Die empirische Untersuchungsmethode hat also ihre natürlichen Grenzen. Die Entwicklung kybernetischer Tabuliermaschinen erweitert natürlich unsere Möglichkeiten, dennoch muß man zugeben, daß das wissenschaftliche Problem der Entwicklung neuer Legierungen mit vorgegebenen Eigenschaften aus mehr als drei Komponenten ungelöst ist. Bekanntlich werden aber in der Praxis Legierungen aus vier und sogar mehr Komponenten eingesetzt und zur Lösung wichtiger Aufgaben verwendet.

Wird dies immer so bleiben? Ich glaube nicht. Derartige Vielkomponentensysteme wurden möglicherweise zufällig aufgefunden, wahrscheinlicher aber durch den intuitiven „Spürsinn" talentierter Wissenschaftler, die wie kunstvolle Köche besser zu kochen verstehen als ihre Kollegen. Wo Intuition ist, ist auch Gesetzmäßigkeit. Aufgabe der Wissenschft ist es, diese Gesetzmäßigkeiten aufzufinden, aber bisher gibt es noch keine Methoden zur Lösung derart komplizierter Probleme, und zweifellos gehört dies zu den Problemen der Zukunft.

Es gibt noch ein anderes, weniger bekanntes Problem, dessen Lösung auch in der nächsten Zukunft von großem Interesse sein wird. Bisher wird ebenfalls nur empirisch daran gearbeitet. Es ist dies die Entwicklung einer supraleitenden Legierung mit einer Sprungtemperatur nahe der Zimmertemperatur und ausreichend hohem kritischen Feld, d. h. einem Feld, das diese Supraleitfähigkeit zuläßt. Bekanntlich erfolgt in Supraleitern der Stromtransport verlustlos. Deshalb findet jetzt schon die Supraleitung breiten Eingang in elektronischen Schwingkreisen hoher Güte, in Spulen zur Erzeugung hoher Magnetfelder und für die Entwicklung kompakter Speicher für elektronische Datenverarbeitungsanlagen.

Die Hauptschwierigkeit für den praktischen Einsatz von Supraleitern liegt aber darin, daß alle diese Anlagen bei sehr niedrigen Temperaturen, bei der Temperatur des flüssigen Heliums (4,2 K), arbeiten. Deshalb wäre die Entdeckung eines Werkstoffes mit Supraleitfähigkeit bei Zimmertemperatur von außerordentlicher praktischer Bedeutung. Sie würde eine Revolution in der modernen Elektrotechnik hervorrufen, da damit die verlustlose Energieübertragung gelöst wäre. Vorläufig sagt aber die

Theorie aus, daß in reinen Metallen Supraleitung bei Temperaturen oberhalb der Debye-Temperatur nicht möglich ist, weshalb gegenwärtig die Entdeckung eines solchen Werkstoffes nur für Legierungen zu erwarten ist, deren Supraleitfähigkeitseigenschaften theoretisch noch nicht voll verstanden werden. Auch hier tritt das Problem der empirischen Erforschung von Mehrkomponentensystemen auf, von dem ich weiter oben sprach.

Eine der bedeutendsten Aufgaben, die vor der Festkörperphysik stehen, ist die Schaffung von Polymeren mit vorgegebenen Eigenschaften. In der lebenden Natur sind Polymere stets die wesentlichen „Baustoffe“, die die verschiedenartigsten Funktionen ausführen. Unser Jahrhundert wird nicht nur das Jahrhundert der Nutzung der Atomenergie sein, sondern auch das Jahrhundert, in dem es die Menschheit gelernt hat, Polymere herzustellen und sie im Leben breit als hauptsächliche „Baumaterialien“ einzusetzen.

Die Vielfalt der Polymere ist unerschöpflich, vielleicht noch in größerem Maße als die der Legierungen. Ebenso vielfältig sind die mechanischen, elektrischen und magnetischen Eigenschaften der Polymere. Vor der Wissenschaft wird die Aufgabe stehen, Polymere mit vorgegebenem Eigenschaftsbild zu schaffen. Hier wird sich die Empirie als nicht ausreichend effektiv erweisen, wie auch im Beispiel mit den Legierungen. Möglicherweise gelingt es durch die größere Regularität im Aufbau der Polymere eher als im Falle der Legierungen, theoretische Verallgemeinerungen zu finden, mit deren Hilfe die Empirie in den Arbeiten zur Entwicklung von Polymeren mit vorgegebenen Eigenschaften ausgeschaltet werden kann.

Die Fortschritte der letzten Jahre in der Erfindung neuer experimenteller Methoden zur Erforschung von Naturerscheinungen sind ausgesprochen eindrucksvoll. Wahrscheinlich ist dies auf die stürmische Entwicklung der theoretischen und industriellen Elektronik ebenso wie auf die Möglichkeiten zurückzuführen, die sich durch die Entwicklung der Kernphysik und -technik eröffneten.

Es ist interessant zu erwähnen, daß heute Frequenzen bis auf die 16. Stelle (unter Ausnutzung des Mössbauer-Effekts) und die Zeit bis auf die 11. Stelle (mittels Molekulargeneratoren) genau gemessen werden können. Unter Verwendung von Elektronenstrahlen und verschiedenen Vergrößerungsverfahren lassen sich Moleküle sichtbar machen usw. Derartige Errungenschaften in der Erfindung neuer Meß- und Beobachtungsmethoden kommen jetzt am laufenden Band. Es gibt keinerlei Anzeichen dafür, daß die Entwicklung unserer experimentellen Möglichkeiten in Zukunft zur Stagnation kommen wird. Welche die nächsten Erfindungen auf dem Gebiet der Meß- und Beobachtungsverfahren sein werden, läßt sich ebenso schwer voraussagen wie wissenschafliche Entdeckungen. Dennoch möchte ich auf ein Gebiet der Meßtechnik hinweisen, wo der Mensch hinter der Natur zurückbleibt und wo in der nächsten Zukunft neue Erfindungen erwartet werden können.

Die Physik verfügt gegenwärtig über Geräte, die um ein Vielfaches empfindlicher sind als unsere Sinnesorgane. Das Mikrofon hört besser, als das menschliche Ohr, und das Fotoelement sieht besser und in einem breiteren Spektralbereich als das menschliche Auge. Der Seismograf ist empfindlicher als der Tastsinn, und die Temperatur kann der Mensch im Vergleich zum Thermometer natürlich nur ganz grob bestimmen.

Nur ein Sinn, der Geruchssinn, d. h. die Fähigkeit zum Nachweis und zur Bestimmung kleinster Mengen organischer Stoffe, ist im Tierreich vollkommener als mit Hilfe der existierenden Geräte.

Oder nehmen wir Weinprüfer. Zu ihnen gehörte z. B. der berühmte Physiker Langevin. Ich kann mich gut besinnen, ich war damals sehr davon beeindruckt, wie auf einem Kongreß 1925 in Zürich Langevin vor dem Essen den Wein probierte und auf Anhieb nach dem Geschmack nicht nur die Marke, sondern auch den Jahrgang bestimmte. Er wurde als Weinprüfer anerkannt und war darauf vielleicht noch stolzer als auf seine Erfolge in der

Physik. Dabei gibt es kein physikalisches Gerät, das auch nur annähernd das gleiche zu leisten imstande wäre.

Als empfindlichste Methode zum Nachweis von Spuren anorganischer Stoffe gilt die Aktivierungsanalyse. Sie gestattet, Gehalte von 10^{-8}—10^{-9} zu erfassen. Ein Vergleich mit dem Geruchssinn eines Hundes zeigt, daß dieser in der Lage ist, viel geringere Gehalte nicht nur zu erfassen, sondern auch zu identifizieren. Es fragt sich: Warum war der Mensch noch nicht in der Lage Geräte zu schaffen, die so winzige Mengen von Atomen zu erfassen gestatten wie der Geruchssinn eines Hundes?

Bekanntlich sind die Geruchsorgane die kompliziertesten aller Sinnesorgane, und ihr Funktionsprinzip ist bis heute noch nicht klar. Deshalb ist das „Einholen der Hundenase" eines der Probleme der Physik der Zukunft.

Es soll erwähnt werden, daß es noch ein Gebiet gibt, wo die Natur einen besseren Mechanismus erfunden hat als der Mensch. Dies ist der Gedächtnismechanismus des Menschen. Dieser Mechanismus ist um das vieltausendfache kleiner und effektiver als die Speichereinrichtungen moderner elektronischer Rechenmaschinen. Der Wirkungsmechanismus des Gedächtnisses ist uns ebenfalls unklar.

All dies sind Probleme der Zukunft, und hier ist es Aufgabe der Physiker, der Natur interessante und fesselnde Geheimnisse zu entreißen.

Die Zukunft der Biowissenschaften

Eine Reihe umfangreicher Aufgaben der Biologie, die sich aus den Bedürfnissen der Agrotechnik, der Zootechnik der Medizin ergeben, ist allgemein bekannt, und ich werde nicht darauf eingehen.

In den vorangegangenen Abschnitten habe ich schon einige biologische Probleme genannt, deren Lösung in der Zukunft wichtig ist. Es sind dies die Natur der Muskelkontraktionen, die Übertragung elektrischer Signale über

Nervenfasern, der Mechanismus des Gedächtnisses und der Mechanismus des Geruchssinns. Es gibt ohne Zweifel schon Erfolge in der Lösung dieser Probleme, gefördert durch das Eindringen der Physik und der Chemie in die Biologie. Die Forschungsergebnisse geben allen Grund zu der Annahme, daß nicht nur diese Probleme der Beschreibung durch die bekannten Gesetzmäßigkeiten der unbelebten Natur zugänglich gemacht werden können, sondern daß sich diese Prozesse auch künstlich werden reproduzieren und in der Praxis anwenden lassen. Die Klärung der Mechanismen dieser Prozesse gibt uns nicht nur den Schlüssel zu ihrem biologischen Wesen, sondern bereichert auch die Physik und Chemie. Deshalb können wir in Zukunft eine noch engere Verflechtung der Physik und Chemie mit der Biologie in der wissenschaftlichen Arbeit erwarten.

Das volle Verständnis der außerordentlich komplizierten und eigentümlichen biologischen Prozesse wird ohne Zweifel unsere Erkenntnis der unbelebten Natur vertiefen. Deshalb ist jetzt schon die Zeit gekommen, die uns vom günstigen Einfluß der Biologie auf die Entwicklung von Physik und Chemie zu sprechen gestattet. Ein Beispiel dieses Einflusses ist die Entwicklung der Chemie der Polymere und die Untersuchung ihrer physikalischen Eigenschaften, die gegenwärtig so intensiv betrieben wird. Am Beispiel der Struktur von Polymeren, die in der Natur Verwendung finden, ist zu sehen, daß die Natur zur Zeit noch der bessere „Entwicklungsingenieur" ist, von dem wir noch lernen können. Es ist allerdings zu bemerken, daß in einigen Fragen die Wissenschaftler schon die Natur übertrafen, indem sie Prozesse realisierten, die auf natürliche Weise nicht vor sich gehen. Beispielsweise geht die Kettenreaktion der Uranspaltung, die zur Freisetzung von Kernenergie genutzt wird, unter natürlichen Bedingungen nicht vor sich. Mit Gewißheit kann man annehmen, daß in der näheren Zukunft die Lösung großer biologischer Probleme durch die Entwicklung sogenannter Komplexprobleme bestimmt sein wird, d. h. solcher Probleme, an deren Lösung nicht nur Biologen, sondern auch Physiker und Chemiker und sogar Mathematiker beteiligt sein werden. Somit wird die Entwicklung umfangreicher kollektiver Forschungen, von denen ich am Anfang sprach, auch für die Lösung biologischer Probleme charakteristisch sein.

Eines der wichtigsten und interessantesten biologischen Probleme auf dem Gebiet der Biologie, an denen sich Physiker, Chemiker und Mathematiker beteiligen müssen, ist die Genetik. Bekannt sind die gewaltigen Erfolge, die von der Genetik in den letzten Jahren erreicht wurden. Die Wissenschaftler haben nicht nur gelernt, künstlich Mutationen herbeizuführen, sondern beginnen auch ihr Wesen im Detail zu verstehen. Das wurde möglich durch die Klärung des Aufbaus der Chromosomen, durch die Entzifferung des Codes, in dem die zur Entwicklung des jeweiligen Organismus erforderliche Information im Gen ausgezeichnet ist, und letztenendes durch das Verständnis der Vermehrungsmechanismus selbst.

Die hauptsächliche praktische Aufgabe, die sich die Genetik stellt, ist natürlich die Veränderung der Arten entsprechend den Bedürfnissen der Praxis. Es ist noch weit bis zur Realisierung dieser Aufgabe, aber die Lösungswege zeichen sich schon ab. Die jetzt bekannten Verfahren zur Beeinflussung der Chromosomen, Bestrahlung oder Einwirkung chemischer Reagentien, gestatten nur, zufällige Mutationen hervorzurufen. Gewünschte Veränderungen lassen sich zur Zeit nur an einfachsten Arten lebender Organismen vornehmen: Viren, Mikroben, Pilzen. Diese Organismen vermehren sich schnell und die Zahl der möglichen Mutationen ist nicht übermäßig groß, so daß sich bei Ausarbeitung effektiver Verfahren der künstlichen Auslese Arten von Organismen mit den für die Praxis erforderlichen Eigenschaften herausbilden lassen. Auf diesem Wege werden gegenwärtig die wirkungsvollsten Antibiotika entwickelt. Durch Bestrahlung von Pilzkulturen ruft man Mutationen hervor und sondert diejenigen aus, die gegenüber den jeweiligen

Bakterien die größte Aktivität zeigen. Natürlich lassen sich aber auf diese Weise keine erwünschten Änderungen in komplizierteren Organismen herbeiführen, ebenso wie man einen komplizierten Mechanismus nicht durch einen zufälligen Hammerschlag verbessern kann.

Wenn es aber den Wissenschaftlern gelingt, Verfahren zur gezielten Mutation zu entwickeln, erhält damit der Mensch ein unvergleichlich leistungsfähigeres Mittel zur Veränderung der Arten im großen Maßstab, als es etwa die jetzt angewendeten Methoden der Selektion und Hybridisierung sind. Hier steht noch eine lange Erkundungsarbeit bevor. Es läßt sich absehen, daß man die Veränderung von Arten zunächst an einfachsten Organismen beherrschen lernen und im Laufe der Zeit auf immer kompliziertere übertragen wird.

Nehmen wir an, den Wissenschaftlern gelingt es letzten Endes auch, Möglichkeiten gezielter künstlicher Mutationen aufzufinden, die den Menschen verändern. Dann tritt eine interessante und sehr problematische Frage auf, das Problem der Artenveränderung beim Menschen. Es gibt dies die Möglichkeit, auch die Struktur der Gesellschaft zu verändern, wie es etwa ALDOS HUXLEY in seiner kühnen fantastischen Utopie "The New Brave World" beschrieb. Die Geschichte der Kultur lehrt uns, daß die Phantasie mit der Zeit zur Realität wird.

Das ist eine Frage der fernen Zukunft, bei der zu verweilen kaum sinnvoll ist. Für uns ist folgende Frage interessant: Wie groß sind die Chancen, daß in den nächsten Jahren eine Methode für gezielte Mutationen gefunden wird? Wir müssen sagen, daß es zur Lösung dieser schwierigen Aufgabe noch weit hin ist. Möglicherweise zeigt die Untersuchung der physikalischen Eigenschaften synthetischer Polymere einen Weg zur oganisierteren Beeinflussung der Struktur ihrer Ketten.

Es ist schwer zu sagen, wann dies sein wird, aber die Aufgabe hat jetzt zumindest einen konkreten Charakter und liegt im Rahmen der uns bekannten Gesetze der Physik und Chemie.

Interessant ist in diesem Zusammenhang, daß das Problem der belebten Natur, das am kompliziertesten zu sein schien, die Vererbung und die direkte Beeinflussung der Veränderung der Arten, sich früher einer Klärung zuführen ließ als andere ihrer Erscheinungen und möglicherweise die Vererbung als erste der Kontrolle des Menschen zugänglich sein wird.

Zum Abschluß möchte ich noch die folgende grundlegende mit der Erforschung der belebten Natur zusammenhängende Frage stellen, die wir in der Zukunft zu lösen haben werden.

Die Frage besteht in folgendem: Sind die gegenwärtigen Gesetzeserkenntnisse der unbelebten Natur ausreichend, um alle die belebte Natur charakterisierenden Erscheinungen beschreiben zu können?

Wir wissen, daß sich die Mehrzahl dieser Erscheinungen durch die bestehenden Gesetzmäßigkeiten beschreiben läßt. Trotzdem neige ich zu der Annahme, daß eine der Wesenszüge der belebten Natur, *sich selbst zu reproduzieren*, die Erscheinungsform von Naturkräften sein kann, die uns noch unbekannt und nicht durch die Wechselwirkungen zwischen Elementarteilchen erklärbar sind. Es gibt keine Befunde gegen die Annahme, daß in ausreichend langen Ketten gesetzmäßig angeordneter Atome eine neue, der Eigenreproduktion in der belebten Natur analoge Eigenschaft auftreten kann. In einzelnen Atomen und einfachen Molekülen könnte diese Eigenschaft unbemerkt bleiben. Daß diese Möglichkeit nicht ausgeschlossen ist, soll am folgenden Beispiel illustriert werden.

Bekanntlich spielt nur bei großen Anhäufungen von Elementarteilchen die Schwerkraft zwischen ihnen eine Rolle. Normalerweise wird sie bei der Beschreibung der elektrischen und Quantenwechselwirkungen nicht berücksichtigt, und sie beginnt in der Natur erst bei sehr großen Massen bemerkbar zu werden. In ähnlicher Weise ist es möglich, daß andere, bisher noch unbekannte Wechselwirkungseigenschaften der Atome nur bei deren geordneter gegenseitiger Anordnung zum Tragen kommen.

Die Aufgabe der Wissenschaft besteht darin, im Experiment die Gesetzmäßigkeiten der Eigenreproduktion zu klären und die Parameter herauszufinden, mit Hilfe derer diese Gesetzmäßigkeiten beschrieben werden können. Gelingt dies, werden neue Eigenschaften der Materie entdeckt, die uns bisher bei der Erforschung der unbelebten Natur entgangen sind.

Eine Lösung dieser Aufgabe deutet sich aber noch nicht an, und wir können sie nur in der fernen Zukunft erwarten.

Die Zukunft und die Gesellschaftswissenschaften

Es gibt noch ein wichtiges Wissenschaftsgebiet, das ich nur kurz berühren will, die Wissenschaft von der menschlichen Gesellschaft. Für dieses Gebiet der Gesellschaftswissenschaften ist charakteristisch, daß zur Aufklärung der Gesetzmäßigkeiten eigene theoretische Untersuchung- und Verallgemeinerungsmethoden existieren, die sich von den in den Naturwissenschaften gebräuchlichen unterscheiden. Aus diesem Grunde besteht zwischen Natur- und Gesellschaftswissenschaften eine deutliche Grenze, die sie in zwei eigenständige und abgeschlossene Wissensgebiete teilt.

Es ist allgemein anerkannt, daß die grundlegende Wissenschaft über den Aufbau der menschlichen Gesellschaft, den historischen Materialismus, Karl Marx begründete. Er als erster arbeitete solche fundamentalen Parameter wie die Klassenstruktur, die Arbeitsproduktivität usw. heraus, mit denen sich die Gesellschaftsstruktur beschreiben läßt und die für die Entwicklungsgesetze der Gesellschaft maßgebend sind. Marx, Engels, Lenin und ihre Nachfolger schufen die wissenschaftliche Basis für den Aufbau einer neuen Gesellschaftsstruktur, der kommunistischen.

Zu den Gesellschaftswissenschaften ist auch die Wissenschaft über die höhere Nerventätigkeit des Menschen zu rechnen. Als Begründer dieser fundamentalen Wissenschaft gelten I. P. Pavlov und Siegmund Freud. Sie als erste legten der Erforschung der Denkprozesse das Experiment zu Grunde, sie klärten die Gesetzmäßigkeiten der Wahrnehmung der äußeren Welt durch den Menschen, des Auftretens bedingter Reflexe, des Einflusses des Unterbewußtseins auf die menschliche Tätigkeit.

Die Ergebnisse dieser Untersuchungen und der Forschungen ihrer Schüler finden breite Anwendung in der Pädagogik, der Psychiatrie, in der Gerichtspraxis und in den kapitalistischen Ländern auch zum Zwecke der Reklame und Propaganda. In dem Maße, wie sich die Wissenschaft von der höheren Nerventätigkeit des Menschen entwickelt, werden sich zweifellos noch engere Bindungen zu den Gesellschaftswissenschaften ergeben.

Es bietet sich die Schlußfolgerung an, daß, ähnlich wie sich eine erfolgreiche Entwicklung der biologischen Wissenschaften auf die Chemie und Physik stützen muß, die Entwicklung der Wissenschaft von den der Gesellschaft zu Grunde liegenden Gesetzen von der Wissenschaft über die höhere Nerventätigkeit des Menschen auszugehen hat. Nur auf dieser Basis können Organisationsformen für die richtige Erziehung und Ausbildung der Menschen geschaffen werden. Nur diese wissenschaftliche Grundlage gestattet, richtige Formen für die Organisation der Arbeit und der Erholung des Menschen zu finden.

Und was die Hauptsache ist, nur auf einer wissenschaftlichen Grundlage läßt sich eine gesunde und effektive Struktur der Gesellschaft schaffen. Wir müssen lernen, den Staatsapparat auf der Grundlage der Wissenschaft von der Gesellschaft aufzubauen und ihn so zu berechnen, wie heute die Konstrukteure eine elektrische Maschine berechnen: sie muß einfach und von hohem Wirkungsgrad sein. Die Bedeutung der Entwicklung der Gesellschaftswissenschaften für den Menschen ist völlig offensichtlich. (Gekürzt durch den Herausgeber).

1.3. Der Festkörper

U. J. Frankfurt und A. M. Frenk

Nach ihren Untersuchungsverfahren, ihrem Inhalt und nach der Vielfalt ihrer Ergebnisse ist die Festkörperphysik ein besonders charakteristischer Zweig der modernen Physik. Noch liegt die Zeit nicht so lange zurück, als man Eigenschaftsuntersuchungen an festen Körpern eher zur Werkstoffkunde als zur Physik rechnete. Das entsprach dem technischen Einsatz von Festkörpern vorwiegend als Konstruktionswerkstoffe. Sprach man von der Struktur des festen Körpers, war dessen Kristallgitter gemeint. Die in makroskopischen Erscheinungen (Elastizität, Plastizität, spezifische Wärme, thermische und elektrische Leitfähigkeit, Dielektrizitätskonstante, Permeabilität, optische Dichte usw.) zum Ausdruck kommenden, mechanischen, thermischen, elektrischen, magnetischen und optischen Eigenschaften wurden isoliert voneinander betrachtet, Beziehungen zwischen ihnen über empirische Gesetzmäßigkeiten hergestellt, die nur annähernd theoretisch begründet waren.

Da letztenendes alle diese Eigenschaften durch die unterschiedlichen Bewegungsformen von Teilchen und Quasiteilchen bedingt sind, wie sie im festen Körper auftreten, konnte die klassische Physik keine exakten Vorstellungen über ihren Ursprung geben. Selbst das bekannte Modell freier Elektronen, daß sich dank einer großen Reihe von Arbeiten herausragender Wissenschaftler als recht fruchtbar erwiesen hatte, konnte die fundamentale Frage nicht beantworten, warum bestimmte Stoffe Leiter, andere dagegen Nichtleiter sind. Uns ist jetzt klar, daß die Schwierigkeiten der klassischen Theorie von prinzipiellem Charakter und im Rahmen der Gesetze der klassischen Physik nicht zu beseitigen waren. Der Festkörper wurde ein besonders reizvolles Objekt von Untersuchungen auf der Basis der von der Quantenmechanik in die Physik eingebrachten neuen Vorstellungen. Der Schaffung der Quantentheorie fester Körper ist es zu verdanken, daß diese sich aus grobem Baumaterial in hochgezüchtete physikalische Bauelemente verwandelten, die auf erstaunliche Weise einerseits viele Wissenschaftszweige bereicherten und andererseits den Grundstein für völlig neue Zweige der Technik legten. In diesem Zusammenhang ist die skeptische Einstellung vieler Physiker zur Lehre über den festen Körper als einem Wissenschaftsgebiet, das keinerlei grundlegende Entdeckungen erwarten lasse, schwerlich gerechtfertigt. Ein gutes Argument gegen diesen Skeptizismus ist die Theorie der Leitfähigkeit fester Körper und speziell die Entwicklung der Vorstellungen über Quasiteilchen, wie sie am vollständigsten in den Arbeiten von I. M. Lifšic und Mitarbeitern enthalten sind.

Die durch Anwendung der Quantenmechanik auf den Festkörper erreichten beachtlichen Erfolge sind dadurch bedingt, daß die Physiker auf diesem Wege zumindest im bestimmten Umfang das Wesen der Elementarprozesse verstehen lernten, wie sie im festen Körper vor sich gehen. Von Anfang an war klar, daß sich die Aufgabe der Bewegung eines Teilchens im Festkörper wegen des außerordentlich komplizierten mathematischen Apparates nicht direkt lösen läßt. Das zwang dazu, bestimmte Umgehungswege zu suchen.

In Gasen sind die Einheiten der Struktur, Atome und Moleküle, gleichzeitig auch die elementaren Bewegungsträger. Anders ist es in Kristallen: Hier nehmen die Atome eine exakt bestimmte Lage ein. Dank der strengen Periodizität der (idealen) Kristallgitter befinden sich alle Atome in absolut gleichartiger Umgegung, sind ihre Wechselwirkungen mit den übrigen Atomen völlig gleichartig. Deshalb ruft jede Anregung eines Atoms auch Anregungen der Nachbaratome hervor. Man kann nicht mehr von der Anregung eines Atoms sprechen, sie ist kollektiv, bezieht sich auf eine ganze Gruppe von Teilchen. Die Weitergabe der Anregung von einem Atom zum anderen kann man als Ausbreitung einer bestimmten Welle (elastischen Welle, Ladungswelle, Magnetwelle usw.) auffassen.

Bekanntlich läßt sich diese Wellenausbreitung auch als Fortbewegung bestimmter Quanten betrachten. Quanten der elektromagnetischen Wechselwirkung sind Photonen, der Kernwechselwirkungen π-Mesonen. Es sind dies individuelle Teilchen. In Festkörpern sind die Quanten Überträger verschiedener kollektiver Anregungen und nicht der einzelner Teilchen, weshalb sie als Quasiteilchen bezeichnet wurden. Quasiteilchen besitzen eine bestimmte Energie, einen bestimmten Spin und Impuls, sie sind die elementaren Bewegungsträger im System der in ständiger Wechselwirkung befindlichen Atome des festen Körpers. Träger des Stroms sind als „freie Elektronen" bezeichnete Quasiteilchen. Die Bezeichnung ist historisch bedingt, und man darf nicht aus dem Auge verlieren, daß sich die Eigenschaften dieser „freien Elektronen" ganz erheblich von denen der Elektronen im Vakuum unterscheiden. Die Quasiteilchen elastischer Wellen („Elastizitätsquanten" nach dem von I. E. TAMM eingeführten Begriff) wurden endgültig als Phononen (Schallquanten) bezeichnet, die Benennung stammt von JA. I. FRENKEL. Auch Excitonen, Polaronen, Magnonen sind Quasiteilchen Bezeichnungen, die man in Arbeiten über Festkörperphysik oft antrifft.

Es ist zu beachten, daß Quasiteilchen zwar in vieler Hinsicht gewöhnlichen Teilchen entsprechen, sie aber eigentlich eine Gesamtheit der Bewegung vieler Teilchen verkörpern. Leitungselektronen sind ein Beispiel sogenannter einteiliger Anregungen, da sie bei Wegnahme der Wechselwirkung, zum Beispiel beim Austritt aus dem Metall, in ein gewöhnliches Teilchen übergehen.

Um von Quasiteilchen sprechen zu können, muß ihre Lebensdauer wesentlich größer sein als die zeitliche Unbestimmtheit, die sich aus der Unschärferelation ergibt. Die relativ lange Existenzzeit von Quasiteilchen in unveränderter Form hängt damit zusammen, daß sie sich im Kristall frei und unabhängig bewegen können und nur ab und zu untereinander oder mit Gitterdefekten kollodieren. Deshalb erwiesen sich die Vorstellungen von einem Elektronengas, einem Phononengas usw. als fruchtbar.

Die Besonderheiten des Festkörpers sind aber nicht nur durch das Verhalten der Quasiteilchen, sondern auch durch die sogenannte Nullbewegung, den niedrigsten, dem absoluten Nullpunkt der Temperatur entsprechenden Energiezustand des Kristalls, bedingt. Die auf den Gesetzen der klassischen Mechanik beruhende kinetische Theorie sagte aus, daß der niedrigste Energiezustand einer völligen Ruhe entsprechen müsse: alle Teilchen sind unbeweglich, befinden sich im Gleichgewichtszustand. Die Quantenmechanik verneint einen solchen Zustand, da die absolute Ruhe, d. h. Fixierung der Koordinaten, eine enorme Unbestimmtheit des Impulses (erinnern wir uns, daß $\Delta x \cdot \Delta p_x \geqq \hbar$ ist) und somit eine größere kinetische Energie der Teilchen mit sich bringen würde. Die Nullbewegung ist demnach erheblich komplizierter, als es die klassische Physik annahm.

Verständlicherweise war eine der grundlegenden Fragen, die den Forschergeist über viele Jahrzehnte beschäftigten, die Frage über den Mechanismus der elektrischen Leitfähigkeit, über das Wesen des Unterschiedes zwischen Leiter und Nichtleiter. Es ist recht lehrreich, die Entwicklung unserer Vorstellungen über die elektrische Leitfähigkeit fester Körper historisch zu verfolgen.

Die ersten Versuche, den Mechanismus der elektrischen Leitfähigkeit zu verstehen, folgten faktisch auf die Arbeiten von FARADAY und MAXWELL, aber es fehlten sogar ausreichende experimentelle Daten für einigermaßen begründete Schlußfolgerungen. Der bekannte englische Physiker R. MILLIKAN charakterisierte diese Periode folgendermaßen: „Die Spannungstheorie, ihrem Wesen nach mit der atomistichen Hypothese vereinbar, stellte sich ihr de facto entgegen, da sie zur Vorstellung führte, daß die Spannung gleichmäßig über die Oberfläche des geladenen Körpers verteilt ist und nicht von bestimmten, über diese Oberfläche verteilten Punkten oder Zentren ausgeht. In der Zeit von 1833 bis 1900 befand sich der Physiker in einer recht eigenartigen Lage. Betrachtete er den Elektrizitätsdurchgang durch eine Lösung, stellte er sich nach Faraday folgendes Bild vor: durch die Lösung wandern bestimmte Elektrizitätspunkte oder -atome, wobei jedes Atom Materie ein genaues Vielfaches des Elementaratoms der Elektrizität transportiert. Bei der Betrachtung des Stromdurchgangs durch einen metallischen Leiter ging er dagegen völlig von der atomistischen Hypothese ab und versuchte sich die Erscheinung als kontinuierliche „Verschiebung" oder „Spannungsstörung" im Material des Leiters vorzustellen. Mit anderen Worten, er ließ zwei Arten von elektrischer Leitfähigkeit zu, die sich voneinander absolut unterscheiden elektrolytische und metallische Leitfähigkeit. Und da der Physiker in der Mehrzahl seiner Aufgaben mit der metallischen und nicht mit der elektrolytischen Leitfähigkeit zu tun hatte, so blieb die Vorstellung vom atomaren Aufbau als umfassende Hypothese fast, wenn auch nicht ganz, vergessen" [1].

Allerdings betrachtete bereits W. Weber in einer 1862 begonnenen Reihe von Arbeiten den Strom als Bewegung von wägbaren positiven elektrischen Molekülen. Maxwell bestritt aber 1873 bei Anerkennung der Vorteile einer Beschreibung elektrischer Erscheinungen mittels Molekularladungen kategorisch deren reale Existenz. Trotz der negativen Einstellung der meisten Physiker versuchte Giese 1899 wiederum, „Ionenvorstellungen" auf Metalle anzuwenden. In Unterschied zu Flüssigkeiten sollten diese Teilchen in Metallen von Atom zu Atom migrieren, ohne Masse zu übertragen. Die Theorie war rein qualitativ. Ricke versuchte 1898 eine quantitative Theorie von der Vorstellung ausgehend zu entwickeln, daß in Metallen die Moleküle teilweise dissoziiert sind: zwischen den Molekülen befinden sich positive und negative Teilchen, die ihre Bewegung bei Anlegung eines äußeren, durch den Strom hervorgerufenen Feldes ändern.

Die Entdeckung des Elektrons gestattete es Drude

und J. J. TOMPSON, die Grundlagen der klassischen Elektronentheorie der Leitfähigkeit zu schaffen, die dank der Vielzahl der damit erfolgreich gelösten Aufgaben von G. LORENTZ erhielt die Elektronentheorie nicht nur ihre Bezeichnung, sondern auch ihre vollständigste Entwicklung und eine klare, ausreichend korrekte mathematische Form. Die Grundidee dieser Theorie besteht darin, daß die Elektronen im Metall frei sind und analog zu den Molekülen an der Wärmebewegung teilnehmen. Die mittlere Geschwindigkeit der Elektronen in dieser chaotischen Bewegung ist gleich der Geschwindigkeit von Gasmolekülen bei gleicher Temperatur. Somit bilden die Elektronen im Metall eine Art Elektronengas, auf das die kinetische Gastheorie anwendbar ist. Die dauernden Stöße mit Atomen und der chaotische Charakter der Bewegung lassen keinen Ladungstransport durch die Elektronen in einer bestimmten Richtung zu. Ein Strom kann nur im Fall eines äußeren elektrischen Feldes auftreten, das allen Elektronen eine bestimmte zusätzliche Geschwindigkeit in Feldrichtung verleiht. Die hohe Wärmeleitfähigkeit der Metalle wurde ebenfalls der Beteiligung freier Elektronen zugeschrieben. Von diesen Vorstellungen der Elektronentheorie ausgehend gelang es, das OHMsche Gesetz ebenso wie das WIEDEMANN-FRANZsche Gesetz, das die Konstanz des Verhältnisses von Elektro- und Wärmeleitfähigkeitskoeffizienten bei gegebener Temperatur postuliert, abzuleiten und eine Reihe weiterer thermoelektrischer und anderer Erscheinungen zu erklären.

Neben den positiven Ergebnissen zeigten sich aber auch bald ernsthafte Schwierigkeiten der Theorie. Erstens erwies sich die freie Weglänge der Elektronen zwischen zwei Zusammenstößen mit den Atomen als etwa das Hundertfache des Atomabstandes im Kristallgitter. Zweitens sollte am absoluten Nullpunkt die thermische Bewegung der Elektronen aufhören, diese würden von den Ionen angezogen, gewissermaßen an ihnen „festfrieren“, d. h. die elektrische Leitfähigkeit müßte stark abnehmen. Tatsächlich ergab die Entdeckung der Supraleitung aber gerade das entgegengesetzte Bild. Und schließlich müßte drittens die Existenz der freien Elektronen, wenn sie am Wärmetransport teilnehmen, die spezifische Wärme der Metalle merklich beeinflussen, da zu den Freiheitsgraden der Moleküle noch die der Elektronen hinzukommen. Die Molwärmen der Metalle unterscheiden sich aber nicht wesentlich von denen anderer Festkörper.

Wenn man zu diesen Schwierigkeiten noch den Widerstand hinzufügt, den die Vertreter des Energetismus einem Eindringen atomistischer Vorstellungen in die Physik entgegensetzten, wird es verständlich, daß das Vertrauen in die Elektronentheorie erheblich erschüttert wurde. „Die Elektronentheorie", schrieb Lorentz, „ist zu sehen als Ausweitung der Atom- und Molekültheorie, die sich in vielen Bereichen der Physik und Chemie schon voll bewährt hatten, auf das Gebiet der Elektrizität. Wie die ganze Atomistik trifft speziell auch die Elektronentheorie auf die ablehnende Haltung einiger Physiker, die es vorziehen, auf breiten, ausgetretenen wissenschaftlichen Wegen in Form der thermodynamischen Gesetze in neue und unerforschte Gebiete vorzudringen oder die zu wichtigen und eleganten Resultaten allein durch einfache Beschreibung von Erscheinungen sowie deren Wechselwirkungen über geeignete Gleichungssysteme gelangen... Wir dürfen aber nicht vergessen, daß diese Molekularvorstellungen auf einige Ergebnisse stolz sein können, die mit den Methoden der reinen Thermodynamik niemals hätten erreicht werden können..." [2].

Die Verfechter der Atomistik begannen zu begreifen, daß der Ausweg aus der entstandenen schwierigen Lage in den Quantenvorstellungen zu suchen ist, die so erfolgreich von Planck auf die Wärmestrahlung, von Einstein auf den Fotoeffekt und von Bohr auf den Atombau angewendet wurden. Zum Übergang auf neue Vorstellungen trugen die Arbeiten so bekannter Physiker wie Kammerlinghonnes, Nernst, Debye, Wien u. a. bei.

Eine wesentliche Rolle in diesem Prozeß spielte der sowjetische Physiker JA. I. FRENKEL. Er schuf 1924 die Theorie der „migrierenden" Elektronen. Da im Kristall die langgezogenen Bahnen der äußeren Valenzelektronen in ihrer Länge den Atomkernabständen nahekommen, kann die Bindung dieser Elektronen im Atom nicht stark sein, und es tritt eine Wahrscheinlichkeit ihres „freien" Übergangs von einem Atom zum anderen auf. Eben diese migrierenden Elektronen gewährleisten die Leitfähigkeit des Metalles. „Die einzige Art von Freiheit", schrieb FRENKEL, „welche die Elektronen unter diesen Bedingungen erreichen können, ist sozusagen die Freiheit des Wirtswechsels, d. h. eines Wechsels des Atoms, dem sie sich zugehörig rechnen können. Während im gasförmigen Zustand jedes Elektron zu einem bestimmten Atom gehört, ist es im festen oder flüssigen Zustand ein ‚Sklave' des durch alle Atome gebildeten Kollektivs und erfreut sich lediglich der recht relativen Freiheit, ‚von Hand zu Hand zu gehen', d. h. von einem Atom auf das andere überzugehen." [3].

Die Geschwindigkeit der Leitungselektronen liegt in der Größenordnung von 10^8 cm/s; da sie aber an der thermischen Gitterbewegung nicht unmittelbar teilnehmen, ist ihr Einfluß auf die spezifische Wärme nicht merkbar. Damit konnte eine der größten Schwierigkeiten der alten Theorie überwunden werden.

In den Arbeiten von FRENKEL wurde erstmalig das BOHRsche Atommodell zur Diskussion von Eigenschaften fester Körper herangezogen, weshalb mit Recht von der Entstehung einer Quantentheorie des festen Körpers gesprochen werden konnte. Es ist aber zu berücksichtigen, daß die ersten FRENKELschen Arbeiten zur Elektronentheorie vor der Entwicklung der Quantenmechanik erschienen und deshalb die Theorie selbst nicht konsequent quantenmechanisch sein konnte. Daraus erklären sich auch ihre Unzulänglichkeiten: die schwierige Deutbarkeit des Unterschiedes zwischen Leitern und Dielektrika sowie der großen freien Weglänge der Elektronen in Metallen. Dennoch wiesen die experimentellen Ergebnisse eindeutig auf Elektronen als Ladungsträger hin. „Als Resultat dieser Untersuchungen", schreibt R. PEIERLS, einer der Begründer der Theorie des Festkörpers, „entstand eine Situation voller falscher Hoffnungen, in der jeder mit dem Experiment konformen Vorstellung andere, ihm absolut widersprechende entgegengesetzt werden konnten, und in der jeder Überlegung, die zur vernünftigen Bestimmung eines der theoretischen Parameter aus experimentellen Befunden zu führen schien, andere gegenübergestellt wurden, die zu völlig anderen Schlußfolgerungen führten" [4].

Die eigentliche Quantenperiode in der Entwicklung der Festkörperphysik begann 1927 mit der Erscheinung der Arbeiten von FRENKEL zur Elektronentheorie der Metalle und von PAULI über den Paramagnetismus des Elektronengases. In seinem Vortrag auf dem Internationalen Physikerkongreß in Komo zeigte FRENKEL erstmalig, daß das ideale Kristallgitter für Elektronenwellen durchlässig ist, und nur Abweichungen von der strengen Periodizität, verursacht durch Wärmeschwingungen, mechanische Defekte und Verunreinigungen, eine Streuung dieser Wellen verursachen. So konnten die große freie Weglänge der Leitungselektronen und die Temperaturabhängigkeit der Leitfähigkeit erklärt werden. Diese Ergebnisse wurden endgültig durch BLOCH 1928 bestätigt. Der Wert der PAULIschen Arbeit liegt darin, daß in ihr erstmalig die FERMI-DIRAC-Statistik auf das Elektronengas in Metallen angewendet wurde. Das bisher der Elektronenverteilung im Atom erfolgreich zu Grunde gelegte PAULI-Verbot erstreckte sich nunmehr auch auf die Gesamtheit der Elektronen im Metall. PAULI konnte einige Besonderheiten des magnetischen Verhaltens von Metallen erklären. Im gleichen Jahr wandte SOMMERFELD die FERMI-DIRACsche Quantenstatistik erfolgreich auf das Problem der spezifischen Wärme an, wobei er zeigte, warum das Elektronengas keinen merklichen Beitrag zur spezifischen Wärme von Metallen liefert.

Die letztgenannten Arbeiten bereiteten den Boden für die Entwicklung der Bandtheorie des Festkörpers vor. Die Grundidee stammt von HEISENBERG: Wenn alle Elektronenschalen des Atoms in Übereinstimmung mit dem PAULI-Prinzip, das die Existenz von mehr als einem Elektron in einem gegebenen Quantenzustand verbietet, vollständig besetzt sind, kann ein aus diesen Atomen bestehender Stoff kein elektrischer Leiter sein. In einem derartigen Stoff können sich die Elektronen nur bei Übergang auf ein höheres Energieniveau bewegen, d. h. sie benötigen eine endliche Anregungsenergie. Ist dagegen die Elektronenzahl etwas geringer, so bleiben in den Elektronenschalen Leerstellen, die sich von Atom zu Atom bewegen können und dabei einen elektrischen Strom erzeugen.

Die HEISENBERGsche Idee, von vielen Forschern entsprechend ausgebaut, ermöglichte die Schaffung einer in sich geschlossenen Quantentheorie des Festkörpers, die alle wesentlichen Schwierigkeiten der klassischen Theorie beseitigte. Die moderne Bandtheorie ist die Theorie der sich im periodischen Kristallgitterfeld bewegenden Valenzelektronen.

Bekanntlich kann das Elektron im Atom nur bestimmte Energien besitzen, d. h. die Elektronen verteilen sich auf diskrete Energieniveaus. Bei der gegenseitigen Annäherung mehrerer Atome, z. B. bei der Bildung eines Kristallgitters, treten zwischen ihnen Wechselwirkungen auf, die durch die Überlappung der Elektronenschalen bedingt sind und die Energien der einzelnen Elektronen ändern, d. h. zu einer Niveauverschiebung führen. Die Elektronen der inneren Schalen im Atom sind stark an den Kern gebunden und werden vom Feld der anderen Atome wenig beeinflußt, ihre diskreten Niveaus bleiben erhalten. Die schwach gebundenen Valenzelektronen der äußeren Schale können sich dank der Wechselwirkungen fast frei von Atom zu Atom, d. h. entlang der Gitterpunkte, bewegen. Sie sind damit die „freien Elektronen", obwohl sich ihre Eigenschaften erheblich von denen tatsächlich freier Elektronen im Vakuum unterscheiden. Da sich die Kerne mit den inneren Elektronen bei all diesen Prozessen wenig verändern, beschränkt sich die Bandtheorie auf die Bewegung freier äußerer Elektronen im Feld der Atomrümpfe.

Im Atom können Elektronen verschiedener Zustände, d. h. mit unterschiedlicher Ladungsverteilung der Elektronenwolke, gleiche Energie besitzen (derartige Niveaus bezeichnet man als entartet). Unter Einfluß des Gitterfeldes erleiden sie eine unterschiedliche Niveauverschiebung, wodurch das entartete Niveau sich auf ein bestimmtes Intervall aufspaltet und ein Energieband bildet, dessen Breite im Bereich von 1···10 eV liegt. Aber selbst in diesem Falle verbleiben zwischen den Bändern bestimmte Energiewerte, die das Elektron nicht annehmen kann. Diese Werte bilden die sogenannten verbotenen Zonen oder Energielücken.

Wenn das Gitter aus N gleichen Atomen besteht, verwandelt sich das entsprechend dem Pauli-Prinzip N-fach entartete Niveau in ein Band, das $2N$ Elektronen aufnehmen kann. Ist die Zahl der Elektronen im Band gleich $2N$, spricht man von einem voll besetzten Band. Da innerhalb des Bandes die Energieniveaus sehr dicht angeordnet sind, kann man annehmen, daß sich die Energie quasikontinuierlich verändert.

Völlig unbesetzte Bänder haben natürlich keinen Einfluß auf das Auftreten eines elektrischen Stromes. Aber auch voll besetzte Bänder, sogenannte Valenzbänder, tragen nicht zum Strom bei. Die Elektronen eines solchen Bandes können je durch Anlegen eines äußeren elektrischen Feldes nicht beschleunigt werden, da dies mit dem Übergang auf ein anderes Niveau verbunden wäre und im Band keine freien Niveaus vorhanden sind. Deshalb sind Stoffe, deren energetisches Spektrum nur aus vollbesetzten und unbesetzten Bändern beseht, Isolatoren. In ihnen kann ein Strom nur als Ergebnis eines Durchschlages auftreten, d. h. bei Überführung von Elektronen aus dem besetzten Band in ein darüberliegendes unbesetztes. Die damit verbundene Überwindung der Energielücke erfordert aber sehr starke Felder.

Umgekehrt ist es, wenn im Spektrum des Stoffes teilbesetzte Bänder vorhanden sind, so daß sich unter dem Einfluß eines äußeren Feldes die Elektronen beschleunigen und einen elektrischen Strom hervorrufen können. Derartige Stoffe sind elektrische Leiter und die teilweise besetzten Bänder Leitfähigkeitsbänder.

Die thermische Bewegung bringt wesentliche Korrekturen in dieses Idealbild. Sie kann dazu führen, daß einige Elektronen aus dem vollbesetzten Band dennoch in das darüberliegende unbesetzte Band gelangen und dort zu Leitungselektronen werden. Die Intensität derartiger Übergänge hängt von der Breite der Energielücke ab. Ist diese groß im Vergleich zur Energie der Wärmebewegung, ist die Zahl der Übergänge klein und der Stoff bleibt selbst bei hohen Temperaturen Isolator. Bei kleiner Energielücke ist die Zahl der Leitungselektronen schon bei Zimmertemperatur groß, und der Stoff leitet Strom. Gleichzeitig treten im Valenzband Leerstellen oder „Löcher" auf, die sich ebenfalls als positive Ladungsträger bewegen können. Derartige Stoffe sind Halbleiter, die Erforschung ihrer Eigenschaften eröffnete der modernen Technik eine Fülle von Anwendungsmöglichkeiten.

Der Zustand des freien Elektrons im Vakuum ist durch dessen Energie E und den Wellenvektor $\boldsymbol{k}$ ($\boldsymbol{k} = \frac{2\pi}{\lambda}$, wobei λ die DEBROGLIE-Wellenlänge ist) bestimmt. Sein Impuls $\boldsymbol{p} = \hbar\boldsymbol{k}$ ist im stationären Zustand konstant. Im Kristall wird das Leitungselektron durch die gleichen Größen charakterisiert, nur daß die Größe $\boldsymbol{p} = \hbar\boldsymbol{k}$ hier ein Quasiimpuls ist, da sie sich bei der Bewegung des Elektrons im wechselweise beschleunigenden und bremsenden periodischen Feld des Gitters ändert. Man kann einen dreidimensionalen $\boldsymbol{k}$-Raum einführen, in dem k_x, k_y und k_z als Koordinaten auftreten. Jeder Zustand des Elektrons stellt sich dann als ein Punkt mit dem Radiusvektor $\boldsymbol{k}$ dar. Die Form der Energieabhängigkeit von der

Wellenzahl $E(\boldsymbol{k})$ wird durch die Kristallstruktur gegeben: den Symmetrietyp des Gitters, die Atomabstände, die räumliche Potentialverteilung im Gitter.

Analog den Röntgenstrahlen bewegt sich die Elektronenwelle ungehindert durch den Kristall mit Ausnahme der Wellenlängen, die der Bedingung der sogenannten BRAGGschen Reflexion entsprechen, d. h. für den Fall $n\lambda = 2d \cos \theta$, wobei n eine ganze Zahl, d der Abstand zwischen den Kristallebenen und θ der Winkel zwischen Ausbreitungsrichtung und Kristallebene ist. Jedes Elektron, das bei seiner Bewegung diese Bedingung erfüllt, wird reflektiert. Im $\boldsymbol{k}$-Raum kann man diese Tatsache folgendermaßen formulieren: Bei zunehmenden $\boldsymbol{k}$ von Null bis zu dem der BRAGGschen Reflexion entsprechenden Wert wächst bei vorgegebener Richtung die Energie stetig an, zeigt bei dem genannten Wert eine sprungartige Zunahme, um dann weiterhin stetig zu wachsen bis zum Wert der zweiten BRAGGschen Reflexion usw. In verschiedenen Richtungen sind die Abstände zwischen den Energiesprüngen unterschiedlich in Abhängigkeit von der Form des Kristallgitters. Führt man eine Oberfläche durch die jeweiligen Punkte, so ergeben sich bestimmte Zonen, innerhalb derer sich die Energie quasikontinuierlich verändert. Sie werden als BRILLOUIN-Zonen bezeichnet. Leider ist es bisher nur für wenige Metalle und Halbleiter gelungen, die BRILLOUIN-Zonen zu ermitteln; wenn sie bekannt sind, lassen sich auf ihrer Grundlage viele Eigenschaften dieser Stoffe berechnen.

Da wegen des PAULI-Prinzips sich auf jedem Niveau nicht mehr als zwei Elektronen befinden können, sind die Elektronen gezwungen, selbst am absoluten Nullpunkt nach allmählicher Auffüllung auch höhere Niveaus einzunehmen. Das höchste am absoluten Nullpunkte besetzte Niveau entspricht der FERMI-Energie E_F. Im $\boldsymbol{k}$-Raum entspricht dieser Energie die Oberfläche $E(\boldsymbol{k}) = E_F$. Bei absolutem Null sind alle Zustände innerhalb der Fläche besetzt und außerhalb der Fläche frei. Für das freie Elektronengas $E_F = \frac{p^2}{2m}$ ist diese FERMI-Fläche demnach sphärisch. In realen Kristallen ist die Funktion $E(\boldsymbol{k})$ und damit die Form der FERMI-Fläche komplizierter. E_F liegt in der Größenordnung von 5 eV, was bedeutet, daß das Elektronengas bei 0 K weit von einer Nullenergie entfernt ist, wie sie aus der klassischen Theorie folgt. Die effektive Temperatur beträgt

$$T_F = \frac{E_F}{k} \approx 5 \cdot 10^4 \text{ Grad}$$

(k BOLTZMANN-Konstante). Deshalb ändert sich die Geschwindigkeit der Elektronen bei Erwärmung nur wenig, und ihr Beitrag zur spezifischen Wärme der Metalle ist äußerst gering.

Bei Anlegen eines äußeren Feldes tritt für die Elektronen auf den tieferen Niveaus praktisch keine Zustandsänderung ein, und in den elektrischen Leitungserscheinungen spielen nur die eine wesentliche Rolle, die sich in der Nähe der FERMI-Oberfläche befinden. Die „freien" Elektronen im Metall sind also gar nicht so frei, sie sind eingeengt durch die anderen Elektronen, mit denen sie ein einheitliches, kollektiv auf die Wirkung äußerer Kräfte reagierendes Ensemble bilden. Der Einfluß des Kristallgitters macht sich auf die dynamischen Eigenschaften der Leitungselektronen bemerkbar. Man kann schon nicht mehr einfach von Elektronen, sondern muß von bestimmten Quasiteilchen sprechen, die nur aus Tradition ihre Bezeichnung „Leitungselektronen" bewahrt haben. So ist bereits ihre Masse anders, wobei die „effektive" Masse des Quasiteilchens kleiner oder größer als die des freien Elektrons und in einigen Fällen sogar negativ sein kann. All das zeigt, daß sich die „Leitungselektronen" der Quantentheorie des Festkörpers recht weit von den freien Elektronen der klassischen Leitfähigkeitstheorie entfernt haben, auf die sie zurückgehen.

Literatur

[1] R. MILLIKAN: Elektronen (+ und −), Protonen, Photonen, Neutronen und kosmische Strahlen. Moskau–Leningrad 1939, S. 23
[2] G. LORENTZ: Theorie der Elektronen. Moskau 1956, S. 31–32
[3] JA. I. FRENKEL: Ausgewählte Werke, Bd. II. Moskau–Leningrad 1958, S. 71–72
[4] R. PEIERLS: Quantentheorie des Festkörpers. In: Theoretische Physik des 20. Jahrhunderts (Sammelband). Moskau 1962, S. 166

1.4. Einige Fragen der Entwicklung der modernen Physik

(Erörterung der Arbeiten der Abteilung für allgemeine und angewandte Physik)

Das Präsidium der Akademie der Wissenschaften der UdSSR erörterte die Tätigkeit der Abteilung für allgemeine und angewandte Physik. Der dazu vom Präsidium gehörte Vortrag des Akademischen Sekretärs der Abteilung, Akademiemitglied L. A. ARCIMOVIČ, war faktisch dem Stand und den Entwicklungsrichtungen einer Reihe der wichtigsten Gebiete der modernen Physik gewidmet. Er rief großes Interesse hervor und wurde auf zwei Präsidiumssitzungen (am 4. und 5. Dezember 1964) allseitig und kritisch erörtert.

Dem folgenden Bericht über diese Sitzungen liegt das gekürzte Stenogramm zugrunde.

Vortrag von Akademiemitglied L. A. Arcimovič

Anliegen der Abteilung für allgemeine und angewandte Physik unserer Akademie ist es, die Entwicklung der Forschung auf einer breiten Front der wissenschaftlichen und wissenschaftlich-technischen Disziplinen zu verfolgen, zu denen die Astronomie, die gesamte Physik bis zur Grenze des Atomkerns sowie die besonders „intelligenten“ Anwendungsgebiete der Physik, die Radioelektronik und Radiotechnik, gehören.

Unser Präsident M. V. KELDYŠ hatte mit seinen Worten recht, daß eine wesentliche Aufgabe jeder der Abteilungen der Akademie in der richtigen Information von Regierungsorganen und der Öffentlichkeit unseres Landes über Stand und Ergebnisse der Forschungsarbeiten in der UdSSR und der ganzen Welt besteht, in der Ausarbeitung der notwendigen Empfehlungen zu Fragen, die mit der Entwicklung und der praktischen Anwendung dieser Forschungen zusammenhängen. Diese Aufgabe möchte ich in Angriff nehmen und dabei mit der Astronomie beginnen.

Vielleicht erweckt dies den Eindruck eines „physikalischen Imperialismus“, die Mehrzahl der Physiker sieht aber eine fortschreitende Verschmelzung der *Astronomie* mit der Physik, betrachtet sie zunehmend als die natürliche Fortsetzung der Physik in das Gebiet extremaler Prozesse hinsichtlich der Maßstäbe von Raum, Zeit und Masse. Gegenwärtig treten in der Astronomie die Sammlung von Sternen und der topografische Dienst des Sternenhimmels im Vergleich mit astrophysikalischen Problemen zurück, da in erster Linie die Fragen der inneren Struktur der kosmischen Materie und deren Evolution von wirklichem Interesse sind. Die Astronomie, noch vor wenigen Jahrzehnten Hauptbeschäftigung der Astronomen, hat sich in einen Hilfszweig verwandelt.

In der modernen Physik gibt es zwei (und nur zwei) extreme Richtungen, in denen umwälzende Veränderungen in den Grundvorstellungen über die Eigenschaften der materiellen Welt erwartet werden können. Eine von ihnen ist die *Elementarteilchenphysik*; sie untersucht Prozesse, in denen zwischen sich nahezu mit Lichtgeschwindigkeit bewegenden Teilchen gigantische Energiemengen ausgetauscht werden (bei Stößen in sehr kleinen Abständen). Es ist dies ein Gebiet der Physik, dem wir alle große Hochachtung entgegenbringen, obwohl es nicht in den Zuständigkeitsbereich der Abteilung für allgemeine und angewandte Physik gehört.

Die Untersuchung der Struktur, der Entstehung und der Evolution der Sterne und Galaktiken erscheint aber als ein noch großartigeres und fesselnderes Problem. Es wäre äußerst vermessen anzunehmen, daß die kurze Geschichte des Fortschritts physikalischer Ideen uns bereits alle notwendigen Schlüssel zur Erschließung der Gesetzmäßigkeiten gegeben hätte, die den Entwicklungsprozessen im Kosmos zugrunde liegen. Deshalb sind eben hier neue physikalische Gesetze zu suchen.

Noch vor kurzem war unsere einzige Informationsquelle über die Sterne ein schmales Fensterchen im breiten Spektrum der elektromagnetischen Schwingungen, weshalb die astronomische Information sehr einseitig war. Die Symphonie der kosmischen Welt ließ sich nicht in den Grenzen einer optischen Oktave unterbringen.

Die Entwicklung neuer Untersuchungsmethoden, der Radioastronomie und insbesondere der sich zur Zeit formierenden außeratmosphärischen Astronomie, muß bereits in den nächsten Jahrzehnten einen Beitrag an neuer Information bringen, der seiner Bedeutung nach alles übertrifft, was in Jahrtausenden der in der Vergangenheit an Sensationen nicht übermäßig reichen Existenz der astronomischen Wissenschaft angehäuft wurde. Die vor kurzem erfolgte Entdeckung neuer astronomischer Objekte, denen die Bezeichnung „Supersterne“ gegeben wurde, kann ein Beispiel für die Überraschungen sein, die uns in der Astrophysik erwarten, während die allseitige Aufnahme des Mondes aus kurzer Entfernung sowie die Entdeckung diskreter Röntgenquellen im Weltraum die Möglichkeiten der außeratmosphärischen Astronomie illustrieren. Die Diskussion über den sogenannten „Gravitationskollaps“, d. h. die katastrophale Kontraktion von kosmischer Materie unter dem Einfluß von Gravitationskräften, geben eine Vorstellung davon, welche absolut phantastischen Erscheinungen im Weltraum vor sich gehen können.

Es ist sicher nicht sinnvoll, in diesem Vortrag eine Übersicht über die wichtigsten Ergebnisse der astronomischen Forschung der letzten 2—3 Jahre zu geben. Jeder Wissenschaftszweig hat seinen charakteristischen Zeitmaßstab, der die Länge der Periode bestimmt, in der sich im Mittel Informationen ansammeln, die dann zu einer wesentlichen Änderung des allgemeinen Bildes für den untersuchten Kreis von Erscheinungen führen. Die Astronomie zählte in dieser Hinsicht bisher nach Jahrzehnten, und nur die erwähnte Einführung außeratmosphärischer Untersuchungen kann zu einer Verkürzung dieser Periode führen.

Daraus folgt aber nicht, daß die Astronomie aus dem Bericht unserer Abteilung zu streichen ist. Wir müssen unseren Blick aber mehr auf die Zukunft als auf das hinter uns Liegende richten. Unter diesem Gesichtspunkt ist der Stand auf jedem Wissenschaftsgebiet nicht nur und sogar nicht in erster Linie durch den Wert der angesammelten Information, sondern auch durch den Zustand des wissenschaftlichen Potentials charakterisiert, von welchen die Perspektiven und das weitere Entwicklungstempo abhängen. Kennwerte dieses Potentials sind erstens Anzahl und Qualifikation der Wissenschaftler, zweitens die gerätemäßige Ausstattung (in der Astronomie gehören dazu Teleskope, Radioteleskope, hochempfindliche Registriergeräte sowie kosmische Observatorien).

Eine Analyse dieser Kennwerte für die UdSSR und die westlichen Länder vermittelt eine genügend klare Vorstellung darüber, mit welchem Platz in der Weltwissenschaft unsere Astronomie in den nächsten Jahren rechnen kann.

Wir haben keinen Grund, über einen Mangel an qualifizierten Wissenschaftlern zu klagen, die sich der Untersuchung der kosmischen Welt verschrieben haben. Auf gutem Niveau befindet sich die theoretische Astrophysik in der UdSSR. Eine Reihe kühner und tiefgründiger Ideen, die zu neuen Richtungen in der astrophysikalischen Forschung führten, gehen auf sowjetische Wissenschaftler zurück. Zu ihnen gehören die von Akademiemitglied AMBARCUMJAN entwickelte Idee der Sternassoziationen, die Ausarbeitung der grundliegenden Vorstellungen über die Natur der

Korpuskularströme aus der Sonne, die Theorie der Strahlung des Krebsnebels, um nur einige zu nennen. Die apparative Ausrüstung unserer Astronomie ist aber unzureichend, in der Zahl der großen Teleskope (über 1,5 m Durchmesser) bleiben wir hinter den USA zurück.

Einer der Faktoren, die sich negativ auf die Entwicklung der Astronomie in unserem Lande auswirken, ist die Unterschätzung ihrer Bedeutung. Vergleichen wir die Lage der Astronomie mit der der Elementarteilchenphysik. In der Natur hat es sich so ergeben, daß der Urankern im Prozeß seiner Teilung für ein eingefangenes Neutron zwei Neutronen ausstößt. Vom Gesichtspunkt der Physik aus ist dieser Fakt an sich zweitrangig oder sogar zufällig. Dieser Zufall erhob aber die Kernphysik in den Rang einer besonders geförderten Wissenschaft. Diese privilegierte Stellung wurde mechanisch auch auf die Elementarteilchenphysik übertragen.

Gegenwärtig betragen die Mittel für die astronomische Forschung in unserem Land nicht mehr als einige Prozent der Aufwendungen für die Elementarteilchenphysik. Unsere Nachkommen werden sich wahrscheinlich wundern, in welcher eigenartigen Proportion wir die Anstrengungen auf die Untersuchung des riesigen Weltraumes und der künstlichen Welt der elementaren Wechselwirkungen aufgeteilt haben.

Lassen wir aber die Elementarteilchen beiseite und kehren wir zu dem zurück, was unmittelbarer zum Tätigkeitsbereich unserer Abteilung gehört.

In der Akademie ist es üblich, davon auszugehen, daß unter den physikalischen Disziplinen solchen Gebieten wie Quantenelektronik oder Halbleiterphysik und -technik besondere Aufmerksamkeit gewidmet werden muß, während die Astronomie, da sie keinen direkten Nutzen bringt, bescheiden zu warten hat, bis sie an die Reihe kommt. Auf diesen Standpunkt muß eingegangen werden, da mit ihm eine gewisse prinzipielle Konzeption verbunden ist. Die Frage, ob Halbleiter und Elektronik oder aber Astrophysik unsere größere Aufmerksamkeit verdienen, ist ein Spezialfall der allgemeineren Fragestellung: hat die *Akademie in unserem Staate* vorrangig die Rolle einer dringlichen wissenschaftlich-technischen Hilfe zu spielen, oder besteht ihr wesentliches Ziel darin, die Zweige der

Grundlagenforschung zu entwickeln und zu unterstützen, deren Nutzen über den Rahmen der in der volkswirtschaftlichen Planung üblichen Zeitmaßstäbe hinausgeht. Das letztgenannte erscheint mir richtiger.

Man muß berücksichtigen, daß sich in der Sowjetunion um wissenschaftliche Resultate, die unmittelbar in der Praxis wirksam werden, nicht nur die Akademie Gedanken macht, die Gefahr ihrer „Verwaisung" besteht nicht. Wir nehmen sie nur manchmal unter die hohe Fahne der Wissenschaft. Dagegen liegt das Schicksal der sowjetischen Astronomie voll unter unserer Verantwortung.

Gestatten Sie mir, im Zusammenhang mit dem Nutzen der Wissenschaft im Scherz an das Leben von Newton zu erinnern. Maximalen und direkten Nutzen brachte Newton dem englischen Staat zu der Zeit, in der er Leiter der Münze war. Durch speziell von ihm entwickelte wissenschaftliche Verfahren ermittelte und entlarvte er einige Dutzend Falschmünzer, die den Geldumlauf des Landes desorganisierten. Die Verbrecher wurden seinerzeit gehängt. Die Engländer ebenso wie die gesamte Menschheit ehren Newton aber nicht wegen seines Kampfes mit den Falschmünzern.

Die Abteilung für allgemeine und angewandte Physik vertritt die Meinung, daß im neuen Fünfjahrplan klar die Notwendigkeit Ausdruck finden muß, das Niveau der astronomischen Forschung in der UdSSR entscheidend zu verbessern, durch Aufbau neuer Großgeräte, Schaffung neuer astronomischer Einrichtungen sowie durch den Start von Raumschiffen und Sputniks mit speziell ausgearbeiteten Apparaturen für astronomische Beobachtungen.

Im weiteren ging Akademiemitglied Arcimovič auf konkrete Maßnahmen ein, die nach seiner Meinung zur erfolgreichen Entwicklung der Astronomie in der Akademie der Wissenschaften der UdSSR durchgeführt werden müssen.

Die Erfüllung des von uns vorgeschlagenen Fünfjahresplanec so führte AkM Arcimovič aus, bedeutet eine radikale Neuausrüstung der astronomischen Einrichtungen bei bevorzugter Entwicklung der aussichtsreichsten Beobachtungsmittel, d. h. der Radioastronomie und der außeratmosphärischen Astronomie.

Wenden wir uns jetzt der *Festkörperphysik* zu, diesem unerschöpflichen Quell neuer Ideen, auf denen wichtigste Zweige der Technik basieren. Lassen wir zunächst die technischen Anwendungen beiseite und versuchen wir, den Stand dieses Zweiges der Physik von der wissenschaflichen Bedeutung der bearbeiteten Probleme her einzuschätzen.

Natürlich ist mit einer solchen Einschätzung immer ein bestimmter Subjektivismus verbunden, da für die wissenschaftliche Bedeutung ein objektiver Maßstab fehlt. Sicher wird aber jeder zustimmen, daß wir hier eine andere Situation antreffen als in der Astro- oder Elementarteilchenphysik. Es ist nicht zu erwarten, daß die Ausarbeitung einer der Fragestellungen der Festkörperphysik uns grundlegend neue Gesetze gibt oder uns veranlassen kann, fundamentale Erkenntnisse der physikalischen Weltanschauung zu revidieren. Aufgespalten in eine Vielzahl von Richtungen mit eigenständigen konkreten Aufgaben ist dies kein Gebiet, das besonders weite Höhenflüge ermöglicht.

Schon vor einigen Jahrzehnten schritten die ersten, mit den neuen Ideen der Quantenmechanik ausgerüsteten Physikertrupps dieses Territorium ab und entwarfen ein grobes Schema der grundlegenden (elektrischen, magnetischen, optischen und thermischen) Prozesse, das sich in den Grundzügen bis heute erhalten hat. Ich möchte sie in kurzen Worten noch einmal skizzieren.

Die Struktur des Festkörpers wird als regelmäßiges Kristallgitter idealisiert. Das Gitter kann verschiedenen Arten mechanischer Schwingungen unterworfen sein, an denen alle, durch Wechselwirkungskräfte miteinander verbundenen Atome beteiligt sind. Diese Schwingungen, deren Intensität von der Temperatur abhängt, bilden das sogenannte Phononenspektrum des Kristalls. Dieses läßt sich in grober erster Näherung durch eine Formel beschreiben, die bereits im Anfang unseres Jahrhunderts von DEBYE abgeleitet wurde. Mit den Gitterschwingungen sind die thermischen und akustischen Eigenschaften der Stoffe verbunden.

Die elektrischen Eigenschaften des Festkörpers sind in erster Linie durch die Struktur der Energieniveaus der Elektronen bestimmt. Im Gegensatz zum einzelnen Atom, in dem diese Niveaus sehr schmal sind, haben sie im Kristall den Charakter breiter Bänder. Auf der Grundlage der Vorstellung von Energiebändern wurde in den dreißiger Jahren eine allgemeine Theorie der fundamentalen elektrischen Prozesse in Metallen, Halbleitern und Dielektrika. Nur die Erscheinung der Supraleitung entzog sich lange allen Erklärungsversuchen. Aber auch dieses Rätsel wurde um 1957 gelöst.

Die Jahre der großen Eroberungen, als das Gebäude der Festkörpertheorie in den Grundzügen entstand, liegen bereits hinter uns. Wir erkennen aber jetzt, daß damals nur die tragenden Pfeiler dieses Gebäudes errichtet wurden, während die (möglicherweise schwierigsten) Ausbauarbeiten späteren Generationen überlassen blieben.

Hier liegt noch ein Betätigungsfeld für lange Zeit. Die Festkörperphysik schreitet deshalb weiter mit schnellen Schritten voran. Dabei laufen die Arbeiten in einer Vielzahl von Richtungen, deren einfache Aufzählung schon schwierig ist.

Erhebliche Fortschritte machte die *Theorie des Elektronenverhaltens* im Kristallgitter. Die Analyse der eigentümlichen geometrischen Struktur der Oberflächen, mittels derer die Quantenzustände der Elektronen beschrieben werden, brachte die Erklärung eines ganzen Komplexes sogenannter galvanomagnetischer Eigenschaften ebenso wie die Entdeckung einer Reihe von Resonanzprozessen hochfrequenter Schwingungen in Metallen und Halbleitern. Die sich weiterentwickelnden Vorstellungen über die Wechselwirkungen der Elektronen untereinander und mit Phononen veränderten das Bild vieler Prozesse in Metallen und Halbleitern. Von dieser Seite wurde auch der entscheidende Angriff auf das Problem der Supraleitung vorgetragen. Im Prozeß der Entwicklung der Theorie entstanden neue Vorstellungen und Begriffe, die sich für die Interpretation der Energieausbreitungsprozesse im Festkörper als sehr nützlich erwiesen. Dazu gehören die sogenannten „Excitonen", „Polaronen" und sogar „Fokusonen", eine Art Quasiteilchen, die in einer qualitativen Betrachtungsweise die Übertragung der Anregungsenergie von einem Teil des Festkörpers in den anderen besorgen.

Das gemeinsame Ziel, auf das die hauptsächlichen theoretischen Untersuchungen in der Festkörperphysik gerichtet sind, ist die Ableitung des ganzen Komplexes der Stoffeigenschaften aus der atomaren Struktur.

Die experimentelle Forschung ging in vielen Richtungen mit der Theorie Hand in Hand. Die nur wenige Jahre zurückliegende Entdeckung einer Reihe supraleitender Legierungen mit sehr hohen kritischen Feldstärken war eine glänzende Bestätigung der von AKM A. A. Abrikossov entwickelten Theorie. Zur gleichen Kategorie gehören die neuesten Arbeiten über galvanomagnetische Erscheinungen und Resonanzeffekte in Metallen bei niedrigen Temperaturen. Die Versuche zur Streuung langsamer Neutronen erweiterten erheblich unsere Kenntnisse über die Phononenspektren von Kristallgittern und trugen wesentlich zum vertieften theoretischen Verständnis dieser Fragen bei. In engem gegenseitigen Kontakt entwickelten sich die experimentelle Forschung und die theoretische Analyse der spezifischen Defekte in der idealen geometrischen Kristallstruktur, die als Versetzungen bezeichnet werden. Die Arbeiten auf diesem Gebiet riefen eine wichtige Richtung in der Physik der Kristalle hervor und ermöglichten es, das Problem der Festigkeit auf neue Weise anzugehen.

Ein interessantes Beispiel des Zusammenwirkens von *Theorie und Experiment* ist die Entstehung einer neuen Richtung, die man als Untersuchungen eines Festkörperplasmas bezeichnen kann. Es zeigt sich, daß unter bestimmten Bedingungen durch das Vorhandensein freier Ladungsträger im Kristallgitter Vorgänge zu beobachten sind, die aus einem völlig anderen Gebiet übertragen erscheinen. Sie hängen mit der Bildung eines Plasmas zusammen, das der Kristall einschließt und für das er geladene Teilchen liefert.

Der wesentliche Anreiz für die Erforschung der meisten Probleme in der modernen Festkörperphysik ist aber schon nicht mehr so sehr die der Entwicklung wissenschaftlicher Ideen innewohnende innere Logik, als vielmehr die sich (manchmal direkt, oft aber auch in weiterer Ferne) abzeichnende Perspektive einer *technischen Nutzung*.

Der Einfluß dieses Anreizes veränderte auf einer Reihe von Gebieten selbst die Psychologie des physikalischen Denkens, die Art des Herangehens an die Lösung der wissenschaftlichen Probleme. Wenn anstelle der Frage „Warum" das „Wie macht man es" die Hauptfrage wird, wenn das wesentliche Ziel in der Entwicklung neuer Stoffe und Prozesse mit vorgegebenen Eigenschaften gesehen wird und die tiefgründige Analyse des physikalischen Mechanismus aus Zeitgründen in den Hintergrund tritt, ändert sich der gesamte Charakter der Forschung. Das Experiment geht der Theorie weit voraus, Intuition und empirisches „Abtasten" breiter Gebiete werden zum Helfer des Experimentators, die theoretische Analyse folgt in der zweiten Reihe.

Die technische Anwendung führt den Physiker in der Regel von idealen Strukturen fort. Besonderes technisches Interesse besitzen meist die Eigenschaften fester Körper, die äußerst empfindlich auf Verunreinigungen und Inhomogenitäten in deren räumlicher Verteilung reagieren. So beruht die gesamte Halbleitertechnik, die untrennbar mit der *Halbleiterphysik* zusammenhängt, auf der Ausnutzung inhomogener Verunreinigungssysteme. Ein Halbleiterbauelement ist undenkbar ohne ein dünne Sperrschicht (den sogenannten p-n-Übergang). Die richtige Wahl der Konzentration an Verunreinigungsatomen der erforderlichen Art ist der entscheidende Schritt bei der Züchtung von Laserkristallen. So ist der bekannte Rubinlaser nichts weiter als ein einfacher Aluminiumoxidkristall (Al_2O_3) mit gezielter Chromdotierung.

Von Jahr zu Jahr wächst die Zahl der Substanzen, die für festkörperphysikalische Arbeiten benötigt werden. Die Erweiterung des Sortiments hinsichtlich der chemischen Zusammensetzung ist in der Regel von zunehmenden Anforderungen an die Reinheit begleitet. Die präzise Dotierung mit gewünschten Spurenelementen hat nur dann Sinn, wenn weitere Verunreinigungen vollständig ausgeschlossen werden.

Die Untersuchung komplizierter nichtidealer Systeme, für deren Eigenschaften Inhomogenitäten, Verunreinigungen und Strukturdefekte eine entscheidende Rolle spielen, ist eine der wichtigsten Aufgaben der *experimentellen Festkörperphysik* für die nächsten Jahrzehnte. Dies ist das potentielle Reservoir für nicht unbedingt epochemachende Entdeckungen und für herausragende Erfindungen als tatsächliche Basis für den Fortschritt in der Radioelektronik, für die Entwicklung entscheidender Zweige der Elektrotechnik, der Rechentechnik, der Optik, der Verarbeitungstechnik verschiedener Werkstoffe und für die Entstehung neuer Zweige der Technik, deren Existenzmöglichkeit wir nicht einmal ahnen.

Kann man, zumindest grob, Trennungslinien zwischen den verschiedenen Gebieten der Festkörperforschung ziehen? Ja, trotz des sich bietenden bunten Bildes ist das möglich.

Erstens hat sich die Halbleiterphysik klar herauskristallisiert.

Zweitens kann man die Untersuchung der Realstruktur von Kristallen herausheben, d. h. in erster Linie die Untersuchung von Gitterdefekten und Versetzungen sowie aller Erscheinungen, in denen sie die Hauptrolle spielen. Das physikalische Problem der Festigkeit hängt hiermit unmittelbar zusammen. Eine damit verwandte Richtung ist die Erforschung der Bildungs- und Wachstumsgesetze von Kristallen.

Die magnetischen Eigenschaften fester Körper sowie die elektrischen und galvanomagnetischen Erscheinungen in Metallen einschließlich der Supraleitung bilden ein drittes Gebiet.

Die Elektronen- und Ionenemission sowie die Prozesse, die an der Festkörperoberfläche beim Beschuß mit schnellen Teilchen vor sich gehen, kann man als eigenständige, nicht sehr breite Problematik betrachten, deren Versorgung mit neuen Ideen ständig Schwierigkeiten bereitet.

Wie ist der Stand der Festkörperforschung in der UdSSR im Vergleich mit dem Weltstand einzuschätzen? Mir scheint, daß bei ausreichend objektiver Betrachtung das Ergebnis eines solchen Vergleichs einen gemäßigten Optimismus zuläßt.

In unserem Land gibt es eine Reihe traditioneller Forschungsrichtungen, in denen sich die Sowjetwissenschaft auf Neuland bewegt und nicht hinter der Entwicklung im Ausland zurücksteht. Hierzu gehören die Arbeiten über tiefe Temperaturen, über höchste Drucke, zur Untersuchung der Kristallstruktur sowie auf Teilgebieten der Physik der Festigkeit und der Halbleiterphysik.

Unsere Wissenschaftspolitik sollte nach meiner Ansicht im Bezug auf die Festkörperphysik von den folgenden Überlegungen ausgehen.

Neue, Revolutionen in der Technik auslösende Ideen entstehen unmittelbar im Inneren der Festkörperphysik. Leider lassen sie sich nicht voraussehen und planen. Notwendige Bedingung ihrer Entstehung ist in erster Linie ein hohes Niveau der Grundlagenforschung von breitem Profil, die nicht mit eng begrenzten praktischen Aufgaben von Überführungscharakter verknüpft ist (was natürlich nicht bedeutet, daß die technischen Perspektiven überhaupt aus dem Auge verloren werden sollen). Gerade in der systematischen Arbeit über Grundlagenprobleme reifen physikalische Kader mit breitem Profil und hoher wissenschaftlicher Qualifikation, werden Wissenschaftler herangezogen, die in der Lage sind, *neue technische Probleme* schnell zu lösen, wenn dies die Interessen des Landes erfordern.

Wenn dagegen in der Thematik physikalischer Institute eng begrenzte wissenschaftlich-technische Fragestellungen überwiegen und ihre Tätigkeit schon weit auf der anderen Seite des Übergangsgebietes liegt, das die Wissenschaft von der Technik trennt, geht die Perspektive verloren und tritt eine starke Einengung in der Qualifikation der wissenschaftlichen Mitarbeiter ein. Die Laboratorien bleiben dann meist in der einmal gewählten Spezialrichtung und setzen ihre Tätigkeit unter Verlust des schöpferischen Elements auch dann noch in dieser fort, wenn die Thematik vom physikalischen Standpunkt aus weitgehend erschöpft ist.

Diese Überlegungen erhalten besonderes Gewicht, wenn wir sie vom Standpunkt des Fernziels aus betrachten. Im Rahmen des Fünfjahrplanes sind sie gleichbedeutend mit der Notwendigeit, die Bedingungen für eine *Entwicklung der Grundlagenforschung* auf dem Gebiet der *Festkörperphysik* zu sichern. In diesem Zusammenhang soll auf einige wissenschaftliche Probleme hingewiesen werden, die besondere Aufmerksamkeit verdienen. Das sind in erster Linie Untersuchungen der Eigenschaften fester Körper unter extremen Bedingungen, in höchsten Magnetfeldern, bei extrem niedrigen Temperaturen, unter superhohem Druck. Eine interessante spezielle Richtung in dieser Problematik ist mit der Suche nach neuen Formen der *Supraleitung* sowie neuen supraleitenden Stoffen (supraleitende Halbleiter, organische Supraleiter) verknüpft. Es ist prinzipiell nicht auszuschließen, daß die Experimente letzten Endes zu einer Form der Supraleitung führen, bei welcher die Phononenwechselwirkung für das Verhalten der Elektronen nicht mehr ausschlaggebend ist. In diesem Fall ist es möglich (wenn auch wenig wahrscheinlich), daß die kritische Temperatur des Übergangs in den supraleitenden Zustand erheblich höher liegt als im Falle von Metallen und Legierungen. Der praktische Wert eines solchen Ergebnisses liegt auf der Hand.

Akademiemitglied Arcimovič ging dann im Detail auf einige die Entwicklung der Festkörperphysik betreffende wissenschaftsorganisatorische Fragen ein.

In letzter Zeit, fuhr L. A. Arcimovič fort, lassen sich Zeichen einer gewissen „Bodenerosion“ in der Bearbeitung wissenschaftlicher Probleme der Halbleiterphysik beobachten. Diese Gefahr kann man wahrscheinlich durch Übergang auf die Erforschung äußerst diffiziler physikalischer Effekte bei gleichzeitiger Veränderung der experimentellen Technik auf ein qualitativ neues Niveau begegnen. Als nicht wünschenswert erscheint mir die Tendenz einiger unserer Einrichtungen (Halbleiterinstitut und teilweise Physikalisch-technisches Institut), in breitem Maße spezielle technologische Entwicklungen aufzunehmen, die schon lange den Industriezweiginstituten und Konstruktionsbüros hätten überlassen werden können.

Die *Plasmaphysik* gehört nicht zu den Hauptmagistralen der Wissenschaft. Ungeachtet dessen wurde sie in den letzten zehn Jahren intensiv entwickelt, da mit ihr Hoffnungen auf die Lösung von Aufgaben großer Tragweite verbunden sind. Unter ihnen nimmt das allgemein bekannte Problem der gesteuerten Kernfusion den ersten Platz ein. Allerdings muß man sagen, daß diese in der breiten Presse weit mehr Glück gehabt hat als in ihrer experimentellen Bearbeitung. Das Problem läßt sich nur lösen, wenn es gelingt, ein dichtes heißes Plasma mit einer Temperatur von einigen Hundert Millionen Grad zu erzeugen und eine ausreichende Zeit im isolierten Zustand zu erhalten. Ein solches mit keinem anderen Körper in Berührung stehendes Plasma kann nur im starken Magnetfeld existieren. Trotz der in den letzten Jahren erreichten Erfolge ist es noch völlig unklar, ob es gelingt, die Bedingungen für intensive thermonukleare Reaktionen im Plasma zu schaffen. Das Haupthindernis ist hier eine

Vielzahl von Instabilitäten, die dem im Magnetfeld eingeschlossenen Plasma eigen sind. Wegen dieser Instabilitäten ähnelt die auf die Lösung der gesteuerten Kernfusion gerichtete Forschung einer Schiffahrt im Nebel zwischen Eisbergen.

Ich möchte nicht näher auf diese Problematik eingehen und nur bemerken, daß ein Vergleich unserer Arbeiten zur Hochtemperatur-Plasmaphysik mit denen im Ausland zu unseren Gunsten ausfällt: auf den wichtigsten theoretischen und experimentellen Untersuchungsrichtungen ist die sowjetische Wissenschaft der amerikanischen voraus.

Zur Physik des Tieftemperaturplasmas ist zu sagen, daß sie unter prinzipiellen Gesichtspunkten kein besonderes Interesse erweckt, mit Ausnahme einiger spezieller Fragen, wo sie mit der Magnetohydrodynamik zusammentrifft. Und auf das wenige, das nach Abtrennung dieser Fragen übrigbleibt, erhebt die Abteilung für physikalisch-technische Probleme der Energetik Anspruch. Wir treten es den lieben Kollegen mit Vergnügen ab.

Eines der herausragenden Ereignisse in der Nachkriegsgeschichte der wissenschaftlichen Forschung war das Auftreten der Quantenradiophysik (oder auch *Quantenelektronik*). Für dieses neue Gebiet, das sich aus der Physik entwickelte und jetzt zu einem der aussichtsreichsten Elemente der *Radioelektronik* geworden ist, war es nicht erforderlich, prinzipiell neue physikalische Ideen zu entwickeln. In diesem Sinne kann man davon sprechen, daß von der Idee her die Quantenelektronik schon lange im Apparat der theoretischen Physik enthalten war und nur zufällig so spät das Licht der Welt erblickte. Damit will ich aber keinesfalls die Bedeutung dessen herabsetzen, was von den Begründern der Quantenelektronik geleistet wurde, zu denen mit an erster Stelle unsere Nobelpreisträger N. G. BASOV und A. M. PROCHOROV gehören. Man sagt ja auch, daß die Skulptur von vornherein im Marmorblock enthalten ist und die Aufgabe des Bildhauers lediglich darin besteht, sie durch Beseitigen von allem Überflüssigen herauszuschälen. Im hier betrachteten Fall bestand die Kunst des Bildhauers darin, aus der Theorie die Einstein zugehörige Idee der erzwungenen Emission zu entnehmen, eine völlig abstrakte Idee, die weit entfernt von jeglicher praktischer Anwendung erschien. Außerdem übertrugen sie die Prinzipien der Resonanzverstärkung von Schwingungen, wie sie der Verwendung von Hohlraumresonatoren in der Radioelektronik zu Grunde liegen, auf elementare emittierende Systeme, Atome und Moleküle. An diesem Schnittpunkt der Quantentheorie der Strahlungsemission und der klassischen Theorie der elektromagnetischen Schwingungen entstanden alle grundlegenden Prinzipien der Quanten-Radioelektronik. In der ersten Entwicklungsetappe dieses Gebietes wurden Molekulargeneratoren und Maser geschaffen, neue Generatoren und Verstärker im üblichen Radiowellenbereich. Sie fanden als Frequenznormale und rauscharme Versärker sehr schnell Eingang in die Praxis.

Der nächste, besonders beeindruckende Schritt war die Erfindung optischer Quantengeneratoren, der Laser. Dieser Schritt war gleichbedeutend mit der Einbeziehung der elektromagnetischen Wellen des optischen Bereiches in die Radioelektronik. Die außergewöhnlich breiten Anwendungsmöglichkeiten der neuen Erfindung in den unterschiedlichsten Zweigen der Technik führten zu einem regelrechten Laserfieber. Auch wir konnten uns dessen Einfluß nicht entziehen. Der fesselnde Eindruck des feinen, eine Rasierklinge durchbrennenden Lichtbündels erwies sich als so stark, daß sich augenblicklich die Laboratorien und Konstruktionsbüros vervielfachten, die sich der neuen Technik verschrieben hatten. In Rechtfertigung dieser Tendenz muß man es klar sagen: Laser sind wirklich eine bewundernswerte Sache, an deren Weiterentwicklung und Nutzung sich viele beteiligen möchten.

Es ist aber noch absolut nicht klar, welche Anwendungsgebiete dieser Lichtquellen besondere Aufmerksamkeit sowie Bereitstellung großer staatlicher Mittel verdienen. Gegenwärtig finden Laser noch keine ausreichend breite Anwendung für technologische Zwecke wegen des sehr kleinen Wirkungsgrades und der Schwierigkeiten, die beim Arbeiten mit hohen Leistungen auftreten. Die prinzipielle Möglichkeit, einen Laserstrahl zur gleichzeitigen Nachrichtenübertragung auf einer Vielzahl von Kanälen einzusetzen, läßt sich ebenfalls vorerst nicht realisieren.

Gegenwärtig ist es deshalb vor allem wichtig, eine systematische Weiterentwicklung der wissenschaftlichen Grundlagen der Lasertechnik zu gewährleisten: die Suche nach neuen Substanzen, die Klärung der elementaren Wirkungsprozesse, die Verbesserung der Systeme zum optischen Pumpen, die Untersuchung neuer Methoden der Wellenerzeugung, die Erforschung von Wegen zur Erhöhung des inneren Wirkungsgrades usw. Darüberhinaus muß die Wechselwirkung zwischen Laserstrahlung und Materie auf breiter Front untersucht werden, und das nicht nur für extreme Leistungsparameter.

Zweifellos wird sich der Laser letzten Endes durchsetzen. Ebenso wahrscheinlich ist es, daß er nicht das letzte Wort der Quantenelektronik gewesen ist.

In einem allgemeinen Überblick über den Stand der Dinge im wissenschaftlichen Territorium unserer Abteilung kann die *Radioelektronik* selbst nicht umgangen werden. Dieses technische Fundament der modernen Zivilisation verdient aber eine spezielle Analyse, und ich hoffe, daß V. A. Kotel'nikov, A. L. Minc und die anderen hier anwesenden sowjetischen Radioelektroniker sich dieser Aufgabe annehmen werden. Gestatten Sie mir, lediglich einige Worte zu sagen. Die moderne Radioelektronik ist so etwas wie eine Fabrik zur Verarbeitung von Ideen, die von der Festkörperphysik, der physikalischen Elektronik und der Kybernetik geliefert werden. Aus der schöpferischen Verarbeitung dieses Ideenmaterials entsteht die Technik der Erzeugung, des Empfangs, der Verstärkung und der Übertragung elektromagnetischer Schwingungen, auf der heute alle Mittel der Nachrichtentechnik, der Regelungstechnik und der Automatisierung beruhen.

Ich möchte nur eine charakteristische Entwicklungstendenz der modernen Radioelektronik erwähnen, auf die mich V. A. Kotel'nikov aufmerksam machte. Diese Tendenz ist eng mit dem Fortschritt in der Entwicklung neuer physikalischer Verfahren der Erzeugung und des Empfangs elektromagnetischer Schwingungen verbunden. Sie besteht in der stetigen Erweiterung des Wellenlängenbereiches seit Anfang des 20. Jahrhunderts. Die Grenzwellenlänge verringerte sich innerhalb eines Jahrzehnts um mehr als das Zehnfache, wobei sich der Radioelektronik immer weitere Anwendungsgebiete erschlossen. Der Bereich von 1000···100 m bildete die Basis des Rundfunks. Der Übergang auf Wellenlängen von 100···10 m ermöglichte die Funkverbindung zwischen beliebig weit entfernten Punkten der Erde. Der nächste Schritt, die Erschließung des Meterwellenbereiches, war Voraussetzung für die Entwicklung der Radioastronomie und der Radartechnik. Gegenwärtig ist auch der Zentimeterwellenbereich weitgehend erforscht und in die Praxis eingeführt, und die Forschung befaßt sich mit dem Millimeterbereich.

Fügen wir hinzu, daß in der Radiotechnik bereits Mikrometer- und Dezimikrometerwellen mit Realisierung über Laser im Anrücken sind und auf grünes Licht warten.

Gestatten Sie mir jetzt einige Bemerkungen zu allgemeinen Fragen der *Wissenschaftspolitik* und *Wissenschaftsorganisation in der Akademie.*

Durch die Rolle, die sich die Wissenschaft im Leben der menschlichen Gesellschaft erobert hat, ist sie zu einem wesentlichen Element des Staatsprestiges geworden. Dies drückt den Prinzipien der Wissenschaftspolitik in gewisser Hinsicht einen Stempel auf. Leider gibt es keine absoluten Kriterien dafür, mit welchem Tempo sich der Bau wissenschaftlicher Einrichtungen entwickeln sollte und in welcher Größenordnung staatliche Mittel für die einzelnen Forschungsrichtungen bereitgestellt werden müssen. Deshalb beruht die Argumentation bei der Diskussion derartiger Fragen in der Regel auf der Idee des internationalen Wettbewerbs der Wissenschaft und erschöpft sich im Vergleich des Niveaus bei uns und im Ausland. Gegen dieses Herangehen ist zunächst nichts einzuwenden. Es ist unser verständlicher allgemeiner Wunsch, daß die Sowjetwissenschaft den ersten Platz in den Hauptentwicklungsrichtungen der Wissenschaft einnehmen möge. Bei der Fixierung dieses langfristigen Ziels müssen wir uns aber in gut berechneten Schritten bewegen und dürfen nicht das Gefühl für Realität verlieren. Es ist zu bedenken, daß wissenschaftliche Forschung in Dutzenden entwickelter Länder mit einer Bevölkerung und einem Industriepotential betrieben wird, das in der Summe um ein mehrfaches über denen der UdSSR liegt. Jedes Land, das an der allgemeinen Entwicklung der Weltwissenschaft teilnimmt, leistet seinen, sehr ungleichmäßig auf die einzelnen Wissenschaftsgebiete verteilten Beitrag, der in einer Richtung sehr bedeutend, in einer anderen kaum spürbar sein kann.

Deshalb ist es in der gegenwärtigen Zeit äußerst schwer, auf allen Gebieten der Weltwissenschaft die Führung zu erringen und zu erhalten.

Vorläufig ist es uns noch nicht möglich, auf der gesamten Front der wissenschaftlichen Forschung gleich stark zu sein. Es ist erforderlich, die Bereiche dieser Front auszuwählen, auf die in der nächsten Zukunft die Anstrengungen zu konzentrieren sind (z. B. außeratmosphärische Astronomie und Radioastronomie sowie einige prinzipielle Probleme der Festkörperphysik). Entscheidend wichtig ist aber, die Arbeit so durchzuführen, daß auf allen Gebieten ein hohes Niveau der wissenschaftlichen Kader erhalten bleibt, was der sowjetischen Wissenschaft gestattet, bei Notwendigkeit schnell die Front an jeder Stelle zu begradigen (wie es in der Vergangenheit schon der Fall war). Dafür ist es wiederum notwendig, daß die Grundlagenforschung und nicht die Entwicklung enger „Überführungsthemen“ das Primat erhalten. Dies muß eines der Prinzipien der Akademie sein, deren Einhaltung man kontrollieren muß.

Sie können mir natürlich sagen: das sind alles schöne allgemeine Worte. Aber wie kann man mit der Gleichmacherei kämpfen, wenn jeder Vertreter seines Spezialgebietes dieses als das wichtigste ansieht. Darauf kann man antworten: Dazu bestehen die Abteilungen der Akademie der Wissenschaften, um die *Hauptstoßrichtungen* auf der jeweiligen Etappe herauszuarbeiten.

Die lebhafteste Diskussion gibt es im Präsidium gewöhnlich zu Fragen der technischen Anwendung der Wissenschaften. Nach der Umorganisation der Akademie ist das Interesse an diesen Fragen erheblich gestiegen. Es entsteht der Eindruck, daß wir mit der Abschaffung der Abteilung für technische Wissenschaften die ganze Akademie zu dieser Abteilung gemacht haben.

Die Diskussion von Überführungsfragen ist oft von solchem Charakter, daß man an den mohammedanischen Feiertag Šachsej-Vachsej mit pflichtgemäßer Selbstgeißelung erinnert wird. Beim Lesen der Protokolle unserer Sitzungen können sich unsere Nachfahren mit Recht wundern: Warum haben sich die Leute eigentlich selbst beschimpft, wenn gar keine Schuld vorlag?

Man darf trotz allem nicht vergessen, daß ein beachtlicher Teil der wissenschaftlichen Ergebnisse, deren praktische Anwendung in der UdSSR zweckmäßig ist, aus dem Ausland stammt. Es ist Aufgabe der wissenschaftlichen Räte und Abteilungen der Akademie, die Leiter in der Industrie rechtzeitig auf die Notwendigkeit oder Zweckmäßigkeit der *Überführung* eines bestimmten Resultates aufmerksam zu machen. Die Mehrzahl der Industriekomitees verfügt über ausgezeichnete Industriezweiginstitute und Konstruktionsbüros, die mit dieser Aufgabe sogar ohne unsere Hilfe fertigwerden. Wenn in bestimmten Fällen diesen Zwischengliedern Konsultationen und Hilfeleistungen erforderlich sind, können diese von den Akademieinstituten geleistet werden. Nach Möglichkeit muß aber die Lage vermieden werden, daß die

Überführungsaktivitäten Instituten übertragen werden, deren eigentliche Aufgabe eigenständige wissenschaftliche Forschung ist und nicht die Wiederholung fremder Arbeiten mit unbedeutenden Variationen. Leider bringen wir manchmal selbst die Institute auf diesen Weg (oder fördern dies zumindest).

Zur Überführung selbst ist schon genügend gesagt worden. Solange keine Bedingungen geschaffen sind, die die Vertreter der passiven Seite (d. h., wohin überführt wird) im erfolgreichen Abschluß dieser Operation interessieren, muß man sich Vorwürfen an die Adresse unserer Institute oder einzelner Wissenschaftler wegen ihrer wenig erfolgreichen „Überführungstätigkeit" enthalten. Ein Krieger, der im ehrlichen und schweren Kampf mit einem übermächtigen Gegner unterlegen ist, verdient nur Achtung.

Nun zu einigen Organisationskrankheiten, unter denen speziell die Institute unserer Abteilung leiden.

Stellen wir uns zunächst einmal die Frage: Ist es richtig, unsere akademische Wissenschaft als eine Allunionswissenschaft zu bezeichnen? Nein, sie ist nur eine Moskauer Wissenschaft, da mehr als ihre Hälfte in Moskau konzentriert ist und, was die Hauptsache ist, der größere Teil des in den zentralen Instituten tätigen wissenschaftlichen Nachwuchses in Moskau geboren ist oder heranwuchs. Dadurch kann das gewaltige Potential unseres großen Landes, das sich des Talentes seiner Völker rühmt, nicht für die Arbeit an der vordersten Front der Wissenschaft genutzt werden.

Ein Weg zur Veränderung dieses Zustandes ist mit der energischen Entwicklung der Wissenschaft in den entfernteren Landesgebieten durch Schaffung von *wissenschaftlichen Zentren* in der Art des sibirischen, wenn natürlich auch nicht von dessen Größe, verbunden. Dies war für uns ein wichtiges Argument zugunsten der Schaffung neuer Institute im Nordkaukasus und in Gorki.

Sie alle wissen, daß ein ernstes Hemmnis für jedes experimentell arbeitende Institut sinnlose finanzielle

Schwierigkeiten wegen der Auftrennung der materiellen Fonds in mehrere Kategorien mit unüberwindlichen Trennwänden ist. Mir scheint, daß eine sehr wichtige Aufgabe der Akademieleitung darin bestehen sollte, eine Abschaffung dieser Begrenzungen für wissenschaftliche Einrichtungen zu erreichen. Wenn die Akademie ihre Mittel nur in zwei Kategorien erhält, Lohnfond und sonstige materielle Fonds, nimmt unsere Beweglichkeit erheblich zu, was sich sofort auf die Arbeit der Institute auswirkt.

Es steht noch eine Vielzahl weiterer Fragen: die Notwendigkeit einer grundlegenden Neuausrüstung der Institute mit modernen wissenschaftlichen Geräten, die Schwierigkeiten bei der Auswahl von Kadern für leitende Stellungen in den wissenschaftlichen Einrichtungen, unsere wissenschaftlichen Kontakte mit den volksdemokratischen Ländern und andere mehr. Aus Zeitgründen kann ich auf sie nicht eingehen. Gestatten Sie mir nur eine letzte Bemerkung im Hinblick auf das weitere Schicksal unserer Akademie.

Gegenwärtig ist die Akademie auf halbem Wege zwischen zwei Zuständen hängengeblieben. Der eine dieser Zustände entspricht einem Organ, das im Staat eine wissenschaftlich-konsultative Funktion ausübt, oberster Richter in prinzipiellen Fragen der Wissenschaft ist und Bewahrer des Maßstabes zur Messung des Niveaus der wissenschaftlich-technischen Errungenschaften. Es ist dies eine ehrenvolle und verantwortungsreiche, aber nicht übermäßig belastende Rolle.

Der andere Zustand entspricht der Rolle eines Wissenschaftsministeriums mit den für jedes Ministerium charakteristischen komplizierten operativen Funktionen.

Jetzt nach der Reorganisation bewegt sich die Akademie durch Übernahme der Kontrolle über die vielfältigen wissenschaftlichen Einrichtungen in den Unionsrepubliken, über die Forschung in den Hochschulen und zum Teil auch in den Industriekomitees zunehmend aus dem erstgenannten Zustand in den zweiten.

Möglicherweise ist das ein natürlicher Prozeß. In diesem Falle müssen aber die notwendigen Schlußfolgerungen gezogen werden. Ein Wissenschaftsministerium mit einem umfangreichen Netz ihm unterstellter Einrichtungen muß einen ganz anderen operativen Apparat besitzen, als er zur Zeit vorhanden ist. In den Abteilungen können wir schon jetzt nicht die Hälfte der uns übertragenen Pflichten zur Kontrolle der Wissenschaftsentwicklung im Lande richtig erfüllen, da der Apparat der Abteilungen lächerlich klein ist. Wenn das Präsidium der Meinung ist, daß uns das Schicksal in die Lage eines Ministeriums führt, muß es die entsprechenden Schlußfolgerungen ziehen.

Diskussion zum Vortrag

Akademiemitglied M. V. Keldysch

Ich möchte das Wort nehmen, da ich es nicht für richtig halten würde, meine Überlegungen am Schluß der Diskussion als Fazit darzulegen. Bitte betrachten Sie das zu Sagende nur als Meinung eines Mitglieds unseres Kollektivs.

Ich bin der Meinung, wir sollten uns nicht auf die Diskussion der Aufgaben und der Arbeit der Abteilung für allgemeine und angewandte Physik beschränken. Da der Vortrag auch Fragen des Statuts, der Aufgaben und der Entwicklungsperspektive der Akademie der Wissenschaften berührte, schlage ich vor, daß wir dazu unsere Meinungen austauschen.

Zunächst möchte ich zu einer Reihe im Vortrag aufgeworfener prinzipieller Fragen äußern, die wir sehr sorgsam beraten sollten.

Die erste von ihnen betrifft die allgemeine Entwicklung der Akademie der Wissenschaften der UdSSR. Ich bin nicht mit dem Standpunkt einverstanden, daß die Akademie sich nur mit theoretischen, langfristigen Aufgabenstellungen gefassen und sich absolut nicht für das Leben des Landes und die Umsetzung der wissenschaftlichen Ergebnisse interessieren solle.

Wir dürfen nicht vergessen, daß es in keinem Lande eine solche Konzentration von Wissenschaftlern in einem Zentrum gibt wie bei uns. Sie selbst, Kollege Arcimovič, brachten zum Ausdruck, daß unsere profiliertesten Wissenschaftler zur Akademie der Wissenschaften gehören. In den meisten Ländern werden die Wissenschaftler, die über die Hochschulen und in weit geringerer Zahl in staatlichen Instituten verstreut sind, durchweg an der Industrieforschung beteiligt. Viele amerikanische Wissenschaftler arbeiten neben ihrer Tätigkeit in Hochschulen als Konsultanten in der Industrie.

Wir dürfen die Akademie nicht in eine Art Kloster verwandeln. Das würde logischerweise zum Ende der Akademie der Wissenschaften in der Form führen, wie sie jetzt existiert. Ich glaube, darüber müssen wir uns sehr ernsthaft klar werden. Insbesondere in dieser Lage der Konzentration aller führenden Wissenschaften in der Akademie ist die Tendenz besonders gefährlich, sich nur mit perspektivischen Problemen zu beschäftigen und an dem vorbeizugehen, was sich im Land, im Leben tut. Die Geschichte unserer Wissenschaft kennt nicht wenig Beispiele dafür, daß hervorragende Wissenschaftler ihre Arbeit stets eng mit dem Leben verbanden. Denken wir an Lomonossov, den wirklichen Gründer der Russischen Akademie der Wissenschaften, an Mendeleev, Žukovskij und viele andere große Gelehrte, die nicht nur die Wissenschaft voranbrachten, sondern auch ihrer praktischen Anwendung, dem technischen Fortschritt ihres Landes viel Kraft opferten, tief in die industriellen Belange eindrangen. Auch Namen wie Prjanišnikov, Dokučaev und viele andere könnte man nennen. Wenn wir uns auf die gefährliche Position eines „Klosters der Wissenschaft“ begeben würden, verlöre meines Erachtens die Akademie tatsächlich ihre Bedeutung. Es ist falsch, die Wissenschaft vom Leben des ganzen Landes zu isolieren.

Ich teile völlig den Standpunkt, daß langfristige theoretische Forschungen die erste und wichtigste Aufgabe der

Akademie der Wissenschaften sind. Aber in der Form, wie es Prof. Arcimovič zum Ausdruck brachte, ist es absolut unannehmbar. Ich bin nicht mit der manchmal geäußerten Meinung einverstanden, ein Wissenschaftler müsse sich mit allem beschäftigen, angefangen mit der Theorie (worunter nicht nur zu Papier gebrachte Gedanken, sondern auch wissenschaftliche Experimente verstanden werden sollen) bis beinah hin zur Arbeit an der Maschine im Produktionsbetrieb. Die Geschichte zeigt, daß ein derartig breites Spektrum nur wenigen herausragenden Wissenschaftlern zugänglich ist. Die Tätigkeit der Akademie als Gesamtorganismus dagegen muß den gesamten Bereich vom langfristigen wissenschaftlichen Vorlauf bis zur Umsetzung der wissenschaftlichen Ergebnisse im technischen Fortschritt der Volkswirtschaft umfassen.

Natürlich werden bei uns noch viele unbedeutende Themen bearbeitet, und noch oft beschäftigen wir uns mit Dingen, die der Akademie nicht angemessen sind, einen Teil der Arbeiten könnte man an Industriezweiginstitute übergeben. Aber die Position, die in den Instituten der Industrie tätigen qualifizierten Kader könnten von sich aus den wissenschaftlichen Ergebnissen all das entnehmen, was der technische Fortschritt erfordert, würde unser Land zum Rückstand verurteilen.

Die zweite Frage, zu der ich mich äußern möchte, betrifft die Hauptrichtungen der Arbeiten der Abteilung. Meines Erachtens ist es richtig, daß wir uns mit der Erforschung des Kosmos und mit der Astronomie beschäftigen müssen, alle Seiten ihrer Entwicklung eingeschlossen. Ich teile aber die Meinung nicht, daß wir den wesentlichen Fortschritt eher von der Kosmosforschung als von der Hochenergiephysik zu erwarten haben. Die Geschichte des letzten Jahrhunderts hat gezeigt, daß der Vorstoß in die Mikrostruktur der Materie für die Entwicklung der Wissenschaft allgemein und speziell der Physik wesentlich mehr gegeben hat als die Erforschung des Kosmos; das ist auch jetzt die Hauptrichtung der Wissenschaftsentwicklung. Man kann natürlich paradoxale Aussagen darüber formulieren, daß die Hochenergiephysik gewohnheitsmäßig Mittel zugeteilt bekommt in Folge der praktischen Erfolge der Atomphysik. Wenn man diese Frage aber tiefer analysiert, kann man sich davon überzeugen, daß alle wesentlichen Entwicklungen der Wissenschaft, der Physik, der Chemie, der Biologie, zumindest im letzten Jahrhundert mit dem Eindringen in die Mikrostruktur der Materie verbunden sind. Das darf man nicht vergessen.

Betrachtet man die Astronomie, so gibt es sehr interessante Fakten und einzelne Erscheinungen, die wir denen auf der Erde gegenüberstellen, im wesentlichen hat sich die Astronomie im letzten Jahrhundert aber doch als „Ding in sich" entwickelt. Früher beeinflußte sie die allgemeinen Vorstellungen von der Welt und war tatsächlich die führende Wissenschaft. Das heute ein solcher Umbruch eingetreten ist, kann man aber, glaube ich, nicht sagen.

Hinsichtlich der Entwicklung der materiellen Basis der Astronomie bin ich mit den Vorschlägen der Abteilung im wesentlichen einverstanden. Ich möchte aber bemerken, daß insgesamt gesehen die Arbeiten zu neuen Methoden der experimentellen Astronomie noch nicht das erforderliche Niveau aufweisen.

V. A. Kotel'nikov: Die Methoden müssen verändert werden.

M. V. Keldysch. Einverstanden, soll man sie ändern. Die Abteilung für allgemeine und angewandte Physik muß dem besondere Aufmerksamkeit widmen.

Ich muß sagen, daß es bei uns zweifellos große Mängel im Herangehen an diese Frage gibt. Die experimentelle Basis der Astronomie entwickeln wir im wesentlichen so: Wir übernehmen das, was es im Westen gibt, aber in etwas größerem Maßstab. Viel zu wenig durchdenken wir die Anwendung neuer physikalischer Errungenschaften für astronomische Untersuchungen. Beispielsweise ist zu erwarten, daß sich durch Einsatz von Lasern die Mondoberfläche gründlich untersuchen läßt. Diese neue Methodik wird aber bei uns fast nicht entwickelt. Laser, für die der Vortrag von Prof. Arcimovič im gewissen Sinn eine kalte Dusche war, lassen sich in breitem Umfang für die verschiedensten wissenschaftlichen Untersuchungen einsetzen. Wir überlegen uns das noch viel zu wenig, obwohl sich hier offensichtlich große Perspektiven eröffnen.

Hinsichtlich der Festkörperphysik möchte ich mich dem im Vortrag Gesagten anschließen: wahrscheinlich sollten die theoretischen Grundlagen am intensivsten entwickelt werden, und sicher gibt es in der Festkörperphysik noch viel klein-klein.

Ich bin vollständig damit einverstanden, daß es keine eindeutigen Kriterien dafür gibt, welche Mittel man für die Wissenschaft bereitstellen soll. Wir alle müssen für möglichst umfangreiche Mittel eintreten. Das versuchen wir auch durchzusetzen. Leider gibt es aber eben, ich wiederhole es, keine eindeutigen Kriterien dafür und wird es wohl auch so bald nicht geben.

Ich glaube aber, folgendes kann man mit gutem Recht formulieren: Je größer die Rolle ist, die die Wissenschaft im Lande spielt, um so größer werden auch die Mittel sein, die zu ihrer Entwicklung zur Verfügung gestellt werden. Ein anderes Kriterium kann es nicht geben. Was in fünfhundert oder tausend Jahren sein wird, wie wir dann in den Augen unserer Nachfahren aussehen werden, das ist kein Kriterium, Kollege Arcimovič.

Wir müssen es verstehen, die langfristige Entwicklung der Wissenschaft mit ihrem Einfluß auf das Leben des Landes zu verbinden. Je besser wir das verstehen, um so besser wird sich die Wissenschaft entwickeln und um so größer wird ihr materieller Beitrag an der Zukunft sein. Anders kann es gar nicht sein. In diesem Sinne wäre uns der Vortrag von Prof. Arcimovič, würden wir uns seinen Standpunkt zu eigen machen, nicht von Nutzen.

Nicht alles war im Vortrag falsch, er enthielt auch wichtige Überlegungen, die wir unterstützen müssen. Aber die Behauptung, die gesamte Akademie sei zur Abteilung für technische Wissenschaften geworden, ist zumindest eigenartig, wahrscheinlich wohl wegen ihrer Paradoxie so formuliert. Zur Bemerkung, das Präsidium diskutiere nicht die wirklich notwendigen Fragen, muß ich folgendes sagen: Die durch das Präsidium zu beratenden Probleme kommen nicht nur vom Präsidenten oder von den Vizepräsidenten. Wir beraten alle Fragen, die von den Abteilungen aufgeworfen werden. Wir müssen erreichen, daß in erster Linie die Abteilungen in ihrer Wissenschaftsrichtung die Fragen bringen, die vom Präsidium beraten werden müssen. Keiner von uns, auch ich als Präsident nicht, kann alle Gebiete gleich gut kennen. Wer trägt also die hauptsächliche Verantwortung für die Wahl der Beratungsfragen im Präsidium? Ich denke, auf den entsprechenden Gebieten der Physik niemand anders als Ihre Abteilung, Kollege Arcimovič. Es ist noch nie vorgekommen, daß von Ihnen eine Frage für die Beratung im Präsidium vorgeschlagen und dort nicht behandelt worden wäre. Vergessen Sie nicht, daß wir alle zusammen das Präsidium bilden.

Die letzte Frage, die ich jetzt berühren möchte, ist die Entwicklung der Wissenschaft in den Randgebieten. Die Bedeutung des Problems ist klar, wir alle sprechen viel davon, tun aber wenig; leider ist es auch im Fünfjahrplan unzureichend berücksichtigt. Ich muß sagen, daß wir gezwungen sind, den ständigen Forderungen nach Baukapazität in Moskau nachzugeben. Als Beispiel möchte ich Noginsk nennen, das man eigentlich noch gar nicht als Randgebiet bezeichnen kann. Es war beschlossen, dort ein neues chemisches Institut zu bauen, und geendet hat es damit, daß wir jetzt in Moskau ein neues Gebäude für das Institut für allgemeine und anorganische Chemie bauen. Akademiemitglied SEMENOV hat selbst zugegeben, daß damit der geplante Komplex beeinträchtigt wird. Aber wir geben nach, weil wir sehen, daß die Mitarbeiter nicht einmal bereit sind, nach Noginsk zu ziehen.

Hier muß die Psychologie geändert werden. Das ist

nicht so einfach, aber alle müssen sich damit befassen. Natürlich, Kollege Arcimovič, kann man auch mal versuchen, einfach anzuordnen, nur geht dann eben niemand mit, und die Mitarbeiter verstreuen sich in den Moskauer Hochschulen. Zeigen wir doch mal Konsequenz und verlagern die Physik an die Peripherie! Bisher sieht aber die Abteilung in ihrem Fünfjahrplanvorschlag Bautätigkeit im wesentlichen in Moskau und Leningrad vor. Was nützen uns die schönen Worte? Gehen wir doch so vor, wie es notwendig ist. Im Fünfjahrplan schlagen Sie das eine vor, in allgemeinen Worten etwas anderes. Schöne Worte lassen sich leicht sagen.

Zu den Konsultations- und Leitungsaufgaben der Akademie. Nehmen wir an, wir würden uns von unserer Verantwortung für die Wissenschaftsentwicklung in den Akademien der einzelnen Unionsrepubliken lossagen. Nichts wäre leichter als die Einnahme einer solchen Position. Ich hätte aber große Befürchtungen hinsichtlich der Ergebnisse eines solchen Herangehens. Wenn in der Mehrzahl der Republiken die Entwicklung der Wissenschaft nicht koordiniert wird, schadet das der Sache. Es war notwendig, die Verpflichtung zu übernehmen (die wir zugegebenermaßen noch schlecht erfüllen, aber doch wahrnehmen), die Entwicklung aller Republikakademien zu verfolgen. Das ist natürlich nicht einfach, ich glaube aber nicht, daß es eine wesentliche Vergrößerung des Apparats erfordert. Den Papieraufwand vergrößern wir selbst.

Lassen Sie uns die Vorschläge beraten, die von Prof. Arcimovič gemacht wurden.

Akademiemitglied P. L. Kapiza

Mit dem Vortrag von Prof. Arcimovič kann man nicht in allen Punkten einverstanden sein, aber daß er die Fragen hart und interessant gestellt hat, muß man begrüßen. Die Paradoxa von Kollegen Arcimovič muß man, ungeachtet ihres Glanzes, natürlich so nehmen, wie man eben Paradoxa nimmt. Sie stimulieren die Lösung einer Frage, aber ergeben sie nicht.

Ich möchte zu einem Thema sprechen, das im Vortrag nicht berührt wurde, und zwar: Mit welchem Wirkungsgrad arbeiten unsere Institute? Wäre es nicht besser, unsere Hauptanstrengungen nicht auf das Wachstum der Akademie, sondern auf die Verbesserung der Arbeitsbedingungen in den bestehenden Instituten zu richten, mit dem Ziel, die Produktivität der Mitarbeiter zu erhöhen? Es kann sein, daß wir bei gleichem materiellen Aufwand auf diesem Wege mehr erreichen. Dabei steht die Frage: Um wieviel läßt sich die Arbeitsproduktivität unserer Mitarbeiter steigern? Darauf läßt sich natürlich keine genaue Antwort geben, aber ich denke, daß hier noch große Möglichkeiten liegen.

Es gibt im wesentlichen drei Formen der Einwirkung auf die Arbeit der Wissenschaftler mit dem Ziel, deren Effektivität zu steigern. Der Kürze halber möchte ich sie als moralische, kadermäßige und finanzielle Einwirkung bezeichnen. Ohne Zweifel ist die wichtigste von ihnen die erste. Die richtig gewählte Richtung einer wissenschaftlichen Arbeit, ihre gute Durchführung bestimmen in erheblichem Maße, wie die Kollegen des Wissenschaftlers zu ihr stehen. Wenn auch der Wissenschaftler in der Wahl seiner Arbeitsrichtung nicht mit jedem seiner Kollegen einer Meinung sein muß, so kommt er doch nicht umhin, die Meinung der wissenschaftlichen Öffentlichkeit zu berücksichtigen. Der Entwicklung und Unterstützung dieser wissenschaftlichen Öffentlichkeit in der Akademie müssen wir große Aufmerksamkeit widmen. Es ist dies nicht nur eine der effektivsten Möglichkeiten, das Niveau der wissenschaftlichen Arbeiten zu erhöhen, sondern auch der wichtigste Weg zur Konzentration unserer Kräfte auf die aussichtsreichsten und wesentlichsten Richtungen. Auf diese Art kann wissenschaftliche Arbeit eigentlich tatsächlich geplant werden.

Eine Form der gesellschaftlichen Einwirkung ist die

Diskussion einer Problematik oder einzelner Themen auf wissenschaftlichen Versammlungen. Es sei gleich gesagt, daß wir hier noch unzureichend arbeiten. Kollege Arcimovič sprach davon, daß die Sitzungen der Abteilung schlecht besucht, die dargebotenen Vorträge unzureichend diskutiert werden. Thematisch engere Veranstaltungen und Konferenzen über spezielle Fragen laufen gut, doch je breiter eine Tagung angelegt ist, um so schlechter verläuft sie gewöhnlich, der Pulsschlag der wissenschaftlichen Öffentlichkeit ist kaum zu spüren.

Ich habe schon oft darüber gesprochen, daß wir einen Klub der Wissenschaftler brauchen, wo wir uns treffen und in ungezwungener Atmosphäre über unsere aktuellen Angelegenheiten sprechen können. Die interessantesten Gespräche über die brennenden Probleme der Wissenschaft gab es seinerzeit, als ich in England arbeitete, während der Mittagsmahlzeiten im College. Dort diskutierten wir Probleme, die gleichzeitig die verschiedensten Wissenschaftsgebiete betrafen, und das war die beste Methode, um den eigenen Gesichtskreis zu erweitern und die gegenwärtige Bedeutung dieser oder jener Wissenschaftsrichtung zu verstehen.

Ein weiterer Weg der moralischen Einwirkung auf unsere Wissenschaftler, den wir ungenügend nutzen, sind unsere wissenschaftlichen Zeitschriften. Wenn eine Arbeit zur Veröffentlichung eingereicht wird, ist es erforderlich, sie einer qualifizierten Einschätzung zu unterwerfen und dem Autor die kritischen Bemerkungen zu übermitteln, mit anderen Worten, die Redaktionskollegien der wissenschaftlichen Zeitschriften müssen mit den Autoren arbeiten. Wir tun dies in der Zeitschrift für experimentelle und theoretische Physik, obwohl es aufwendig und nicht selten auch schwierig ist, aber ich glaube, daß diese Arbeit für die richtige Ausrichtung der Forschungsarbeiten von großem Nutzen ist.

Nun zur „kadermäßigen“ Einwirkungen auf die Wissenschaftsentwicklung. Sobald bei uns in der Akademie der Schluß gezogen wird, daß irgend ein wissenschaftliches

Gebiet zurückbleibt, wird sofort die Frage nach einer materiellen Unterstützung eines bestimmten Laboratoriums oder sogar nach dem Neubau von Instituten usw. gestellt. Wir dürfen aber nicht aus dem Auge verlieren, wie L. A. Arcimovič richtig bemerkte, daß es uns nicht möglich ist, alle Gebiete auf gleich hohem Niveau zu halten, und es richtiger ist, unsere Anstrengungen in den Richtungen zu konzentrieren, wo wir starke Kader haben und wo gute wissenschaftliche Traditionen vorhanden sind. Vorrangig müssen die Zweige entwickelt werden, wo wir das Glück haben, einen herausragenden, kühnen und begabten Wissenschaftler zu besitzen. Es ist gut bekannt, daß man einen unbegabten Menschen beliebig unterstützen kann, er wird dennoch nie eine große Leistung in der Wissenschaft vollbringen. Deshalb stimme ich voll dem Standpunkt von N. N. Semenov zu, daß wir bei der Entwicklung eines bestimmten Gebietes in erster Linie von den schöpferischen Kräften des Menschen ausgehen müssen, der auf diesem Gebiet arbeitet. Unsere Wissenschaft ist ja etwas schöpferisches, wie die Kunst, die Musik usw. Wenn man am Konservatorium eine Abteilung für die Komposition von Hymnen oder Kantaten eröffnet, ist damit noch lange nicht gesichert, daß diese auch entstehen: Wenn in dieser Abteilung kein Komponist mit der Kraft sagen wir eines Händel tätig ist, kommt nichts heraus. Das gleiche gilt in der Wissenschaft. Die Leitung der Akademie muß besonders talentierte Wissenschaftler suchen, heranziehen und fördern, und dem muß sogar mehr Sorgfalt gewidmet werden als der Thematik.

M. V. Keldysch. Aber nicht nur die Leitung, sondern die ganze Akademie. Wenn sich nur die Leitung um die Kaderauswahl bemüht, läßt sich nichts erreichen.

P. L. Kapiza. Ich verstehe unter der Leitung das gesamte Präsidium.

M. V. Keldysch. Nein, die gesamte Akademie, alle Institutsdirektoren.

P. L. Kapiza. Sie haben Recht. Die entscheidende

Rolle in der Kaderauswahl kommt in den Instituten dem Direktor zu, der selbst ein hervorragender Wissenschaftler sein muß. Dazu müssen ihm aber auch in dieser Frage größere Rechte eingeräumt werden.

Wie ich schon sagte, sind die Finanzen die dritte Möglichkeit, auf die Wissenschaftsentwicklung einzuwirken. Mittel für die Forschung gibt es bei uns, der Staat ist nicht geizig. Wir haben es leichter, Geld zu bekommen, als beispielweise amerikanische Wissenschaftler. Aber vielleicht erinnern Sie sich, es gab so ein Kinderspiel: „Die Herrin schickt dir hundert Rubel, kauf dir, was du willst", und dann kommen Zusätze: „kauf nicht schwarz nicht weiß, sag nicht ja nicht nein" usw., und es zeigt sich, daß, man die hundert Rubel gar nicht so ohne weiteres ausgeben kann. In der gleichen Lage ist der Institutsdirektor: Man gibt ihm Geld, schränkt aber seine Entscheidungsmöglichkeit, wie er es verwenden will, stark ein.

Bekannt sind auch die Begrenzungen für den Direktor in der Kaderpolitik. Er von sich aus kann niemanden entlassen, oder umgekehrt, fördern. Die geringe Handlungsfreiheit des Direktors, seine begrenzte Rolle in dieser wichtigen Frage ist einer der Gründe für den niedrigen Wirkungsgrad unserer Institute.

M. V. Keldysch. Es ist aber Gesetz: Wenn der Wissenschaftliche Rat einen wissenschaftlichen Mitarbeiter nicht wiederbestätigt, kann er nicht im Institut verbleiben. Sie wollen von diesem Ihrem Recht nicht Gebrauch machen.

P. L. Kapiza. Das ist ein prinzipielles Problem. Ja, gewöhnlich wollen wir das nicht, da es sich als sehr kompliziert erweist. Es ist dies überhaupt eine recht schwierige und aufwendige Angelegenheit, die Arbeit des Direktors, da die wissenschaftlichen Räte nur in extremen Fällen nicht wiederbestätigen. Die „freundliche Mittelmäßigkeit" werden sie auf diese Weise nie los. Deshalb ist auch von den hervorragenden Wissenschaftlern kaum jemand bereit, diesen Posten einzunehmen. Dieses Recht der Entlassung wahrzunehmen ist deshalb äußerst unangenehm und sogar gefährlich, da die Agitation im

Wissenschaftlichen Rat für die Entlassung erfolglos bleiben und nur zur Verschlechterung der zwischenmenschlichen Beziehungen führen kann.

M. V. Keldysch. Hier hängt viel von der gesellschaftlichen Aktivität ab. Wenn sie schwach ist, verderben Sie durch eine Entlassung bei beliebigen Gesetzen die Beziehungen. Aber das läßt sich nicht ändern, man muß es in Kauf nehmen.

P. L. Kapiza. Meines Erachtens könnte ein Kontraktsystem in dieser Hinsicht Nutzen bringen. Es ist den wissenschaftlichen Instituten der USA weit verbreitet.

M. V. Keldysch. Wenn die Mitglieder des Präsidiums der Meinung sind, daß Kontrakte von Nutzen sind, so lassen Sie uns heute noch einen entsprechenden Beschluß fassen, der dreijährige Kontrakte zuläßt.

P. L. Kapiza. Ich denke, daß die durchaus mögliche Realisierung dieses Vorschlages dazu beiträgt, die Leitung der wissenschaftlichen Arbeiten des Instituts durch den Direktor effektiver zu gestalten. Wenn wir die Tätigkeit des Institutsdirektors als eines die wissenschaftliche Arbeit leitenden Wissenschaftlers nicht erleichtern und vereinfachen, wird es uns auch weiterhin schwerfallen, profilierte Wissenschaftler als Direktoren zu gewinnen. Gegenwärtig wäre eine Reihe wissenschaftlicher Mitarbeiter der einzelnen Institute (z. B. unseres Instituts für physikalische Probleme) durchaus in der Lage, als Direktoren selbständige wissenschaftliche Kollektive zu leiten, es fehlt aber die Bereitschaft. Wenn die Arbeit des Direktors vereinfacht und erleichtert würde, würde das ohne Zweifel zur schnelleren Heranziehung fähiger jüngerer Kader zu leitenden Stellungen beitragen. Übrigens muß man sagen, daß das Niveau unseres wissenschaftlichen Nachwuchses höher ist als beispielsweise in den USA, wo viele fähige Kader nicht in wissenschaftliche Einrichtungen gehen. sondern auf kommerziellem Gebiet für erheblich bessere Bezahlung tätig werden. Bei uns ist dies nicht der Fall, wir nutzen aber diesen Vorteil viel zu wenig.

Das letzte, worauf ich eingehen möchte, ist der Aufbau neuer Institute außerhalb von Moskau. Ich bin der Meinung, daß dies richtig ist. Aus eigener Erfahrung weiß ich, daß man 50 km von einer Großstadt entfernt viel ruhiger und produktiver arbeiten kann. Um das aber zu realisieren, müssen dort tatsächlich gute Bedingungen gesichert werden, bessere, als sie jetzt in Moskau bestehen, sowohl in Hinsicht der schöpferischen Atmosphäre als natürlich auch hinsichtlich der Lebensbedingungen. Beim Bau von Instituten außerhalb großer Städte darf es nicht schade um die Mittel sein, die für die Lebensbedingungen und für kommunale Einrichtungen ausgegeben werden, selbst wenn sie die Aufwendungen für das Institut selbst übersteigen.

Korr. Akademiemitglied B. M. Vul

In seinem Vortrag über die Arbeit unserer Abteilung widmete Prof. Arcimovič einigen allgemeinen Fragen große Aufmerksamkeit, die nicht nur für die Wissenchaftszweige von großer Bedeutung sind, mit welchen sich die Abteilung befaßt. Der Konzeption von Kollegen Arcimovič entsprechend kann man die moderne physikalische Forschung im wesentlichen in zwei Gruppen einteilen. Die erste Gruppe umfaßt die Elementarteilchenphysik und die Astrophysik; hier sind Ergebnisse möglich, die uns zwingen, die Grundlagen der Physik neu zu durchdenken und die wiederum zu einer Revolution in der Physik führen können. Die zweite Gruppe schließt die gesamte übrige Physik ein, sie läßt offensichtlich nichts prinzipiell neues für die Wissenschaft erwarten.

Ausgehend vom Platz der Akademie im System der wissenschaftlichen Einrichtungen des Landes vertritt Prof. Arcimovič die Meinung, daß wir in erster Linie die Arbeiten zur ersten Gruppe entwickeln sollen. In diesem Zusammenhang ergibt sich folgende Frage: Ist die zweite Revolution in der Physik unausbleiblich und ist sie in unserer Zeit bereits herangereift? Die Physiker verhalten sich oft skeptisch zur Philosophie, streng genommen folgt aber die Notwendigkeit weiterer Revolutionen in der Physik nur aus allgemeinen philosophischen Überlegungen über den Zusammenhang zwischen relativer und absoluter Wahrheit.

Welche neuen Tatsachen künden von einer neuen Revolution in der Physik? Es wächst die Zahl der sogenannten Elementarteilchen, und ihre Reihe oder ihr Spektrum läßt sich im Rahmen der modernen Theorie bis jetzt nicht erklären. Erhebliche Schwierigkeiten bereitet die Erklärung von Prozessen in räumlichen Maßstäben des Atomkerns, d. h. bei linearen Abmessungen der Größenordnung von 10^{-13} cm. Ob aber zur Erkenntnis der Welt der Elementarteilchen ein grundlegender Umbruch der fundamentalen Vorstellungen der modernen Physik erforderlich ist oder die Schwierigkeiten im Rahmen der bestehenden Theorien überwunden werden können, ist bisher unklar. Versuche zur Quantelung von Raum und Zeit haben, soviel mir bekannt ist, noch keine positiven Ergebnisse gebracht. Aber unabhängig von einer „Revolution" in der Elementarteilchenforschung ist das ein Vordringen in unbekannte Bereiche, eine gesetzmäßige Bewegung von der Untersuchung der Makroerscheinungen in die Tiefen der Mikrowelt. Da hier eine neue Grenzlinie in der Erkenntnis der Mikrowelt überwunden wird, ist hier, wie Prof. Arcimovič richtig bemerkte, die Entdeckung neuer, unerwarteter Erscheinungen und Gesetzmäßigkeiten besonders wahrscheinlich.

Mir scheint aber, man darf die innere Logik der Entwicklung wissenschaftlicher Ideen nicht den Perspektiven einer technischen Anwendung gegenüberstellen. Deshalb sollte man nicht so kategorisch mögliche praktische Folgerungen der Elementarteilchenphysik auch für die weit entfernte Zukunft ablehnen.

Die Elementarteilchenforschung ist ein besonders wichtiges Problem der modernen Physik und ihrem Charakter nach der Akademie angepaßt, wird aber bekanntlich vorwiegend außerhalb der Akademie bearbeitet, der

Kollege Arcimovič die Erforschung der Unzahl von Sternen überläßt, wohl hauptsächlich außerhalb unserer Galaktik, ein unendliches Gebiet grandioser Hypothesen und Rätsel. Ich bin dafür, die Galaktiken, Supergalaktiken, die Geburt und das Vergehen von Sternen zu untersuchen. Ich glaube aber, das von den zwei und, wie Prof. Arcimovič hier darlegte, nur zwei extrem entgegengesetzten Richtungen, von denen revolutionierende Veränderungen in der Physik erwartet werden können, der Akademie ein interessantes, stark die Phantasie beflügelndes, aber weniger zuverlässiges und aussichtsreiches Forschungsgebiet zufällt. Es wäre besser, die beiden mit revolutionären Umwälzungen schwanger oder quasischwanger gehenden Wissenschaftszweige in einem privilegierten Entbindungsheim zu vereinigen, und zwar nicht nur nach dem Kriterium ihres Zustandes, sondern auch, weil die Hoffnungen auf eine Revolution zu teuer kommen und die Aufwendungen zu groß sind für die Akademie der Wissenschaften.

Womit muß sich die Akademie unmittelbar in der Wissenschaft befassen? Prof. Arcimovič vertritt die Meinung, daß der Akademie nicht die Rolle einer dringlichen wissenschaftlich technischen Hilfe zukommt und ihr Hauptziel darin besteht, die Grundlagenforschung zu entwickeln und zu unterstützen, deren Nutzen über die in der volkswirtschaftlichen Planung üblichen Zeiträume hinausgeht.

Was die „dringliche wissenschaftlich-technische Hilfe“ betrifft, so ist dieser anschauliche Vergleich nicht exakt. Die Akademie hat mehr als einmal teilweise schnelle, meist aber weniger schnelle Hilfe geleistet, im Unterschied zur dringlichen technischen Hilfe dafür aber keinen diensthabenden Ingenieur, sondern ihre qualifiziertesten Kader eingesetzt. Das waren Akademiemitglieder oder so verdiente Wissenschaftler, daß sie in Kürze rechtmäßig zu Akademiemitgliedern wurden. Weiter: die dringliche technische Hilfe kommt auf Anforderung, die Akademie leistet aber oft aus eigener Initiative Hilfe. Und da man dringliche Hilfe nur in außergewöhnlichen Fällen leistet, liegt es auf der Hand, daß die Akademie auch in der Zukunft, wenn solche Fälle vorliegen, Hilfe leisten wird.

Ich glaube, Prof. Arcimovič hat völlig recht, wenn er die Entwicklung und Förderung der Grundlagenforschung als unsere Hauptaufgabe ansieht. Es ist aber nicht einzusehen, weshalb deren Nutzen über die Zeitmaßstäbe hinausgehen soll, wie sie in der volkswirtschaftlichen Planung üblich sind. Es gibt die verschiedensten Pläne, für einen Tag, für 15—20 Jahre, wie der GOELRO-Plan, oder auf 20 Jahre, wie unser letzten Pläne. Es ist schwer, die Ergebnisse der Grundlagenforschung vorauszusagen und entsprechende Zeiträume anzugeben. Darauf wirken viele objektive und subjektive Faktoren ein, aber ich denke, daß die Akademie mal in der einen, dann wieder in einer anderen Forschungsrichtung kontinuierlich Ergebnisse mit volkswirtschaftlichem Nutzen bringen muß.

Prof. Arcimovič hat sehr gekonnt ein allgemeines Bild der Festkörperphysik gezeichnet. Er sagte ein lobendes Wort über den Nutzen der Laser, gab aber aus irgend einem Grunde keine Einschätzung der Lumineszenz. Tatsächlich ist ja der Lasereffekt eben diese Lumineszenz, nur besonders intensiv und in einen Resonator eingeschlossen. Bei optischem Pumpen ist es Fotolumineszenz, bei elektronischer Anregung Katodolumineszenz und bei p-n-Übergängen Elektrolumineszenz. In der Physik wird einfach in der letzten Zeit die Tendenz vertreten, für alles neue Bezeichnungen einzuführen; so wurde für die Gasentladungsphysik bei hoher Ionisation der Begriff Plasmaphysik geboren.

Leider kann ich mich weder von der Form, noch vom Inhalt her mit der „hohen Wertschätzung“ einverstanden erklären, die Kollege Arcimovič den auf dem Gebiet der Halbleiterphysik arbeitenden Wissenschaftlern angedeihen ließ. Seiner Meinung nach sind auf diesem Gebiet Anzeichen einer „Bodenerosion“ zu beobachten. Ich möchte meinen, daß dies bei allem literarischen Glanz des

Vortrages ein falscher Ausdruck ist. Erosion ist Zerstörung des Bodens, die zur Unfruchtbarkeit der Felder führt. Über die Halbleiterphysik kann man das nicht sagen. Hinsichtlich der praktischen Bedeutung ihrer Errungenschaften steht sie nur der Kernphysik nach. Auf der Basis der Halbleiterphysik und -chemie entstand ein neuer Industriezweig, die Halbleiterelektronik. Die Produktion von Halbleiterbauelementen erreichte in den ökonomisch entwickelten Ländern hunderte von Millionen jährlich und wächst weiter.

Der Sinn des von Prof. Arcimovič Gesagten liegt offensichtlich darin, daß die Halbleiterphysik als Ergebnis intensiver Forschungen einer Sättigung zustrebt, einer Erschöpfung der Möglichkeiten zur weiteren Fruchtbarkeitssteigerung. Ich erwarte auch von der Halbleiterphysik keine Revolution in der Physik. Sie hat aber zu einer Revolution in der elektronischen Technik geführt, die noch lange nicht abgeschlossen ist. Bevor steht die Ausarbeitung der Grundlagen für die Mikrominiaturisierung (d. h. Physik dünner halbleitender Schichten), der Umwandlung von elektrischer in Strahlungsenergie (d. h. Untersuchung von strahlenden und strahlungsfreien Quantenübergängen sowie der Bose-Kondensation in Halbleitern), der Umwandlung von elektrischer Energie in die Energie elastischer Schwingungen (d. h. Elektronen-Phononen-Wechselwirkungen in Halbleitern), die Untersuchung der Supraleitung und von Plasmaerscheinungen in Halbleitern, die Einwirkung energiereicher Strahlen, die Entwicklung neuer Halbleiterwerkstoffe usw.

Gestatten Sie mir zum Schluß noch einige Bemerkungen zum Vortrag insgesamt. Er entspricht wenig oder gar nicht seiner Bezeichnung „Bericht über die Tätigkeit der Abteilung für allgemeine und angewandte Physik im Zeitraum von August 1963 bis November 1964“, und vielleicht gerade deshalb verfolgten wir ihn mit nicht erlahmendem Interesse, da er eigentlich die uns alle berührenden Fragen der Organisation der Wissenschaft in unserem Lande betraf. Er wurde mit der Kollegen

Arcimovič eigenen Aufrichtigkeit und seinem Talent vorgetragen, mir scheint aber, daß der Vortragende bei der Analyse dieser Frage zu Vereinfachungen der Realität und Abstraktionen griff (was natürlich bei der wissenschaftlichen Lösung jedes Problems unumgänglich ist).

Erstens schloß der Vortrag die Hochschulen völlig aus der Betrachtung aus und ging nur auf die Akademie und die Komitees ein. Diese Größe läßt sich möglicherweise im Vergleich zu den beiden anderen Größen noch vernachlässigen, sicher ist es aber falsch, dieses Verhältnis auch in der Perspektive (einschließlich der nächsten) zu belassen.

Zweitens ging Prof. Arcimovič in vereinfachender Weise davon aus, daß das Niveau der Grundlagenforschung in den wissenschaftlichen Einrichtungen aller Komitees gleich ist, eine Annahme, die weit von der Wirklichkeit entfernt ist. Durch folgerichtige Analyse dieses vereinfachten Modells kommt Prof. Arcimovič völlig logisch zum Schluß, daß die Akademie in erster Linie die Astronomie und andere nicht von Komitees betreute Wissensrichtungen entwickeln muß. Da solche „elternlosen Wissenschaften" tatsächlich wenig mit der Praxis in Berührung stehen, widmet Prof. Arcimovič im Rahmen seines Schemas dem wenig Aufmerksamkeit. Im Prinzip setzen sich in diesem Modell Tendenzen fort, in deren logischer Vollendung viele physikalische und wahrscheinlich alle chemischen Institute aus der Akademie in die Komitees überführt werden müßten.

Auf diese Weise führt ein glänzendes Feuerwerk eindrucksvoller Bilder und geistreicher Paradoxa zu dem wenn nicht paradoxen, so doch zumindest in unseren Tagen nicht trivialen Schluß, hinsichtlich der Akademie unter neuen Bedingungen den Kurs wiederherzustellen und fortzusetzen, der vor nicht allzu langer Zeit in die Vergangenheit entschwunden zu sein schien.

Ein solches Organisationsschema der Wissenschaft, bei dem die Akademie sich in einer glänzenden Isolierung vom Leben, in einem Elfenbeinturm, befindet, existiert in einer Reihe von Ländern. Wir lehnen es ab, für uns ist es nicht geeignet. Ich glaube, neben dem im Vortrag betrachteten Modell sind auch andere denkbar, z. B. ein solches, bei dem die gesamte Grundlagenforschung in der Akademie der Wissenschaften der UdSSR konzentriert ist.

Da Prof. Arcimovič schon große Initiative entwickelt hat, sollten wir ihn bitten, die theoretischen Untersuchungen auf dem Gebiet der Wissenschaftsorganisation fortzusetzen und auch andere Modelle zu analysieren, um die optimale Variante entsprechend den Bedingungen unseres Landes auswählen zu können.

Korr. Akademiemitglied L. F. Vereščagin

Ich möchte nur auf eine der vielen außerordentlich wichtigen Fragen eingehen, die Prof. Arcimovič in seinem Vortrag berührte.

Es unterliegt keinem Zweifel, daß im Gegensatz zu früher, als die Wissenschaft Gegenstand der Wissensbegierde einzelner Gelehrter und deren Tätigkeit wenig mit dem Leben des Landes verbunden war, gegenwärtig die Landesverteidigung, die industrielle Entwicklung, die Landwirtschaft und andere Seiten des gesellschaftlichen Lebens untrennbar mit der Entwicklung der Wissenschaft, der Tätigkeit der Wissenschaftler verbunden sind. Deshalb ist es völlig natürlich, daß jeder Staat (unseren eingeschlossen) das Recht hat, der Wissenschaft die Frage zu stellen: Was kann er in der nächsten Zeit oder in nicht zu ferner Zukunft von ihr erwarten? Deshalb können wir nicht davon sprechen, nur die Grundlagenforschung entwickeln zu wollen (wobei zwischen „Grundlagenforschung“ und „Nichtgrundlagenforschung“ keine scharfe Grenze besteht), für die keine Aussicht der baldigen Anwendung besteht.

Natürlich wäre es ebenso falsch, die Frage so zu stellen, daß wir uns nur mit Forschungen befassen sollen, die letzten Endes unbedingt zu einem ökonomischen Effekt führt. Dies würde zu einer Verarmung der Wissenschaft des heutigen als auch des morgigen Tages führen, und es käme unweigerlich ein Moment, wo wir uns nicht mehr vorwärts bewegen können.

Daraus folgt, daß die Wissenschaft auf dem höchsten Niveau entwickelt werden muß, das der jeweilige Wissenschaftler zu halten in der Lage ist. Gleichzeitig muß aber jeder von uns im Rahmen seiner Interessen die Interessen der Heimat im Auge haben. Ich möchte an die Worte Pasteurs erinnern, daß die Wissenschaft international ist, aber jeder Wissenschaftler an das Land denken muß, in dem er lebt. Wir können uns nicht in einem Elfenbeinturm einschließen.

Ich nehme an, daß Prof. Arcimovič eben dies sagen wollte. Es ist klar, daß sich jedes zur Abteilung für allgemeine und angewandte Physik gehörende Institut nicht nur für das wissenschaftliche Niveau seiner Forschungen verantwortlich fühlt, sondern auch für deren Perspektiven einer Anwendung zum Nutzen des Landes.

Korr. Akademiemitglied A. A. Pistol'kors

Ich stimme mit der Meinung von Prof. Arcimovič überein, daß die Akademie die Rolle der Astronomie in der Wissenschaftsentwicklung unterschätzt. Besondere Bedeutung erlangt jetzt die Astrophysik. Sie ist auch Elementarteilchenphysik, aber unter extremen Bedingungen, äußerster Grad von Verdünnung und Konzentration der Materie, außerordentlich hohe Temperaturen, höchste, der des Lichtes nahekommende Geschwindigkeiten, gewaltige Magnet- und Gravitationsfelder usw. Zwei Zweige, die Physik der Makro- und der Mikrowelt, treffen sich in einer Reihe komplizierter Probleme, die zur Kernphysik und zur Elementarteilchenphysik gehören. Die Astrophysik befindet sich gegenwärtig in der vordersten, schnell vorwärtsstrebenden Front der Wissenschaft. Ihr gehört die besondere Aufmerksamkeit der Wissenschaftler, vielleicht gerade deshalb, weil wir hier am ehesten mit der Entdeckung neuer, unerwarteter Fakten und Gesetzmäßigkeiten rechnen können, die zur Umformulierung fundamentaler Aussagen der modernen Wissenschaft zwingen können Als Signal dafür können wir die Entdeckung von Supersternen ansehen, einer völlig unerwarteten Form der Existenz der Materie.

Prof. Arcimovič hat recht, wenn er davon spricht, daß sich das Schicksal der sowjetischen Astronomie ausschließlich in der Verantwortung der Akademie befindet. Von uns ist hier ausreichender wissenschaftlicher Weitblick und ein Gefühl für das Neue erforderlich.

Welche praktischen Schlußfolgerungen ergeben sich daraus? Ich bin der Meinung, daß die im Vortrag genannten Maßnahmen zur Astronomie, insbesondere zur Radioastronomie, den gegenwärtigen Erfordernissen nachkommen. Es ist dies allerdings nur ein notwendiges Minimum, aber ich glaube, unsere Aufgabe ist es jetzt nicht, dessen Vergrößerung zu fordern, sondern die sinnvollste Verwendung zu gewährleisten. Dazu ist die Schaffung eines speziellen Zentrums zur Ausarbeitung aller für eine optimale Realisierung des dargelegten Planes wesentlicher technischer und organisatorischer Fragen beim Astronomischen Rat oder beim Wissenschaftlichen Rat für Radioastronomie erforderlich. Damit möchte ich die Frage einer weiteren Erhöhung der für die Astronomie bereitgestellten Mittel, vielleicht schon im kommenden Fünfjahrplan, nicht von der Tagesordnung nehmen.

Die zweite Frage, auf die ich eingehen möchte, ist die Quantenelektronik. Ich unterstütze die Ansicht, daß der manchmal schon rein pragmatische Nutzensstandpunkt hinsichtlich der auf diesem Gebiet in der Akademie laufenden Arbeiten abgeschwächt werden muß. Man muß verstehen, daß sich mit der technischen Entwicklung von Masern und Lasern erfolgreich die Industriezweiginstitute befassen können. Es existiert eine ganze Reihe solcher Institute, sie verfügen über ein großes wissenschaftliches Potential sowie ausgezeichnete Produktionskapazitäten und sind in der Lage, die Aufgaben schnell und erfolgreich zu lösen, an denen neben ihnen auch noch das Physikalische Institut beteiligt wird. Andererseits forderte und fordert die Logik der wissenschaftlichen Forschung, die Aufmerksamkeit der Physiker auf die Klärung der Möglichkeiten einer weiteren Verwendung der erhaltenen wissenschaftlichen Ergebnisse, auf die Entwicklung neuer Richtungen in der Quantenelektronik zu konzentrieren. Zur Herausarbeitung neuer grundlegender Ideen durch vertiefte Untersuchung der physikalischen Natur der Erscheinungen, etwa der Idee des dreistufigen Pumpens, oder zur Untersuchung einer möglichen Entwicklung der Quantenelektronik in Richtung noch kürzerer Wellenlängen (Röntgenwellen) sind die Industrieinstitute nicht in der Lage. Das ist die Aufgabe der Akademie der Wissenschaften, und genau das erwartet die Industrie von ihr, da die Akademie, und niemand anders, die Verantwortung für die Ausarbeitung der grundlegenden Probleme der Quantenelektronik und der angrenzenden Bereiche der Physik trägt.

Ich glaube nicht, daß eine solche Fragestellung die Akademie zu einem „Kloster der Wissenschaft" macht. Wir müssen einen Nutzensstandpunkt vertreten, aber keinen primitiven, sondern einen aufgeklärten, auf einen langfristigen Nutzen angelegten Standpunkt, der sich bisher bei uns noch nicht durchgesetzt hat.

Zum Abschluß möchte ich noch einige Worte zur Schaffung von Instituten außerhalb von Moskau sagen. Meines Erachtens ist der Aufbau von Instituten außerhalb von Moskau für die Akademie unvorteilhaft, da dort gleichzeitig auch Wohnungen mit gebaut werden müssen. Die Mitarbeiter, die am Ort ihres Institutes wohnen, fühlen sich von der Stadt losgerissen, mit der enge kulturelle, wissenschaftliche und andere Bindungen erhalten bleiben. Viel Zeit wird unproduktiv auf den Weg in die Stadt und zurück verwendet, in analoger Weise auch von denen, die im Institut arbeiten und in Moskau wohnen. Mir scheint, der geeignete Weg ist der Aufbau wissenschaftlicher Zentren in großen Industriestädten. Als Beispiel kann Charkov dienen. Dort befinden sich das Institut für Radiophysik und Elektronik und das Physikalisch-technische Institut für tiefe Temperaturen der Ukrainischen Akademie der Wissenschaften, eine Reihe von Hochschulen, die Universität usw. In Charkov arbeiten und wohnen viele bekannte Physiker, hervorragende Mathematiker.

Derartige wissenschaftliche Zentren können auch in anderen Großstädten wie Saratov, Kujbyšev, Voronež oder Rostov am Don geschaffen werden. In diesen Zentren wird der wissenschaftliche Nachwuchs das für seine Heranbildung notwendige wissenschaftliche Forum finden, von dem Prof. Kapiza sprach. In diese Zentren dürfen Wissenschaftler nicht durch materielle Vorteile verschiedenster Art, sondern durch Schaffung der Bedingungen gezogen werden, die ihre wissenschaftlichen Anforderungen am besten befriedigen.

Akademiemitglied A. N. Ščukin

Mich hat im Vortrag von Prof. Arcimovič die Geringschätzung sehr beunruhigt, mit der an die Bindung von Wissenschaft und Volkswirtschaft herangegangen wurde. Das spürte man in den Beispielen, die im Vortrag enthalten waren, wie etwa in dem Beispiel mit Newton, das man wohl kaum auf unsere Wechselbeziehungen mit der Industrie anwenden kann.

Mir scheint, wenn wir in der Akademie von Überführung sprechen, ist damit nicht schlechthin die Übergabe von Forschungsergebnissen an die Praxis gemeint, sondern es handelt sich um tiefergehende Verbindungen zwischen der Akademie und der gesamten Volkswirtschaft.

Ich muß auch mit dem größten Bedauern erklären, daß die Akademie sich noch nicht auf allen Gebieten die notwendige Autorität erobert hat, und daß eine Reihe von Industriezweigen die Arbeit der Abteilung für allgemeine und angewandte Physik nur wenig spürt. Und das ist in erster Linie unsere Schuld. Natürlich, oftmals verstehen oder wissen die Vertreter der Industrie, die Mitarbeiter der Komitees nicht, in welcher Form sie die Akademie der Wissenschaften und ihre Einrichtungen nutzen können. Das heißt aber nicht, daß ihnen die Akademie in solchen Fällen den Rücken kehren muß. Es ist erforderlich, beharrlich und unermüdlich Formen der Zusammenarbeit mit den Industrieeinrichtungen zu suchen und allmählich herauszuarbeiten. Das ist eine schwierige Aufgabe, die aber tagtäglich gelöst werden muß sowohl für die Akademie als Ganzes als auch für ihre Abteilungen und speziell für die, deren Arbeit wir heute erörtern.

Das Unglück der Akademie besteht darin, daß ihre Pläne nicht im ausreichenden Grad mit den Plänen und Interessen der Industrie verflochten sind. Oft versuchen verschiedene Organisationen, die aus irgend einem Grund ein bestimmtes Thema in ihren Zweiginstituten nicht bearbeiten können oder wollen, dieses in Akademieinstitute abzuschieben, und diese wehren sich nicht dagegen. Das führt zu einer Verflachung in der Thematik der Institute, zu einer systemlosen Forschung. Die Leitung der Akademie und deren Abteilungen müssen solche Tendenzen von Seiten einer Reihe von Organisationen zurückweisen, entschlossener für die prinzipielle Linie der Arbeiten eintreten, die in den Instituten der Akademie im Auftrag und entsprechend den Bedürfnissen der Industrie durchgeführt werden, müssen organische Bindungen zwischen den Akademieinstituten und der Industrie schaffen, für eine richtige Arbeitsteilung zwischen ihnen sorgen. Hier muß man Beharrlichkeit zeigen und diese Linie mit der nötigen Konsequenz und Härte herausarbeiten.

Eine wichtige Frage ist die Qualität von Gutachten, die die Akademie auf Bitten der Industrie liefert. Leider sind diese Gutachten oft recht unverbindlich und ähneln manchmal, wenn ich mir den Ausdruck gestatten darf, Orakelsprüchen, die man so und so auslegen kann. Das hinterläßt einen für die Akademie sehr ungünstigen Eindruck. Solche Gutachten verlangen großes Verantwortungsbewußtsein.

Zwei Worte zum Diskussionsbeitrag von Prof. Pistol'kors. Ich möchte seiner Meinung über die Organisation der Arbeiten zu Quantengeneratoren nicht zustimmen.

Ungeachtet der Möglichkeiten der Industrieinstitute werden die interessantesten und wichtigsten Untersuchungen auf diesem Gebiet im Physikalischen Institut durchgeführt, und dort sollten sie auch bleiben.

Akademiemitglied D. V. Skobel'cyn

Der seiner Form nach glänzende Vortrag des Vorsitzenden der Abteilung für allgemeine und angewandte Physik war mit Paradoxa, und ich würde sogar sagen Widersprüchen, gesättigt. Wo der Vortragende versuchte, durch Exkursionen in die Geschichte der Physik eine Art „Generallinie" der Wissenschaftspolitik für die Zukunft herauszuarbeiten, verwundert der Pessimismus der getroffenen Aussagen.

Ich muß speziell zu dem Teil einige Bemerkungen machen, in dem von den Arbeiten auf dem Gebiet der Quantenelektronik die Rede war. Zunächst ist die Behauptung nicht richtig, die den Quantengeneratoren zugrunde liegende Idee ginge auf Einstein zurück. Stellt man die Frage so, kann man mit gleichem Recht beispielsweise sagen, die gesamte Radiotechnik sei bereits in den Maxwellschen Gleichungen enthalten gewesen, und H. Hertz, A. S. Popov und deren Nachfolger seien „nur zufällig so spät auf die Welt gekommen".

Eine konkretere Frage: In welchen Richtungen muß zu Quantengeneratoren gearbeitet werden? Ich bin einer Meinung mit Prof. Ščukin, daß es absolut falsch wäre, alle diese Arbeiten an Industriezweiginstitute zu übergeben, obwohl es unter diesen auch sehr leistungsfähige gibt. Ich möchte unterstreichen, daß unser Physikalisches Institut über ein großes wissenschaftliches Potential auf diesem Gebiet verfügt und deshalb seine Arbeiten über Quantengeneratoren dem Weltniveau entsprechen und es in einer Reihe von Gebieten übertreffen. Es kann nur von der Übergabe einzelner Themen die Rede sein. Bemerken möchte ich nur, das eine der wichtigsten Bedingungen für die weitere erfolgreiche Entwicklung dieser Richtung in den Akademieinstituten die Verstärkung von deren materiell-technischer Basis ist.

Akademiemitglied A. P. Aleksandrov

Zunächst halte ich es für nötig darauf hinzuweisen, daß in diesen von der Abteilung vorgelegten Vortrag die eigenen Ideen von Prof. Arcimovič über die Wissenschaftsentwicklung in unserem Land und die Rolle der Akademie Eingang gefunden haben. Da aber die im Vortrag aufgeworfenen Fragen von den Mitgliedern der Abteilung nicht diskutiert wurden, kann man nicht davon ausgehen, daß sie deren allgemeine Meinung widerspiegeln.

Absolut nicht richtig erscheint mir die Position von Kollegen Arcimovič hinsichtlich des Platzes der Akademieforschung und ihrer Rolle in unserem Land. Ich möchte auf eine Seite dieser Frage eingehen, die in den Diskussionen noch nicht zur Sprache kam. Ohne weit in die Geschichte zurückzukehren kann man eine Reihe von Beispielen dafür anführen, daß bei uns auf diesem oder jenem Gebiet plötzlich offensichtlich pseudo- oder antiwissenschaftliche Richtungen auftauchten. Das war immer dann der Fall, wenn der Einfluß der echten Wissenschaft auf dem jeweiligen Gebiet schwach war. Das Bestreben von Prof. Arcimovič, die Grundlagenforschung und die mit ihr beschäftigten Wissenschaftler von dem zu entfernen, was die Volkswirtschaft unseres Landes unmittelbar heute oder morgen benötigt, schafft meiner Meinung nach neuen Boden für das Auftreten derartiger antiwissenschaftlicher Tendenzen. Das kann nicht nur zu großem Schaden für die Entwicklung bestimmter Zweige von Wissenschaft und Technik, sondern zweifellos auch zum Vertrauensverlust für die Akademie der Wissenschaften führen. Mir scheint, dieser Weg ist sehr gefährlich, und man sollte ihn keinesfalls betreten.

Ich möchte daran erinnern, daß in den Fällen, wo sich unsere führenden Wissenschaftler mit techniknahen Gebieten befaßten, und zwar mit umfassender Kenntnis dieser Technik, mit echter Sorge um deren Interessen, sie sich letzten Endes zu anerkannten Leitern dieser Richtung der Wissenschaft und Technik im Lande entwickelten. Ein Beispiel dafür ist A. N. Krylov. Als hervorragender Wissenschaftler widmete er auch angewandten Aufgaben seine Aufmerksamkeit, und neben der Ausarbeitung einer modernen Theorie des Schiffs galt seine Sorge beispielsweise Fragen des Aufbaus einer Flotte. Dank seines Wirkens ging auf diesem Gebiet der Wissenschaft und Technik zu seiner Zeit trotz sehr ungünstiger äußerer Umstände ein völliger Umbruch vor sich. Analoge Beispiele gibt es aus unserer Zeit, denken wir nur an das Wirken von I. V. Kurčatov auf dem Gebiet der Atomenergie. Und L. A. Arcimovič selbst arbeitet auf einem Gebiet, das nicht nur in wissenschaftlicher, sondern auch in praktischer Hinsicht von Bedeutung ist; somit widerlegt seine eigene wissenschaftliche Tätigkeit, die erhebliche Auswirkungen auf die Technik gehabt hat, die im Vortrag entwickelte Konzeption.

Zum Abschluß möchte ich noch einmal unterstreichen, daß ich die Trennung der Wissenschaft von den Forderungen der Praxis für falsch halte. Wenn wir diesen Weg gehen würden, brächte das der Wissenschaft selbst Schaden.

Akademiemitglied V. A. Ambarcumjan

Ich muß sagen, daß Prof. Arcimovič einen glänzenden Vortrag gehalten hat, ungeachtet dessen, daß man mit vielen darin geäußerten Gedanken nicht einverstanden sein kann. Es ist gut, wenn die Fragen, wie wir arbeiten müssen, welches die Hauptrichtungen unserer Forschung sein müssen, in einem breiten und fundamentellen Aspekt zur Diskussion gestellt werden.

Da im Vortrag der Astrophysik viel Raum gegeben wurde, erlaube ich mir, dazu einige Worte zu sagen.

Ich unterstütze Prof. Arcimovič unbedingt darin, daß es notwendig ist, die Astrophysik bei uns schnell zu entwickeln, ihr mehr Aufmerksamkeit zu widmen, da sie in der gegenwärtigen Zeit möglicherweise neben der Biologie zu einem der aussichtsreichsten Gebiete der Wissenschaft geworden ist. Diese Tatsache stellte sich in den letzten Jahren besonders eindrucksvoll dar, als die Astrophysik eine große Zahl von Objekten eines neuen Typs, von neuen Erscheinungen entdeckte, die eine Erforschung und Erklärung erfordern. Darin besteht ja eigentlich das Ziel der Wissenschaft, interessante Erscheinungen der Natur zu entdecken, sie zu untersuchen, auf der Grundlage fundamentaler Prinzipien zu erklären und, natürlich, Anwendungen für die gefundenen Ergebnisse zu erschließen.

Prof. Arcimovič sprach bei seiner Einschätzung der Astrophysik von der Entdeckung quasistellarer Objekte. Im Zusammenhang damit kann man auch die Supernovae nennen. Sie sind eine eindrucksvolle Erscheinung! Seit Jahren ist man mit ihrer Erforschung beschäftigt, laufend vergrößert sich die Zahl der Entdeckungen und neuer Fakten, aber erst sehr wenig wurde zu ihrer Erklärung getan. Das selbe gilt für das Problem der Magnetfelder und ihrer Rolle in den Galaktiken. Die Schwierigkeiten in der Erklärung all dieser Erscheinungen deuten darauf hin, das hier neue tiefgreifende Entdeckungen möglich sind.

Was übrigens den Vergleich von Astrophysik und Elementarteilchenphysik hinsichtlich ihrer Perspektive betrifft: Auf beiden Gebieten gibt es eine große Zahl ungelöster Probleme, mir scheint aber auf der gegenwärtigen Etappe die Astrophysik aussichtsreicher zu sein, obwohl etwas Neues auch im Zusammenhang mit Entdeckungen auf dem Gebiet der Teilchen auftauchen kann.

Ich halte es für notwendig zu sagen, daß ich nicht damit einverstanden bin, wie im Vortrag die Bedeutung der Sammlung wissenschaftlicher Informationen eingeschätzt wurde. Wenn es z. B. den in Cambridge herausgegebenen Katalog der Radioquellen nicht gäbe, wären die vom Vortragenden erwähnten quasittellaren Objekte auch nicht entdeckt worden. Auf der Basis eines solchen Kataloges führt die Anwendung neuer Instrumente und neuer Methoden zur Entdeckung neuer Erscheinungen und zur Aus-

arbeitung neuer Theorien. Katalogarbeiten sind oft auch Astrophysik und dürfen dieser nicht gegenübergestellt werden.

Eine Bemerkung zur Schaffung neuer Einrichtungen. Sie sind natürlich nötig. Wir dürfen aber nicht vergessen, daß in der Vielzahl der bei uns vorhandenen Observatorien viele qualifizierte Astronomen arbeiten, und deshalb ist die erstrangige Aufgabe die Verbesserung der Ausrüstung dieser Observatorien. Man muß begreifen, daß man in die Astronomie relativ große Mittel investieren muß, um bedeutende Ergebnisse zu erreichen.

Zum Schluß gestatten Sie mir, auf einen der wesentlichen Gedanken des Vortrages einzugehen, mit dem ich mich absolut nicht einverstanden erklären kann, auf die Wechselbeziehungen von Wissenschaft und Praxis. Ich möchte ein Beispiel aus einem mir naheliegenden Gebiet bringen. Ich selbst habe mich, wie viele meiner Kollegen, mit der Theorie der Lichtstreuung in Sternatmosphären befaßt. Niemand wird abstreiten, daß dies Grundlagenforschung ist. Es erweist sich aber, daß es ein anderes Gebiet gibt, auf dem man ein künstliches Medium schaffen kann, wo sich Erscheinungen des gleichen Typs beobachten lassen (Neutronendiffusion), die aber weit interessanter sind in dem Sinne, daß der Reprodutionskoeffizient der Teilchen bei jeder Streuung größer als Eins ist. Dieser Neutronendiffusionsprozeß geht im Kernreaktor vor sich. Warum soll die Entwicklung des Kernreaktors, die eine Arbeit von praktischer Bedeutung ist, keine Wissenschaft sein, während einfachere Streuprozesse, wie sie in der Theorie der Sternatmosphären untersucht werden, Wissenschaft sind? Es geht nicht nur darum, Erscheinungen der Natur zu untersuchen, sondern auch solche, die auf der Grundlage physikalischer Gesetze herbeigeführt werden können. Meines Erachtens darf man die beiden Bereiche nicht entgegenstellen, sie sind in gleicher Weise für die Wissenschaft wertvoll.

Ein anderes Beispiel. In den dreißiger Jahren beschäftigten wir uns stark mit der Physik der Gasnebel. Was ist ein Gasnebel? Vom Standpunkt der Physik aus ist dies ein Mechanismus einer Art des Pumpens von Photonen aus einem Stern in das umgebende Gas. Das gesamte kontinuierliche Spektrum wird vom Nebel absorbiert und in diskrete Linien, hauptsächlich in die Hauptlinie des Wasserstoffs L_α, umgewandelt. Und es zeigte sich, das es einen anderen Mechanismus gibt, die Laser, in denen analoge Erscheinungen nach anderen Prinzipien vor sich gehen, wobei nicht nur eine starke, sondern gleichzeitig kohärente Strahlung auftritt. Es ist durchaus möglich, daß die Untersuchung dieser Erscheinung von weitaus größerer Bedeutung ist als die Untersuchung der Physik von Gasnebeln.

Ich möchte damit sagen, daß, wenn ein Wissensgebiet eng mit der Praxis verbunden ist und zu bedeutenden praktischen Anwendungen führen kann, man nicht sagen kann, es handle sich dann nicht um Grundlagenforschung. Es ist sogar notwendig, die Kräfte speziell auf solche Gebiete zu konzentrieren, da sie Nutzen sowohl vom Standpunkt der Entwicklung der Grundlagenforschung als auch im Sinne einer praktischen Anwendung bringen können.

Wir alle sind in der Wissenschaft tätig, und oft ist das durch unser inneres Interesse an den vor sich gehenden Erscheinungen bedingt. Wir sind aber auch Bürger unseres Landes und können der praktischen Anwendung unserer Ergebnisse gegenüber nicht gleichgültig sein. Wir müssen uns bemühen, dem Land einen möglichst großen Nutzen zu bringen. Und die wesentliche Frage ist hier, wie dies am besten zu erreichen ist, wie wir die Akademieforschung für die Entwicklung der neuen Technik nutzen können. Natürlich darf die Akademie nicht zur „dringlichen wissenschaftlich-technischen Hilfe“ werden. Sie muß aber einen Unterschied machen zwischen der Forschung, die heute keine praktische Bedeutung besitzt, und der, die diese Bedeutung hat. Die eine wie die andere müssen aufmerksam entwickelt werden.

Akademiemitglied Ja. B. Sel'dovič

Im Vortrag von Prof. Arcimovič waren tatsächlich viele Paradoxa, von denen wahrscheinlich 80% nicht zutreffen, aber einer der wesentlichen Gedanken des Vortrags, die Forderung nach größerer Aufmerksamkeit der Astronomie gegenüber, ist ohne Zweifel richtig. Hauptsache ist es hier meines Erachtens, die der Astronomie zur Verfügung stehenden materiellen und kadermäßigen Reserven optimal zu nutzen. Man spürt in der Astronomie eine gewisse Zersplitterung. Es existiert der Astronomische Rat, der sich im wesentlichen auf die optische Astronomie beschränkt, es gibt den Wissenschaftlichen Rat für Radioastronomie, dessen Bezeichnung für sich selbst spricht, es werden Arbeiten zur außerirdischen Astronomie durchgeführt. Es gibt aber keine enge Wechselwirkung zwischen diesen den einzelnen Gebieten zugeordneten Organen. Das ist aber für die Wahl der aussichtsreichen Forschungsrichtungen ebenso wie für die richtige Verteilung der Mittel unumgänglich.

Damit muß sich meines Erachtens die Abteilung befassen. Ihre Aufgabe ist es, dafür zu sorgen, daß die allgemeine Ausrichtung der Forschung nicht nur durch die Trägheit, nicht nur durch den persönlichen Geschmack bestimmt wird, sondern durch die Logik der Wissenschaftsentwicklung selbst. So muß man nach meiner Ansicht die Astrophysik nicht deshalb fördern, weil man sich daraus jetzt etwas Konkretes, Praktisches versprechen kann, und nicht, weil historische Analogien und die Erfahrungen früherer Zeiten ihren Nutzen bezeugen, sondern ausgehend unmittelbar von der Logik der Wissenschaft, die auf eine Vielzahl nicht gelöster entscheidender, fundamentaler Fragen verweisen kann: darüber, welche Richtung die Evolution extrem dichter oder verdünnter Materie nimmt, ob unser Weltall offen oder geschlossen ist, wie der Mechanismus des Energiepumpens in Magnetfelder ist oder was ein relativistisches Teilchen ist. Die

Logik der Wissenschaft erfordert jetzt, in dieser Richtung zusätzliche Anstrengungen zu unternehmen, aber natürlich nur auf der Grundlage einer kollektiven Erörterung. Dazu muß die Rolle der Abteilungen in der Wissenschaftsleitung im eigentlichen Sinne des Wortes verstärkt werden. Neben den bewährten wissenschaftlichen Versammlungen der Abteilung müssen auch entscheidende wissenschaftsorganisatorische Fragen, Forschungsrichtungen, die zusätzlicher Anstrengungen bedürfen, beraten werden.

Akademiemitglied N. N. Semenov

Der von uns gehörte glänzende Vortrag war ohne Zweifel nützlich zur Anregung der Diskussion, und in diesem Sinne, denke ich, hat Prof. Arcimovič einen sehr wertvollen Beitrag geleistet. Gleichzeitig kann aber so ein Vortrag auch Schaden anrichten. Ich würde ihn als Pathos des Skeptizismus bezeichnen. Es ist dies eine recht eigenartige Kombination, Pathos und Skeptizismus, dennoch ist es so. Der Vortragende sieht nur zwei im theoretischen Sinne wichtige Richtungen in der Physik, in denen man große Entdeckungen von prinzipieller Bedeutung erwarten kann.

Seinerzeit, am Ende des 19. und Beginn des 20. Jahrhunderts gab es Meinungen, daß die Physik ihrem Ende zugeht, daß sie sich erschöpft hat und nur noch einzelne Details offen geblieben sind, die im wesentlichen den Praktiker interessieren. Ich selbst war vor 50 Jahren (als die neue Physik eben erst im Entstehen begriffen war) Zeuge dieser Art skeptischer Aussagen und Veröffentlichungen. Etwas ähnliches sagt in der neuen Etappe der Physik jetzt Prof. Arcimovič mit seiner Behauptung, außer der Astro- und der Elementarteilchenphysik gäbe es gegenwärtig in der Physik keine wesentlichen aussichtsreichen Richtungen. Das ist natürlich eine ungerechtfertigte Übertreibung. Zum Beispiel verspricht uns das Problem der

Materie mit hohem Ordnungsgrad, nicht nur der Kristalle, sondern auch der stereoregulären Polymere und besonders der Biopolymere (deren Struktur und Verhalten die physikalisch-chemische Grundlage des Lebens bildet), nicht weniger wichtige Entdeckungen von prinzipiellem Charakter als die Elementarteilchenphysik.

Selbst auf so einem Gebiet wie die Festkörperphysik sind nach Prof. Arcimovič nur noch abschließende wissenschaftliche Arbeiten zu leisten, die nur für den Praktiker wichtig und notwendig sind: „Es ist nicht zu erwarten, daß die Ausarbeitung einer der Fragestellungen der Festkörperphysik uns grundlegend neue Gesetze gibt... Die Jahre der großen Eroberungen, als das Gebäude der Festkörpertheorie in den Grundlagen entstand, liegen bereits hinter uns.“

Weiter spricht Prof. Arcimovič davon, daß der Stand jedes Wissenschaftsgebietes im wesentlichen durch den Zustand des wissenschaftlichen Potentials bestimmt ist. Ich bin einverstanden, daß das Vorhandensein eines bestimmten Potentials die Wahl der Arbeitsrichtungen beeinflussen muß. Das ist aber nicht der alleinige Gesichtpunkt. Das wesentliche ist, durch die eigenen Arbeiten das Potential zu schaffen und auf diese Weise die Weltwissenschaft hinter sich zu bringen.

Die Entdeckung der Atomenergie hält Prof. Arcimovič für eine zweitrangige oder sogar zufällige Tatsache vom Standpunkt der Physik aus. „Dieser Zufall erhob aber die Kernphysik in den Rang einer besonders geförderten Wissenschaft. Diese privilegierte Stellung wurde mechanisch auch auf die Elementarteilchenphysik übertragen.“ In Wirklichkeit sieht es natürlich ganz anders aus. Die Atomenergie hat demonstriert, wie die Physik in ihrer logischen Entwicklung durch die Gesamtheit ihrer Grundlagenuntersuchungen (im vorliegenden Fall auf dem Gebiet des Atomkerns) zu umwälzenden Veränderungen in der Praxis führt, und je tiefer die Wissenschaft in die Materie vordringt, um so größere Umwälzungen verursacht sie gewöhnlich. Eben aus diesem Grunde werden die vertieften theoretischen Forschungen besonders gefördert, und zu denen gehört speziell auch die Elementarteilchenphysik.

Weiter heißt es in dem Vortrag: „Die Frage, ob Halbleiter oder Elektronik oder aber Astrophysik unsere größere Aufmerksamkeit verdienen, ist ein Spezialfall der allgemeineren Fragestellung: Hat die Akademie in unserem Staate vorrangig die Rolle einer dringlichen wissenschaftlich-technischen Hilfe zu spielen, oder besteht ihr wesentliches Ziel darin, die Zweige der Grundlagenforschung zu entwickeln und zu unterstützen, deren Nutzen über den Rahmen der in der volkswirtschaftlichen Planung üblichen Zeitmaßstäbe hinausgeht."

Aber ist es denn gerechtfertigt, die Erarbeitung prinzipiell neuer Fragen solcher Probleme wie der Erzeugung von Atomenergie, der Nutzung unterirdischer Wärmequellen, der Entwicklung der Sonnenenergetik und praktischer Supraleiter, als „dringliche wissenschaftlich-technische Hilfe" zu klassifizieren? Die Lösung jedes Problems, die zu einer Umwälzung in der Technik führt, erfordert in erster Linie eine Lösung prinzipieller wissenschaftlicher Aufgaben. Zum Beispiel sind vor unseren Augen in den letzten Jahren auf dem Gebiet der Supraleitung immer neue Aspekte der Quantenzustände der Materie aufgetreten. Und wir wissen noch nicht, zu welchen theoretischen Verallgemeinerungen das führen kann.

Man kann auch an der Bemerkung von Prof. Arcimovič vorbeigehen, daß die Reorganisierung der Akademie, die mit der Liquidierung der Abteilung für technische Wissenschaften verbunden war und angeblich die Aufmerksamkeit der Physiker und Chemiker auf technische Probleme konzentrierte, die gesamte Akademie in diese Abteilung verwandelt. Es ist allgemein bekannt, daß die Reorganisation das Ziel hatte, die technischen Disziplinen der Physik und Chemie näherzubringen, die theoretischen Errungenschaften dieser Wissenschaften optimal in der Praxis zu nutzen, die Methoden der „dringlichen wissenschaftlich-technischen Hilfe" abzuschaffen, wie sie die

Physiker, Chemiker und Techniker oft leisten mußten. Und nun sehen wir, wie das oft der Fall ist, wie sich die extrem linke Auffassung mit der extrem rechten trifft.

Und das Letzte. Prinzipiell falsch wird die Frage der Nutzung wissenschaftlicher Ergebnisse in unserer Industrie gestellt. Der Akzent wird auf die Nutzung der im Ausland erhaltenen wissenschaftlichen und technischen Ergebnisse gesetzt. Dabei weist Prof. Arcimovič darauf hin, daß die Akademie der Wissenschaften entsprechende Empfehlungen geben kann, sich aber nicht mit der Überführung selbst befassen darf, die Angelegenheit der Industriezweiginstitute ist. Darin liegt aber gar nicht das Problem. Wir müssen danach streben, daß unsere eigenen wissenschaftlichen Errungenschaften zur Basis des technischen Fortschritts unseres Landes werden, und analysieren, was die sowjetische Wissenschaft in dieser Richtung unternehmen muß, speziell auch die Akademie. Zu dieser Hauptfrage ist im Vortrag kein Wort gesagt.

Akademiemitglied V. A. Kotel'nikov

Mit Fragen der Radioelektronik befaßt sich eine große Zahl von Forschungsinstituten der Industrie mit einem Umfang, der mehr als um eine Größenordnung über dem der Abteilung für allgemeine und angewandte Physik liegt. Diese Institute arbeiten an der Entwicklung neuer Geräte, neuer Technologien, an der Umsetzung der Ergebnisse der Grundlagenforschung auf ihrem jeweiligen Gebiet. Von der Akademie erwarten sie neue Entdekkungen, die Erforschung neuer physikalischer Prozesse, die Anwendung in der Technik finden können, und darüber hinaus Hinweise, welche neuen wissenschaftlichen Erkenntnisse weiterentwickelt werden sollten.

Die moderne Radioelektronik ist an der Lösung der folgenden Probleme interessiert: in erster Linie eine wesentliche Verbesserung der Zuverlässigkeit insbesondere komplizierter radioelektronischer Systeme, außerdem eine erhebliche Herabsetzung der Größe, des Gewichts, des

Energieverbrauchs und der Kosten. Ohne prinzipielle Fortschritte in dieser Richtung können viele wichtige und neue Fragen der Automatisierung und Kybernetik nicht gelöst werden. Von großer Bedeutung ist dafür die grundlegende physikalische Erforschung der Prozesse, die in Kristallen, Halbleitern und verschiedenen komplizierten Strukturen vor sich gehen. Für die Lösung dieser Aufgabe ist auch die Untersuchung der Wechselwirkungen hochfrequenter elektromagnetischer Wellen mit sogenanntem Tieftemperaturplasma wichtig.

Das nächste wichtige Problem ist die Erweiterung des bereits erschlossenen Wellenlängenbereiches. Zur Zeit gilt die Aufmerksamkeit insbesondere dem Millimeterbereich und noch kürzeren Wellenlängen. Ihre Erschließung ist dadurch erschwert, daß die üblichen Verfahren der Erzeugung, Verstärkung und Umwandlung von Schwingungen hier versagen. Große Hoffnungen in der Erschließung dieser Bereiche sind mit der Quantenelektronik (Laser) verknüpft, die wahrscheinlich einen wesentlichen Schritt in dieser Richtung ermöglichen wird.

Die Erschließung neuer Wellenlängenbereiche kann der Praxis viel geben. Der Zentimeterbereich und noch längere Wellenlängen sind durch die verschiedensten nachrichtentechnischen Mittel überlastet, und es wird immer schwieriger, sie für die Schaffung neuer Systeme zu nutzen. Außerdem ist die Verkürzung der Wellenlänge gleichbedeutend mit einer Frequenzerhöhung, was offensichtlich die Operationsgeschwindigkeit radiotechnischer Apparaturen zu steigern gestattet. Von großem Interesse ist die Wirkung elektromagnetischer Wellen dieses Bereichs auf chemische Reaktionen und komplizierte Moleküle, mit denen die Molekularbiologie zu tun hat.

Noch ein großes Problem der Radioelektronik, das ebenfalls der Mitwirkung der Grundlagenforschung bedarf, ist die Abtrennung des Signals vom Rauschen. Die Theorie ist gegenwärtig nur für Störungen in Form zufälliger Schwingungen, deren Wahrscheinlichkeit einer GAUSS-Verteilung gehorcht, gut ausgearbeitet. Andere

Arten von Störungen (z. B. komplizierte Impulse), Verzerrungen des Signals während seiner Ausbreitung sowie die Berücksichtigung einer räumlichen Verteilung der Störquelle werden von der Throrie noch völlig unzureichend erfaßt, obwohl sie von großem wissenschaftlichen und praktischen Interesse sind.

Ich möchte noch auf einige Fragen wissenschaftsorganisatorischer Fragen eingehen. 1963 wurde die Reorganisation der Akademie durchgeführt, und die Radioelektronik kam von der Abteilung für technische Wissenschaften in die Abteilung für allgemeine und angewandte Physik. Meines Erachtens war das von großem Nutzen, da der angeführte Kreis von Problemen der Radioelektronik zeigt, daß sie an vielen Fragen der Physik interessiert ist und, ihre Ergebnisse nutzend, mit ihr verschmilzt.

Noch eine allgemeine Frage, die meiner Meinung nach Aufmerksamkeit verdient. Man könnte viele Beispiele dafür anführen, daß unsere Wissenschaftler eine neue theoretische Idee entwickeln, sie aber nicht gleich weiterführen und erst dann zu ihr zurückkehren, wenn sie „in Mode“ kommt und man sich im Ausland beginnt, intensiv mit ihr zu beschäftigen. Auf diese Weise verlieren wir sehr an Tempo. Meistens rechtfertigt man sich so: Es fehlen Kraft und Zeit, um sich sofort mit der Ausarbeitung der Idee zu befassen. Mir scheint, daß hier etwas anderes eine Rolle spielt. Wir haben oft Bedenken, Arbeiten in unbekannter Richtung zu beginnen, möglicherweise kommt nichts heraus, führt es nicht zu praktisch brauchbaren Ergebnissen. Wenn wir dann anhand der Arbeiten im Ausland sehen, daß etwas herauskommt, kehren wir zu der beinah verlassenen Richtung zurück, und mit solcher Energie, daß für die Entwicklung neuer Ideen keine Kraft bleibt.

Man darf in der Wissenschaft das Risiko nicht fürchten. Und wenn die richtige Forderung, sich über die praktische Wirksamkeit wissenschaftlicher Ergebnisse Gedanken zu machen, manchmal so gedeutet wurden, nur Arbeiten durchzuführen, die sicher und direkt zu praktischen Ergebnissen führen, so muß man diese falsche Auffassung bekämpfen. Kühne Untersuchungen sollten auf jede Weise stimuliert werden.

Ich sprach über Arbeiten, die Anwendung in der Praxis finden, möchte aber nicht, daß ich so verstanden werde, als ob meiner Meinung nach die Akademie sich hauptsächlich mit Fragen beschäftigen solle, die sich auf die Entwicklung der Industrie und Landwirtschaft richten. Unser Volk interessiert sich nicht nur für Wohnung, Nahrung und Kleidung, sondern auch für die Entwicklung der Kultur, für Fragen der wissenschaftlichen. Weltanschauung. Das darf man nicht vergessen. Mir scheint, daß unser Land reich genug ist, um im nächsten Fünfjahrplan auch dafür Mittel vorzusehen.

Korr. Akademiemitglied I. M. Lifschitz

Im außerordentlich interessanten Vortrag von Prof. Arcimovič waren viele, wenn ich so sagen darf, extremistische Formulierungen enthalten, gegen die die Mehrzahl der Diskussionsredner dann auch auftrat. Aber mir scheint, wenn wir diese extremen Formulierungen vermeiden, wird der Vortrag annehmbarer.

Ich möchte gern auf einige Fragen aus dem Gebiet der Festkörperphysik oder, breiter formuliert, der Physik des kondensierten Zustandes eingehen.

Die im Vortrag ausgesprochene Formulierung, daß neue grundlegende physikalische Gesetze nur von der Hochenergie- und Elementarteilchenphysik zu erwarten seien, kann man relativ oft hören. Sie ist zutreffend, wenn man unter fundamentalen Gesetzen elementare Gesetze versteht, die sich nicht auf andere physikalische Gesetze zurückführen lassen. Den gleichen fundamentalen Charakter haben aber prinzipiell qualitativ neue Gesetze, die dann auftreten, wenn elementare Gesetze der Physik auf Klassen von Objekten angewendet werden, die sich von den bis dahin betrachteten wesentlich unterscheiden.

So ist es z. B. gut bekannt, daß der Übergang von der

Mechanik einzelner Teilchen oder von Systemen aus wenigen Teilchen auf makroskopische Systeme zur statistischen Physik bzw. Thermodynamik geführt hat. Und daran, daß die Gesetze dieser Wissenschaft qualitativ neu und von fundamentalem Charakter sind, zweifelt niemand, obwohl sie sich auf andere physikalische Gesetze zurückführen lassen.

Ich kann mich nicht mit der Meinung von L. A. Arcimovič einverstanden erklären, daß in der Festkörperphysik alle grundlegenden Gesetzmäßigkeiten im wesentlichen klar sind und gegenwärtig nur noch am „Innenausbau" gearbeitet wird. In der Physik des kristallinen Zustandes, d. h. für Festkörper mit räumlicher Periodizität oder Translationssymmetrie, sind zwar die Grundaussagen der Quantenphysik schon seit längerer Zeit formuliert, und wir haben uns in deren Rahmen zu halten. Aber selbst auf diesem Gebiet gibt es eine Vielzahl bedeutender prinzipieller Probleme, deren Bearbeitung noch weit von einer endgültigen Lösung entfernt ist, wie etwa das zentrale Problem des energetischen Anregunsgspektrums in Kristallen und der Eigenschaften der dieses Spektrum bildenden Quasiteilchen. Man darf nicht vergessen, daß die erstaunlichen „Quanteneigenschaften" der Kristalle (darunter auch die Supraleitung) Erscheinungsformen der eigentümlichen Struktur des Energiespektrums oder der Dynamik der Quasiteilchen in solchen Systemen darstellen.

Ich möchte aber die Aufmerksamkeit auf die bereits heute vor den Physikern stehende Frage über die Untersuchung außerordentlich wichtiger Objekte lenken, für die es nicht nur keine folgerichtige Theorie, sondern nicht einmal ausgearbeitete Grundvorstellungen gibt. Gemeint sind damit kondensierte Phasen ohne räumliche Periodizität, die sich in zwei prinzipiell verschiedene Klassen einteilen lassen.

Die eine Klasse bilden die sogenannten ungeordneten Systeme: amorphe Körper, Polymere, feste Lösungen und Legierungen. Sie weisen keine räumliche Periodizität auf, und alle Vorstellungen der Quantenmechanik hinsichtlich des Energiespektrums des Kristalles als eines gewissen „Quasiteilchengases“ sind auf sie nicht anwendbar. Dennoch sind sie statistische Systeme mit den durch die Quantenmechanik bedingten Besonderheiten.

Die andere Klasse bilden geordnete makroskopische Systeme mit sehr hohem Organisationsgrad und hoher Individualität, d. h. mit einer Strukturentropie nahe Null, aber ohne räumliche Periodizität. Es sind dies offensichtlich biologische Objekte.

Hier liegt eine völlig andere Aufgabenstellung vor, da die strukturellen, elektronischen und kinetischen Eigenschaften dieser Systeme eine andere Grundlage haben, die insbesondere darin besteht, daß auf bestimmten Anregungsniveaus und unter bestimmten Bedingungen sehr stabile zyklische Nichtgleichgewichtsprozesse auftreten, die den angeregten Zustand stabilisieren und den Charakter kompliziertester Reaktionen mit einer großen Zahl von Zwischenprodukten und Katalysatoren (Stoffwechsel in der belebten Materie) tragen. Dabei werden die statistischen Eigenschaften in gewissem Umfang unterdrückt, und ein derartiges makroskopisches System verhält sich nicht wie ein thermodynamisches Objekt, sondern eher wie ein Mechanismus mit kompliziertem Regelungsapparat und Quanteneigenschaften.

Für diese beiden Klassen sind neue „elementare“ Gesetze nicht erforderlich, und doch liegt eben hier ein Tätigkeitsfeld der modernen, auf fundamentale Probleme orientierten Physik. Dabei möchte ich gar nicht davon sprechen, daß ganz offensichtlich damit auch eine Menge praktischer Anwendungen der Festkörperphysik verbunden ist. Im Zusammenhang damit lassen sich einige Empfehlungen organisatorischer Art formulieren.

Für niemand ist unser Rückstand auf dem Gebiet der Biophysik, der Molekularbiologie, ein Geheimnis. Und wahrscheinlich geht es dabei nicht nur um einen Rückstand unsererseits, da die unzureichende physikalische Untersuchung biologischer Objekte für die Weltwissenschaft insgesamt charakteristisch ist.

Wenn an die Biophysik von seiten der Biologie herangegangen wird, befassen sich damit gewöhnlich biologische Institute. Da unsere Biologie auf diesem Gebiet keine besonders starken Voraussetzungen besitzt, müssen zur Lösung dieser Frage physikalische Institute, deren Nachwuchskader, herangezogen werden. Für solche Arbeiten ist aber eine sehr starke Basis erforderlich. In dieser Hinsicht sind meines Erachtens die Erfahrungen einiger physikalischer Institute speziell der Ukraine (wo die Festkörperphysik ein relativ hohes Niveau besitzt) von Interesse, in denen besondere biologische Laboratorien und Abteilungen aufgebaut wurden. In Moskau beschäftigt man sich mit derartigen Fragen beispielsweise im Kurčatov-Institut für Atomenergie, im Institut für Kristallografie und an anderen Stellen. Was die Schaffung eines fundamentellen Zentrums für Probleme der Biophysik betrifft, so muß diese Frage sicher von den biologischen und physikalischen Abteilungen der Akademie gemeinsam entschieden werden, da zum Beispiel die Untersuchung der elektronischen Eigenschaften von Eiweißmolekülen oder von DNS und insbesondere des Auftretens sehr komplizierter autonomer zyklischer Reaktionsprozesse in einem engen Temperatur- und Druckintervall natürlich die Sphäre der Physik ist. Bei der Organisierung derartiger Arbeiten müssen wir im Vergleich mit den Biologen ein gleiches, wenn nicht sogar überwiegendes Stimmrecht haben.

Akademiemitglied V. I. Veksler

Meine Vorredner haben den Vortrag gründlich kritisiert, und mir ist, obwohl ich mit vielem des von L. A. Arcimovič Gesagten nicht einverstanden bin, die Kampfstimmung schon etwas verflogen. Einige Bemerkungen halte ich aber für notwendig.

Zunächst kann ich die Behauptung von L. A. Arcimovič nicht akzeptieren, daß für die Auffindung neuer fundamentaler Naturgesetze die Elementarteilchen- und Hochenergiephysik weniger aktuell, weniger wichtig sei als die Astronomie. Eine derartige Behauptung scheint mir doch weitgehend polemischer Art und etwas dadurch bedingt zu sein, daß L. A. Arcimovič diesen Fragen nicht sehr nahe steht. Ich würde L. A. Arcimovič unterstützen, wenn er bei Betrachtung der Astronomie von einem gewissen bei uns vorhandenen Rückstand ausgehen würde und von der Notwendigkeit, die Front der Wissenschaft hier zu begradigen. Leider ist aber dieser Formulierung eine recht prinzipielle Behauptung vorangestellt, die hier schon einer grundlegenden Kritik unterzogen wurde. Ich möchte darauf noch ewas konkreter eingehen.

Mir scheint, daß die Gegenüberstellung von Elementarteilchenphysik und Astronomie auch im Rahmen der Konzeption des Vortrages selbst keiner Kritik standhält.

Im Vortrag ist im Scherz von einem physikalischen Imperialismus die Rede, der dazu führt, daß die Astronomie zunehmend in den Bereich der eigentlichen Physik gerät. Wenn man sich aber die Frage nach dem Grund dafür stellt, gibt es nur eine Antwort: Es wurde möglich dank der Erfolge der Atomkern- und Elementarteilchenphysik. Ein Blick auf das heutige physikalische Weltbild zeigt, daß es vollständig von den Erfolgen der Kernphysik, den Ergebnissen der Arbeiten zu den Eigenschaften von Elementarteilchen geprägt ist. Es reicht der Hinweis darauf, daß die Energiequelle heißer Sterne und in erster Linie der Sonne Kernreaktionen des Helium- und Kohlenstoffzyklus sind. Prozesse unter Beteiligung von Elementarteilchen müssen zur Entstehung superdichter Neutronensterne führen. In der Diskussion ist die Existenz von Sternen aus „seltsamer“ Materie (Hyperonen), die Rolle des Neutrino in kosmogonen Problemen und viele weitere Erscheinungen, die den Makrokosmos mit den Elementarteilchen verbinden. Nehmen wir als Beispiel die starke Radiostrahlung kosmischer Objekte. Sie wäre unverstanden als „Erscheinung für sich“ geblieben, würden wir nicht die Pomerančuk-Strahlung kennen, wie sie in modernen Beschleunigern, Synchrotronen und Betatronen auftritt.

Der Versuch, für irgendein bei uns zurückgebliebenes Wissenschaftsgebiet materielle Förderung zu erhalten, sollte nicht mit einer Herabsetzung von Bedeutung und realen Möglichkeiten anderer Gebiete verbunden werden. Die Hochenergie- und Elementarteilchenphysik befindet sich jetzt auf der Schwelle einer grundlegenden Umwälzung. Die mittels leistungsfähiger Beschleuniger durchgeführten Untersuchungen führten zur Entdeckung einer Reihe neuer Erscheinungen und einer ganz neuen Klasse von Elementarteilchen, den sogenannten Resonanzen (zur Zeit sind schon etwa Hundert bekannt). Eine Reihe grundlegender und unerwarteter Gesetzmäßigkeiten ihrer Wechselwirkung wurde aufgefunden. Das letzte Jahr brachte hervorragende Erfolge im theoretischen Verständnis dieses Stroms von Entdeckungen, der auf den ersten Blick zu einem vollständigen Chaos in der Welt der Elementarteilchen zu führen schien. Es zeigte sich, daß alle stark wechselwirkenden Teilchen, die Resonanzen eingeschlossen, dem bemerkenswerten allgemeinen Symmetriegesetz gehorchen. Eine der erstaunlichen Folgerungen dieser Symmetrie ist der Schluß, daß in der Natur die Existenz einer völlig neuen Welt materieller Teilchen mit nichtganzzahligen elektrischen und nuklearen Ladungen möglich ist. Erweist sich diese Schlußfolgerung als richtig, bedeutet dies, daß Protonen und Neutronen, diese Grundbausteine der Kerne aller Elemente, in bestimmter Hinsicht sehr komplizierte Systeme aus solchen ungewöhnlichen Teilchen darstellen. Diese hypothetischen Teilchen erhielten von den Physikern die Bezeichnung „Quarks“.

Ich möchte daran erinnern, daß bereits vor langer Zeit Akademiemitglied V. A. Fok erstmalig zeigte, daß sich die Anregungsniveaus des Wasserstoffatoms als Folge der Symmetriegesetze im vierdimensionalen Raum darstellen lassen. Es ist bekannt, daß die von V. A. Fok gefundene Symmetrie die gruppentheoretische Widerspiegelung der quantenmechanischen Bewegungsgesetze der Elektronen im COULOMBschen Feld des Atoms ist. Offensichtlich stellen auch die Symmetriegesetze, denen die Welt der „Resonanzen" unterworfen ist, eine Widerspiegelung uns noch völlig unbekannter Gesetzmäßigkeiten dar, die das Verhalten der Elementarteilchen steuern. Man kann erwarten, daß wir tatsächlich auf der Schwelle einer regelrechten Revolution in unseren Grundvorstellungen von der Welt stehen. Gegenwärtig erörtern die Theoretiker ernsthaft Fragen des Zusammenhanges zwischen Elementarteilchen und Schwerkraft. Wie kann man da annehmen, daß dies alles keine Beziehung zur Kosmogonie besitzt, daß sich die Welt außerhalb ihrer Einheit, in der Begrenzung auf astronomische Beobachtungen verstehen läßt? Wie kann man annehmen, daß Erfolge der Kosmogonie getrennt von fundamentalen Untersuchungen der grundlegenden Materieeigenschaften möglich sind? Das ist absolut falsch.

Ich bin mit L. A. Arcimovič auch darin nicht einer Meinung, daß von der Hochenergie- und Elementarteilchenphysik auch in fernerer Zukunft keine praxiswirksamen Ergebnisse zu erwarten sind. Es ist erstaunlich, so etwas von einem Physiker zu hören. Ich kann darauf nicht im Detail eingehen, mir scheint aber, daß L. A. Arcimovič in dieser Frage absolut unrecht hat.

Ungeachtet dessen, daß L. A. Arcimovič die Lage der Festkörperphysik und einer Reihe weiterer Gebiete im wesentlichen richtig dargestellt hat, ist doch der ganze Vortrag von der Gegenüberstellung der Problemwissenschaft, sozusagen der eigentlichen Wissenschaft, und der angewandten Wissenschaft durchdrungen, die eine Art Wissenschaft zweiter oder dritter Sorte darstellt. Diese vom Prinzip her grundfalsche Gegenüberstellung kann nur Schaden anrichten, sie desorientiert und demobilisiert breite Kreise von Spezialisten und Wissenschaftlern. Mir scheint, daß die untrennbare Einheit der beiden Seiten das eigentliche Wesen der Wissenschaft ausmachen. Untersuchungen, die tief in das Wesen der Dinge und der

Naturerscheinungen eindringen, die Gesetze des Aufbaus der Materie zu verstehen gestatten, stellen eine wichtige, aber eben nur eine Seite der Wissenschaft dar. Ebenso wichtig ist die andere Seite, die Nutzung der Ergebnisse von Problemuntersuchungen für den Erfolg der praktischen Tätigkeit des Menschen. Nur die Praxis ist das Kriterium der Wahrheit. Ohne sie würde sich die Wissenschaft in ein fruchtloses Gedankenspiel verwandeln. Eben deswegen gibt es keine Wissenschaft erster und zweiter Sorte. Die Lage in der Kernphysik ähnelt in mancher Hinsicht der Lage in der Festkörperphysik. Wir besitzen ein qualitatives Bild vom Aufbau des Atomkerns. Die Theorie des Atomkerns ist noch nicht entwickelt, es gibt nicht einmal Grundmodelle, die widerspruchslos die Vielfalt der Kerneigenschaften und Kernreaktionen zu erklären gestatten. Dessen ungeachtet stellt die Kernphysik, analog der Festkörperphysik, gegenwärtig eine unerschöpfliche Quelle neuer Ideen auf technischem Gebiet dar. Kaum jemand wird wohl die kardinale Bedeutung in Frage stellen, die der Atomenergie bereits zukommt und die ihr in der Zukunft zukommen wird.

Eine der wesentlichen Fragen, die im Vortrag angesprochen wurden, ist die Überleitung wissenschaftlicher Ergebnisse in die Praxis. Ich bin der Meinung, daß sich die Akademie nicht zufrieden geben kann und darf mit einer bloßen Konfrontation der hier dazu geäußerten zwei gegensätzlichen Auffassungen, der einen von L. A. Arcimovič, die ich nicht akzeptiere, und der anderen von M. V. Keldyš, mit der ich einverstanden bin. Ich glaube, daß hier zum nächsten Schritt übergegangen werden muß. Dieser sollte darin bestehen, vor der Regierung, den leitenden Organen die Frage nach der Schaffung der objektiven Bedingungen für eine möglichst schnelle Überführung neuer wissenschaftlicher Ergebnisse in die Praxis zu stellen. Und das muß jetzt geschehen, wo vieles Hemmende abstirbt, was Jahre lang die Leitungsmethoden unserer Volkswirtschaft kennzeichnete.

Das letzte, worauf ich eingehen möchte, ist eine Frage, die ich schon mehrfach zur Debatte gestellt habe und die offensichtlich auch P. L. Kapiča in seinem Beitrag meinte, die Frage der Auswahl wissenschaftlicher Kader und die Schaffung von Bedingungen, unter denen sich besonders fähige und talentierte Menschen mit der Wissenschaft befassen. Wir haben uns schon daran gewöhnt, daß man zum Singen eine Stimme, zum Tanzen oder zum Schreiben guter Gedichte Talent braucht. Selten hört man aber davon, daß man auch Talent braucht, um ein guter Wissenschaftler zu sein. Dennoch ist das so. Und ungeachtet dessen, daß die Wissenschaft stark industriemäßige Züge angenommen hat und in der wissenschaftlichen Tätigkeit die verschiedenartigsten Talente ihr Tätigkeitsgebiet finden, wird bisher wenig getan, um diesen Weg in die Wissenschaft zu erleichtern. Nach wie vor ist das Problem des Kaderwechsels in den Instituten aktuell. Hier gibt es viele Schwierigkeiten. Wenn aber die Frage nicht in Angriff genommen wird, nehmen die mit dem „Altern" des Kaderbestandes der Institute verbundenen Schwierigkeiten, die sich ja nicht endlos durch extensive Erweiterung abfangen lassen, laufend zu. Ich bin mir darüber im klaren, daß es hier kein allgemeingültiges und erst recht kein sofort wirkendes Rezept gibt. Man darf aber vor diesem Problem nicht die Augen verschließen, es muß systematisch und beharrlich daran gearbeitet werden.

Korr. Akademiemitglied V. L. Ginzburg

Ich gehöre zu einer Kategorie von Wissenschaftlern die immer zahlreicher wird, ich beschäftige mich gleichzeitig mit Physik und Astronomie, was mir erlaubt, die konkrete Situation auf beiden Gebieten zu vergleichen. Meines Erachtens kann von einer Konfrontation Astronomie—Elementarteilchenphysik oder Physik überhaupt nicht die Rede sein. Beide Gebiete treten gegenwärtig in vieler Hinsicht gleichberechtigt auf und durchdringen sich gegenseitig. Das kann etwa das folgende Beispiel belegen. Eines der fundamentalen Gesetze der Kern- und Elementarteilchenphysik ist das Gesetz der Erhaltung der Barionenladung oder, im nichtrelativistischen Bereich, der Zahl der Protonen und Neutronen. Nehmen wir an, daß im Volumen eines Kubikkilometers pro Jahr in Verletzung dieses Gesetzes ein Proton auftaucht. Das würde bedeuten, daß um den Faktor $3 \cdot 10^{34}$ weniger Teilchen entstehen, als im gleichen Luftvolumen Moleküle enthalten sind. Und bereits dieser Verstoß gegen das Gesetz der Erhaltung der Barionenladung wäre ausreichend, um unser expandierendes Weltall stationär werden zu lassen, d. h., der Zustrom neuer Teilchen würde die Expansion kompensieren. Es ist offensichtlich, daß an eine solche Genauigkeit im Laboratorium nicht einmal im Traum zu denken ist. Die Astronomie gestattet aber, die Frage nach dem stationären oder nichtstationären Charakter des Universums prinzipiell zu lösen.

Andererseits wird diesen beiden, außerordentlich wichtigen fundamentalen Gebieten unterschiedliche Aufmerksamkeit gewidmet. Ich vertrete die Meinung, daß diese Situation tatsächlich korrigiert werden muß. In der Astronomie ist eine grundlegende Umwälzung im Gange, mit der vergleichbar, die GALILEI mit der Einführung des Teleskops hervorrief. In den letzten 20 Jahren entstanden die Radioastronomie, die Physik der primären kosmischen Strahlung, die außerastronomische Astronomie, bald werden wir auch die Neutrinoastronomie haben. Das ist ein kolossales Ereignis in der Wissenschaft! In den letzten drei Jahren wurden die Supersterne entdeckt, was einmütig als die herausragende wissenschaftliche Entdeckung des Jahres 1963 anerkannt wurde. Es wurde die Explosion des Kerns der Galaktik M 82 entdeckt, die sich vor 1,5 Mio. Jahren ereignete. Das war die gewaltigste Explosion, die bisher im optischen Bereich unmittelbar beobachtet werden konnte. Sie setzte eine Energie von etwa 10^{57} erg frei, was der Strahlung von einer Million Sonnen in 10 Milliarden Jahren oder der von 10 Millionen Supernovae freigesetzten Energie entspricht. Durch Polarisationsmessungen an Magnetbremsstrahlung wurden großräumige Magnetfelder in den Galaktiken, auch in der unsrigen, entdeckt. Aus der ZEEMAN-Aufspaltung von Radiofrequenzlinien des Wasserstoffs wurde ein Magnetfeld von 10^{-4} Oerstedt in kosmischen Gaswolken vermessen. Die kosmische Röntgenstrahlung wurde entdeckt, u. a. zwei starke diskrete Quellen in den Sternbildern des Skorpions und der Krabbe. In der primären kosmischen Strahlung wurden Positronen nachgewiesen, wobei speziell ihre geringe Zahl von wesentlicher Bedeutung für die gesamte Astrophysik der kosmischen Strahlung ist. Schließlich wurden ebenfalls Radiolinien des OH-Radikals im interstellaren Gas aufgefunden.

Leider stammt keine dieser Entdeckungen von uns. Dabei hätte die Hälfte von ihnen in unserem Land gemacht werden können, da die entsprechenden Ideen auf sowjetische Wissenschaftler zurückgehen. Natürlich ist der Austausch von Ideen mit Wissenschaftlern anderer Länder völlig normal und gesetzmäßig. Trotzdem wäre es genau so normal, daß bei uns entstandene Ideen auch bei uns Interesse finden, und das ist eben leider oft nicht der Fall. Beispielsweise wurde der Gedanke von der Existenz von OH im interstellaren Gas bereits 1948 von I. S. ŠKLOVSKIJ ausgesprochen, und erst 1963 wurden die entsprechenden Messungen in den USA und 1964 in Australien durchgeführt. Vielleicht waren dazu irgendwelche für uns unzugängliche Apparaturen erforderlich? Keinesfalls. Vor kurzem war Dr. BARETT, einer der Entdecker der OH-Linien, in der UdSSR. In Pulkovo, an den dort vorhandenen Geräten, fand er gemeinsam mit den dortigen Mitarbeitern die OH-Linie nach nur eintägiger Arbeit auf! Das läßt doch nachdenklich werden, zumal das angeführte Beispiel nicht das einzige ist. Man muß sich dessen bewußt werden, daß oftmals das Problem gar nicht in Planstellen, Gebäuden, Apparaturen usw. liegt, sondern darin, daß es psychologisch schwierig ist, etwas Neues zu beginnen. Diese Erscheinung tritt in der Wissenschaft allgemein auf, wird aber, wie P. L. Kapitza richtig bemerkte, durch die unzureichende Aktivität der wissenschaftlichen Öffentlichkeit bei uns noch verstärkt. Nicht allzu oft wird man Zeuge heißer Diskussionen, leidenschaftlicher wissenschaftlicher Auseinandersetzungen. Ich traue mir nicht zu zu sagen, wer daran schuld ist. Wahrscheinlich sind wir es in erster Linie selbst. Wir organisieren Sessionen, auf denen Vorträge gehalten werden, die aber doch meist ohne den rechten Schwung vor sich gehen. Wir brauchen geregelte Methoden, geregelte Wege für Arbeiten zur Überprüfung neuer Ideen. Die Büros der Abteilungen führen beispielsweise Beratungen zu den sogenannten Entdeckungen durch. In der Regel führt das zu gar nichts, zu dieser Tätigkeit werden aber Dutzende qualifizierter Fachleute bemüht. Gleichzeitig bleiben aber viele der ständig auftauchenden neuen Ideen ohne Resonanz. Nehmen wir an, irgend ein Physiker findet eine neue Möglichkeit, entwickelt eine neue Idee, muß er dann umherlaufen und verkünden, daß er eine neue Idee hat? Natürlich ist das kein Weg, so kommt man zur Selbstreklame; aber Möglichkeiten zur breiten Diskussion solcher Ideen gibt es nicht. Ich schlage vor, daß sich die Büros der Abteilungen anstelle der Erarbeitung von Gutachten für „Entdeckungen" mit der Diskussion neuer Ideen beschäftigen. Die Abteilungen sollen ruhig auch mit verantwortlich sein, wenn bei uns eine gute Idee entstand, aber nicht realisiert wird oder wir von deren Realisierung aus der nächsten Nummer einer ausländischen Fachzeitschrift erfahren.

Akademiemitglied M. D. Millionščikov

Wir beraten den Bericht der Abteilung für allgemeine und angewandte Physik, aber von der Arbeit der Abteilung war im Referat im Grunde genommen gar nicht die

Rede. Man kann das nur bedauern, denn die von L. A. Arcimovič geleitete Abteilung ist groß und leistet viel, und er selbst ist in der Akademie einer der aktivsten Akademischen Sekretäre. Die Abteilung hätte etwas zu berichten.

Über den Vortrag selbst kann man sagen, daß er zusammen mit den Diskussionsmaterialien die Grundlage eines sehr wichtigen Dokumentes über die Entwicklungsprobleme der Physik einschließlich der Astronomie in unserem Land bilden kann Mir scheint es sehr wichtig zu sein, daß so eine Diskussion zustande gekommen ist. Noch wesentlich nützlicher wäre es aber gewesen, wenn sie vorher schon auf einer Sitzung der Abteilung stattgefunden hätte, dann hätten heute bereits bestimmte vorzuschlagende Maßnahmen in Kraft gesetzt werden können. Leider ist das unterblieben, was sich offensichtlich durch die hier schon erwähnte relativ schwache Aktivität der Mitglieder der Abteilung hinsichtlich der Diskussion grundlegender wissenschaftsorganisatorischer Fragen erklären läßt.

Es wurde schon mehrfach davon gesprochen, daß einer der wesentlichen Widersprüche im Vortrag mit der Frage der Wechselwirkung von Wissenschaft und Technik zusammenhängt. Natürlich, wer könnte etwas gegen die Aussage einwenden, daß die Akademie keine „dringende wissenschaftlich-technische Hilfe“ sein darf? Wenn wir aber daraus die Schlußfolgerung ziehen, daß die Akademie sich überhaupt angewandten Fragen und Problemen nicht zuwenden sollte, kämen wir zu einer Loslösung der Wissenschaft von der Praxis. L. A. Arcimovič führte das Beispiel mit Newton an. Ich möchte da an das Beispiel mit Archimedes erinnern, der über den Nachweis gefälschter Legierungen arbeitete und dabei bekanntlich das Gesetz des Archimedes entdeckte.

Die Forschungen in den Einrichtungen der Abteilung sind, obwohl dies im Vortrag nicht zum Ausdruck kam, zu einer Reihe sehr wichtiger Probleme eng mit der Praxis verbunden. Nehmen wir beispielsweise ein Problem wie die Entwicklung künstlicher Diamanten, dessen Lösung der Akademie der Wissenschaften zur Ehre gereicht. Die Abteilung war an der Ausarbeitung des Programms beteiligt, das die erforderlichen theoretischen und experimentellen Untersuchungen ebenso wie die Überführung der erhaltenen Ergebnisse sicherte. Man kann auch auf die Rolle der Abteilung in der Supraleiterforschung verweisen, die sich nicht auf theoretische und experimentelle Arbeiten beschränkt, sondern die praktische Anwendung einschließt. Und diese durchgehende Verfolgung eines Problems, bei der auf der Grundlage theoretischer Voraussagen experimentelle Untersuchungen angesetzt und die Ergebnisse in die Praxis überführt werden, ist durchaus gesetzmäßig und einzig richtig.

Die andere Seite dieser Angelegenheit besteht in folgendem. Wir haben eine Reihe von Gebieten der Wissenschaft und Technik, wo der kontinuierliche Übergang von den Forschungsinstituten über die Industriezweiginstitute und die Versuchsproduktion in die Betriebe gewährleistet ist. Es gibt aber Bereiche, wo dieser Fluß nicht vorhanden ist. In diesem Fall bleibt die Forschung des Akademieinstitutes im Reagenzglas, und es befindet sich tatsächlich in der Lage eines waffenlosen Soldaten, der gegen eine gewaltige Armee kämpft. Unsere Abteilungen und Wissenschaftlichen Räte müssen sich mit solchen Fällen auseinandersetzen, entsprechende Empfehlungen geben, um zu verhindern, daß die Akademieinstitute gezwungen werden, die Rolle von Industriezweiginstituten und Versuchsbetrieben zu übernehmen. Natürlich erfordert eine solche Tätigkeit Zeit, aber die aktivere Teilnahme des Kollektivs der Abteilung an derartigen Fragen würde sich lohnen.

Einige Worte zur astronomischen Forschung. Hier herrscht bei uns tatsächlich Unordnung. Es ist erforderlich, ein langfristiges Programm auszuarbeiten und auf dieser Grundlage zu entscheiden, was wo zu bauen ist. Der Astronomische Rat muß diese Frage klären, zur Zeit gibt es recht verschiedene Auffassungen.

Mir scheint, bei der Diskussion der Astronomie und Astrophysik ist zu Unrecht das Neutrino aus dem Gesichtskreis verloren worden. Insbesondere ist die Nutzung erdgebundener Instrumente in den damit zusammenhängenden Untersuchungen sorgfältig zu überlegen, da sie den Wissenschaftlern große Möglichkeiten eröffnet.

Schlußwort von Akademiemitglied L. A. Arcimovič

In meinem Vortrag habe ich mit Absicht eine Reihe zugespitzter Fragen aufgeworfen. Er mußte deshalb auch harte Kritik hervorrufen. Die von mir benutzte Argumentation stand dabei sogar noch mehr im Feuer der Kritik als der eigentliche Inhalt des Vortrags. Letzten Endes schreibt eben jeder seinen Vortrag so, wie er es vermag. Leider hatte ich kein gutes Vorbild zur Verfügung, an dem ich mir hätte ein Beispiel nehmen können.

Was wollte ich besonders herausarbeiten? In erster Linie den Fakt, daß einigen Wissenschaftszweigen von grundlegender Bedeutung in der Akademie unzureichende Aufmerksamkeit gewidmet wurde. Das trifft vor allem auf die Astronomie oder, genauer gesagt, die Astrophysik zu. Ich bin kein Astrophysiker, und man könnte fragen, weshalb ich mich in dieser Angelegenheit so engagiere? Ich bin der Meinung, daß jetzt die Richtung der zukünftigen Entwicklung der Physik klar ist. Die moderne Physik hat zwei Arten von Problemen: analytische, wo wir die prinzipielle Grundlage zu beobachtender Prozesse suchen, und synthetische, wo es bestimmte Strukturen aus bekannten Grundelementen aufzubauen gilt. Und unter den großen analytischen Problemen der Physik, wo wir auf völlig Unbekanntes stoßen können, bestehen zwei Hauptrichtungen, die Kernphysik und die Astronomie.

Die Kernphysik ist in unserem Land relativ gut versorgt. Dagegen wird der Astronomie, für die nur die Akademie der Wissenschaften zuständig ist, unzureichende Aufmerksamkeit gewidmet. Das ist meine erste These, von der ich auch nicht abrücken kann, da sie durch eine ganze Reihe von Fakten erhärtet wird. Deshalb muß der kommende Fünfjahrplan im gewissen Sinne für die Akademie ein astronomischer sein.

Mir wurde vorgeworfen, daß ich die Astronomie in einen Gegensatz zur Kernphysik bringe. Unter Berücksichtigung der besonderen Stellung, die unser Land in der Kosmosforschung einnimmt, ist es aber notwendig, sich um Astronomie nicht weniger zu sorgen als um die Kernphysik. Und wenn ein Ergebnis dieses Vortrages, nachdem sich der überflüssige Lärm gelegt hat, die verstärkte Sorge um die astronomische Forschung ist, kann ich sagen, daß mein Ziel erreicht wurde.

Was die weiteren Bereiche der Physik betrifft, zu denen ich die Halbleiterforschung, die Quantenelektronik usw. rechne, so entwickeln sie sich bei uns recht gut.

Wovor wollte ich warnen? Vor einem zu engen Praktizismus. Beispiele dafür braucht man nicht von weither zu nehmen. Beispielsweise wurden in einem unserer akademischen Institute Halbleiter-Thermokühlgefäße für die Konservierung von Rindersperma entwickelt. Möglicherweise ist das eine wichtige Sache, aber doch keine erstrangige Aufgabe für ein Akademieinstitut. Mir scheint auch, daß trotz der in unseren physikalischen Instituten erhaltenen wichtigen Ergebnissen bei der Entwicklung von Halbleiter-Leistungsdioden diese Richtung den Strich überschritten hat, der die Wissenschaft von der Anwendung trennt. Es wäre sicher richtig, daß sich im weiteren der Entwicklung von Leistungsdioden die wissenschaftlich-technischen Kollektive der Industrie widmen.

Im Vortrag wurde die Notwendigkeit unterstrichen, in der Festkörperphysik vorrangig die Grundlagenforschung zu fördern. Mir ist absolut unverständlich, was in dieser These meinen Opponenten so gegen den Strich geht. Es ist doch so, daß in der modernen Festkörperphysik die Erforschung fundamentaler Probleme letzten

Endes immer auf technische Perspektiven großen Maßstabes ausgerichtet ist. Nehmen wir zum Beispiel das Problem der Supraleitung. Mit ihr ist im Grunde genommen die Umstellung der gesamten Elektrotechnik verbunden. Es ist dies also ein grundlegendes und praktisch wichtiges Problem, mit dem man sich beschäftigen muß. Das wurde im Vortrag zum Ausdruck gebracht.

M. V. Keldyš. Aber mit Skepsis.

L. A. Arcimovič. Ja, mit Skepsis. Man muß der Wahrheit in die Augen sehen können. Wir führen hier keine Sendung für Junge Pioniere durch, und deshalb sollte man die Lage zu jedem wissenschaftlichen Problem mit dem Genauigkeitsgrad einschätzen, mit dem wir es können. Und wenn es unklar ist, ob ein bestimmtes Resultat erreicht werden kann, muß man es so direkt formulieren: Vielleicht gelingt es, vielleicht aber auch nicht. Und wenn ich behaupten würde, daß es unbedingt gelingt, so kann ich allein damit ernsthafte Menschen und insbesondere Spezialisten nicht überzeugen. Es wäre dies ein schlechtes Beispiel für rein formalen Optimismus.

Das gleiche gilt für den in unseren Instituten arbeitenden Nachwuchs. Zum Glück läßt er sich von solchen Behauptungen weder im positiven noch im negativen Sinne überzeugen, zumindest wenn man von echten Wissenschaftlern spricht, die eigene innere Überzeugungen haben. Die inneren Überzeugungen solcher jungen Wissenschaftler lassen sich nicht durch Vorträge ergrauter Akademiemitglieder erschüttern oder verändern. Ich kann mich noch gut daran erinnern, daß uns in der Anfangszeit unserer Arbeiten im Physikalisch-technischen Institut Abram Fedorovič Ioffe absolut nicht davon überzeugen konnte, daß die Kernphysik keine großen Perspektiven hat, obwohl er selbst damals fest davon überzeugt war.

Einige Worte zum „Laser-Fieber“. Sie wissen, daß sich bei uns gewöhnlich Dutzende von Instituten auf jede auftauchende Neuigkeit werfen. Alle beginnen sich damit zu befassen, und es entsteht ein Lärm, der in absolut keinem Verhältnis zur Bedeutung der durchgeführten Forschung steht. So war es auch mit den Arbeiten zur Anwendung von Lasern. Einer der Väter der Quantenelektronik, A. M. Prochorov, hat mehrfach zum Ausdruck gebracht, daß nach seiner wie auch der Meinung der meisten theoretischen Physiker in erster Linie die elementaren Prozesse erforscht werden sollten, die der Lichterzeugung zugrunde liegen. Wir lassen aber die physikalischen Grundlagen oft links liegen und jagen nicht recht klaren Anwendungsgebieten hinterher, während ihre Grundlagen noch gar nicht genügend ausgearbeitet worden sind.

Es war hier die Rede davon, daß in meinem Vortrag die aussichtsreichsten Richtungen der zukünftigen Arbeiten nicht klar genug herausgearbeitet wurden. Was soll man tun, mir fehlt der Mut dazu. Ich habe mich mit vielen Fachkollegen unterhalten, die sich auch nicht zutrauten, genügend eindeutig konkrete Richtungen zu nennen. Die Festkörperphysik ist tatsächlich ein unerschöpfliches Reservoir für technische Umwälzungen großen Maßstabs, wobei sich aber schlecht voraussagen läßt, welche ihrer Richtungen die fruchtbarsten hinsichtlich der Anwendungen in den nächsten 5 bis 10 Jahren sein werden. Aus allgemeinen Überlegungen bin ich aber zu der Meinung gekommen, daß in erster Linie die Untersuchungen von Festkörpereigenschaften bei extremalen Bedingungen (sehr tiefe Temperaturen, sehr hohe Magnetfelder und höchste Drucke) vorangetrieben werden sollten.

Ich gehe zu der Frage über, die im Mittelpunkt der Diskussionen stand: in welchem Verhältnis hat in der Akademie die Grundlagenforschung im Vergleich zur Forschung mit eng begrenzter technischer Richtung zu stehen? Solange es um die Astronomie ging, hatte ich einen reinen Verteidigungsstandpunkt. Ich stellte ihn den falschen Ansichten gegenüber, denen zufolge man der Astronomie wegen ihrer offenkundigen Nutzlosigkeit für die Praxis keine großen Mittel zur Verfügung stellen solle. Was den Zusammenhang von Wissenschaft und Technik in seiner allgemeineren Form betrifft, so wird an vielen Stellen im Vortrag dazu etwas gesagt. Wenn man einzelne Sätze oder gar Satzteile aus ihrem Zusammenhang reißt, lassen sich natürlich beliebige Schlußfolgerungen ziehen, was von vielen Opponenten demonstriert wurde. Ich glaube aber, daß dies nicht die richtige Diskussionsmethode ist, einzelne Sätze heraus zugreifen und diese sogar über viele Jahre zu sammeln.

Die Akademie der Wissenschaften als höchstes wissenschaftliches Organ des Landes und Versammlung der kompetentesten Wissenschaftler, zusammengefaßt in Abteilungen und wissenschaftlichen Räten, muß kontinuierlich das Neue herausfinden, was die Wissenschaft der Praxis geben kann, und der Staatsführung sowie den Leitern in der Industrie Empfehlungen über die Anwendung neuer Ergebnisse der Wissenschaft in der Produktion geben. Darauf wurde im Vortrag explizit eingegangen.

Gleichzeitig ist die Akademie aber ein System wissenschaftlicher Institute. Und die Frage, wie unsere prinzipielle Einstellung zur Problematik dieser Institute sein muß, ist ebenfalls sehr wichtig. Die Institute der Akademie stellen sowohl nach der Zahl der Wissenschaftler als auch den aufgewendeten Mitteln nach nur einen kleinen Teil der sowjetischen Wissenschaft dar. Ist es richtig, davon auszugehen, daß sie ihre Tätigkeit in ähnlicher Weise organisieren sollen wie die zahlreichen Industriezweiginstitute, Konstruktionsbüros und Industrielaboratorien? Ich vertrete den folgenden Standpunkt: Wenn sich aus den Forschungsarbeiten eines Akademieinstitutes unmittelbar ein sehr bedeutendes Ergebnis für die Praxis ableitet, muß man dieses Ergebnis bis zur Überführung bringen. Ein Beispiel einer solchen Situation ist die Entwicklung von Verfahren zur Herstellung künstlicher Diamanten im Institut für Physik hoher Drucke. In der Praxis treten aber oft Fälle auf, in denen zur praktischen Anwendbarkeit eines neuen (nicht unbedingt bedeutenden) Ergebnisses die erforderlichen Entwicklungsarbeiten in einem der Akademieinstitute begonnen werden. Dieses Institut führt das weiter, was an anderer Stelle schon erhalten wurde, und führt es in die Produktion ein. Das ist der leichteste Weg, der von den Leitern in unseren Instituten gern beschritten wird. Natürlich ist es viel einfacher, sich auf die Überführung untergeordneter Ergebnisse zu spezialisieren, wenn sie uns in fast fertiger Form auf den Tisch kommen, als mit eigenen Händen etwas ganz neues zu schaffen. In der Wissenschaft kostet jetzt jedes wesentliche neue Ergebnis große Anstrengungen, die Selbstkosten wissenschaftlicher Entdeckungen, wenn man darunter die Summe der geistigen und materiellen Aufwendungen versteht, wachsen schnell an. Die Forschungsarbeit in eigenständigen, originellen Richtungen versprechen deshalb den Instituten nicht immer schnelle und sichere Erfolge. Wir müssen aber danach streben, daß unsere Akademieinstitute in erster Linie Arbeiten von prinzipieller Bedeutung durchführen, und das thematische Klein-klein bekämpfen.

In einigen Diskussionsbeiträgen wurde als Einwand gegen das in meinem Vortrag Gesagte das Beispiel angeführt, wie die sowjetischen Physiker unter Leitung von I. V. Kurčatov das Atomproblem lösten. Ich kann dieses Beispiel vollständig zur Verteidigung meiner Position verwenden. Ich möchte daran erinnern, daß die sowjetischen Physiker, von denen hier die Rede ist, bis dahin keinerlei technische Aufgabenstellungen bearbeiteten. Sie interessierten sich für grundlegende Fragen der Physik des Atomkerns. Aber dank dem hohen Niveau ihrer allgemeinen wissenschaftlichen Qualifikation, der Breite ihrer Interessen, ihrer Energie und ihres Enthusiasmus, gelang es den unbekannten Weg einzuschlagen und an der Schaffung einer prinzipiell neuen Technik teilzunehmen. Das kann man nicht Überführung nennen, ebensowenig wie den Bau eines Hauses auf einer leeren Stelle. Die ganze Arbeit wurde von uns allen von Grund auf gemacht. Vor dem Sowjetstaat stand eine sehr wichtige Aufgabe, und wir waren verpflichtet, sie zu lösen.

Dabei möchte ich bemerken: wenn wir nur Spezialisten mit engem Profil gewesen wären, von denen jeder die Nase in ein untergeordnetes Überführungsthema steckt, hätten wir diese Aufgabe nie lösen können.

Das ist es, was ich noch einmal zu den Forschungsrichtungen der Akademieinstitute wiederholen wollte.

Es war die Rede davon, daß mein Vortrag viele Paradoxa enthält. Wahrscheinlich waren es tatsächlich zu viel. Und natürlich ist die Formulierung, die gesamte Akademie verwandle sich in eine Abteilung für technische Wissenschaften, eine starke Übertreibung. Trotzdem ist es nicht selten so, daß auch auf den Präsidiumssitzungen der Akademie recht untergeordnete technische Fragen beraten werden.

Wenn auch mein Vortrag Mängel hatte (und ich sehe, daß er vielen meiner Kollegen nicht gefällt), ich bin dennoch froh darüber, daß er die Möglichkeit gab, eine Reihe wichtiger und aktueller Fragen zur Diskussion zu stellen. Und das zeigt, Genossen, die daß Akademie noch nicht in den zweiten Zustand übergegangen ist. Wenn sich die Akademie in ein Ministerium für Wissenschaft verwandelt hätte, wäre ich doch nicht mit einem solchen Vortrag aufgetreten. Meine Lage wäre dann die eines Leiters eines verantwortlichen Komitees gewesen, der, ohne die Meinung des Ministers zu erfragen, mit allgemeinen Problemen kommt. Aber dank dessen, daß Mstislav Vsevolodovič Keldyš nicht Minister ist und ich kein solcher Leiter, war ich im Recht, diese Fragen aufzuwerfen.

Schlußwort des Präsidenten der Akademie der Wissenschaften der UdSSR, Akademiemitglied M. V. Keldysch

Gestatten Sie mir, einige Worte zum Abschluß zu sagen.

Ich möchte damit beginnen, wie Ihr Vortrag aufgenommen wurde, Lev Andreevič. Das halte ich für die

Hauptsache, da der Vortrag in starkem Maße dem Statut der Akademie und, ich möchte es so formulieren, den Wechselwirkungen zwischen der Wissenschaft und dem Leben in unserem Land gewidmet war.

Bevor ich auftrat, habe ich Ihren Vortrag noch einmal durchgelesen. Wenn man 10—12 Sätze herausnimmt, wäre ich mit allem darin Gesagten einverstanden.

L. A. Arcimovič. Nehmen wir sie doch heraus!

M. V. Keldysch. Nein, manchmal verändert ein Satz den Sinn des ganzen Vortrages. Ich wollte Ihnen sagen, daß Sie ja den Vortrag nicht für sich gemacht haben, sondern für diejenigen, die ihn anhörten, und deshalb muß man über den Vortrag danach urteilen, welchen Eindruck er beim Auditorium hinterließ. Und alle Diskussionsredner mit Ausnahme vielleicht von einem oder zweien, hatten Einwände gegen Ihre Fragestellungen.

Ich bin der Meinung, daß der Vortrag ebenso wie die Diskussion dazu in unserer Zeitschrift „Vestnik Akademii nauk SSSR" erscheinen sollten, damit die gesamte Akademie sie lesen kann.

Als wir in Gesprächen unsere Meinungen über Ihren Vortrag austauschten, meinten meine Gesprächspartner, daß Sie ja gar nicht so denken, wie Sie es im Vortrag dargestellt haben. Aber wer braucht einen Vortrag, der eine verzerrte Vorstellung von den Gedanken des Vortragenden vermittelt?

Mich beunruhigt ein wenig, daß wir im Ergebnis des Vortrages noch einmal den Punkt 2 des Statuts der Akademie der Wissenschaften beraten müssen, wo von ihren Aufgaben die Rede ist. Ich glaube aber nicht, daß wir dies jetzt machen sollten, da sich die Mehrzahl der Diskussionsredner bereits für diesen Punkt des Status ausgesprochen hat.

Weiter. L. A. Arcimovič ruft mit Recht dazu auf, bei uns weniger untergeordnete Überführungsthemen vorzusehen. Mit ist aber unklar, wer wann in der Akademie gesagt hat, daß man sich mit kleinen Überführungsarbeiten befassen müsse. Im Gegenteil, es wird stets die

Notwendigkeit unterstrichen, Splitterthemen aus den Plänen der Akademieinstitute zu entfernen. Das in die Praxis umzusetzen, ist Aufgabe der Abteilungen.

Zum Šachsej-Vachsej.[1]) Ich habe mir noch einmal die Fragen angesehen, die im Präsidium der Akademie zur Beratung standen, und habe darunter keine Fragen von engem Überführungscharakter gefunden. Das gab es nicht. Im Gegenteil, immer war davon die Rede, und die heutige Beratung unterstreicht dies, daß unser erste Hauptaufgabe die Entwicklung der perspektivischen Wissenschaftszweige ist. Die zweite Hauptaufgabe ist, nach Möglichkeit abzuschätzen, was diese perspektivische Wissenschaft für die Praxis, für das Leben bringt, und Empfehlungen zu geben, Vorschläge für die praktische Anwendung der wissenschaftlichen Errungenschaften auszuarbeiten. Dabei ist natürlich eine bestimmte Kühnheit erforderlich und Skeptizismus unzulässig. Wenn wir nur völlig offensichtliche Vorschläge bringen, wird es bei uns keinerlei Fortschritt geben. Sie erinnern sich wahrscheinlich, daß sogar in der hier schon erwähnten bemerkenswerten Epoche der Kernphysik, der Atomtechnik, der Atomreaktoren usw. einige Wissenschaftler nicht wenig Skepsis zum Ausdruck brachten, und es erforderte Kühnheit, diese Probleme in Angriff zu nehmen und dann auch zu lösen. Skepsis gab es auch zur Schaffung des ersten Sputniks und zur Entwicklung der Weltraumfahrt.

Neben der Entwicklung der perspektivischen Wissenschaft ist es unsere Pflicht aufzuzeigen, worin die Wissenschaft der Praxis dem Leben helfen kann. Davon war in vielen Diskussionsbeiträgen die Rede, im Vortrag aber mit keinem Wort.

Ich denke, daß unsere Positionen hier klar sind. Natürlich dürfen wir uns nicht mit untergeordneten Thematiken befassen. Ich bin aber mit V. I. Veksler einverstanden, daß man mit großer Vorsicht an die „Aussonderung“ von

[1]) Mohammedanischer Feiertag mit pflichtgemäßer Selbstgeißleung. Siehe auch Ausführungen Seite 101.

Themen herangehen muß. Ich bin ebenfalls damit einverstanden, daß Industrieentwicklungen nicht unsere Sache sind. Wir müssen aber die Aufmerksamkeit der Industrie und der Komitees auf die wissenschaftlichen Ergebnisse lenken, die eine große praktische Bedeutung erlangen können. Dies fehlte aber im Vortrag von L. A. Arcimovič. Wenn Sie so wollen, gab es in gewissem Sinne bei uns ein Šachsej-Vachsej, aber darüber, daß die Abteilung wenig bedeutende Vorschläge brachte, die sich aus der Wissenschaft ergeben und für die Praxis wichtig sind.

Ich möchte feststellen, daß der Akademie gegenwärtig großes Vertrauen entgegengebracht wird. Die Akademie hat Empfehlungen zu vielen erstrangigen Fragen gegeben, zur Halbleitertechnik, zur Kernphysik, zur elektronischen Rechentechnik.

Ich komme nicht umhin, einige Worte zur Astronomie zu sagen. AM Millionščikov sprach schon davon, und ich glaube, das ist tatsächlich der Fall, daß bei uns die vernünftige Entwicklung der experimentellen Basis der Astronomie bisher unzureichend durchdacht wurde und daß diese Fragen manchmal einfach falsch entschieden werden. Seinerzeit legten die Astronomen einen Plan der Ausrüstung mit erforderlichen Geräten vor. Ich muß sagen, daß das Präsidium von diesem Plan nicht abgewichen ist. Über diesen abgestimmten Plan hinaus wird aber ständig etwas Neues und nicht ausreichend durchdachtes vorgeschlagen. Es entsteht der Eindruck, daß der bestehende Plan astronomischer Ausrüstungen ebenfalls nicht voll durchdacht ist.

Im weiteren geht AM Keldysch detailliert auf Fragen der Entwicklung der astronomischen Einrichtungen und der Schaffung astronomischer Ausrüstungen sowie auf den Fünfjahrplan der Abteilung für allgemeine und angewandte Physik ein.

Ich habe mir, Lev Andreevič, fährt M. V. Keldysch fort, Ihre Bemerkungen zu den Forschungsrichtungen der Abteilung angesehen; sie sind außerordentlich widersprüchlich. Ich möchte sagen, in ihnen spürt man ständig eine gewisse Skepsis. Mir persönlich gefällt das nicht. Ich bin der Meinung: dort, wo wir vorwärts gekommen sind, sollte man das anerkennen und unseren Wissenschaftlern Auftrieb geben.

Wie hier schon gesagt wurde, entsteht manchmal der Eindruck, die Wissenschaft sei ein Handwerk. Man spricht von „schöpferischer Intelligenz“ und versteht darunter gewöhnlich Musiker, Schriftsteller usw., rechnet aber die Wissenschaftler nicht dazu.

P. L. Kapiza. Und wozu rechnet man die Wissenschaftler?

M. V. Keldysch. Das ist sozusagen die „nichtschöpferische Intelligenz“. Wir müssen diejenigen hervorheben, die durch ihr Talent hervorragende wissenschaftliche Ergebnisse erreicht haben, ihnen Achtung entgegenbringen.

Noch eine kurze Bemerkung zur Entwicklung der Wissenschaft in den Unionsrepubliken. Es wurde Zweifel geäußert: Müssen wir uns mit dieser Frage beschäftigen? Ich denke, ja. Wir dürfen aber nicht in ein Administrieren gegenüber den Republiksakademien verfallen, und das hängt von den Abteilungen ab. Den Akademien muß mit Ratschlägen geholfen werden, in den Sitzungen des Präsidiums und der Abteilungen müssen Fragen der Entwicklung der Wissenschaft in den Republiken beraten werden, die Einrichtungen der Republiksakademien sollten besucht werden. Ich denke auch, es wäre vielleicht richtig, Mitglieder der Republiksakademien in unsere Abteilungen aufzunehmen mit den gleichen Rechten, wie wir auch die Leiter bestimmter wissenschaftlicher Einrichtungen aufnehmen, um sie mit den Direktoren unserer Institute und den Mitgliedern der Abteilungen gleichzustellen.

Wir klagen darüber, daß uns der bürokratische Arbeitsstil quält, aber bürokratisch arbeitet es sich am einfachsten, und wenn die Abteilungen auf einen solchen Stil absinken, sind sie in vieler Hinsicht selbst schuld. Ich bin kein Vertreter bürokratischer Leitungsmethoden.

Dem Beschluß des ZK der KPdSU und des Ministerrates vom 11. April 1963 „Über Maßnahmen zur Verbesserung der Tätigkeit der Akademie der Wissenschaften der UdSSR und der Akademien der Wissenschaften der Unionsrepubliken“ lag unsere Initiative zugrunde. Ich vertrat die Meinung und vertrete sie auch heute, daß es eine einheitliche Wissenschaft in der Sowjetunion geben muß. Aber es muß dies vernünftig realisiert werden. Man darf die Frage nicht so stellen, daß die Akademie der Wissenschaften der UdSSR nur den Unionsakademien helfen muß. Sie muß manchmal auch auf die Entwicklung der Wissenschaft in den Unionsrepubliken Einfluß nehmen. Die Akademie der Wissenschaften ist ein Stab der besten Wissenschaftler nicht nur aus Moskau und Leningrad, sondern aus der gesamten Sowjetunion. Wenn ein Wissenschaftler in einer der Republiken zum Niveau der Akademie der Wissenschaften der UdSSR herangewachsen ist, wird er als Mitglied dieser Akademie gewählt. Die Akademie der Wissenschaften der UdSSR ist das kollektive Organ aller Wissenschaftler der UdSSR.

Zur Biophysik. Wir werden uns jetzt stark mit den Fragen der Biologie beschäftigen, eine Reihe notwendiger Maßnahmen ist schon vorgesehen. Dazu gehört allerdings nicht das, wovon KAM Lifschitz sprach, der einen sehr richtigen Gedanken aussprach. Die Physik nimmt Fragestellungen der Biologie begeistert auf, oft begeisterter als die Biologie selbst. Vielleicht sollte man es nicht mit Kritik bewenden lassen, sondern an allen physikalischen Instituten biophysikalische Gruppen schaffen. In Japan gibt es beispielsweise das auf dem Gebiet der theoretischen Physik arbeitende Institut für fundamentale Forschungen unter Leitung des bekannten Physikers Yukawa. In diesem Institut gibt es ein experimentelles Laboratorium für Biophysik. Es wäre wünschenswert, daß sich die Abteilung darüber Gedanken macht.

L. A. Arcimovič. Die Abteilung wird dies mit Vergnügen tun.

M. V. Keldysch. Biologische „Keimzellen“ existieren schon in einigen physikalischen Instituten, in der Filiale des Leningrader Physikalisch-technischen Institutes, im Kurčatov-Institut für Atomenergie und im Institut für Kristallografie.

Stimme aus dem Saal. Auch im Institut für Physik der Sibirischen Abteilung in Krasnojarsk.

M. V. Keldysch. Mir hat auch der Teil des Beitrages von I. M. Lifschitz gefallen, der die prinzipielle Bedeutung der Festkörperphysik hervorhebt. Ich wollte keine Zitate aus dem Vortrag von Lev Andreevič bringen, aber eines kann ich doch nicht weglassen: „Die Jahre der großen Eroberungen, als das Gebäude der Festkörpertheorie in den Grundzügen entstand, liegen bereits hinter uns." Eine solche Einschätzung der Festkörperphysik desorientiert nur die Jugend. Stellen Sie sich vor, in der physikalischen Fakultät der Universität würde diese Losung ausgehängt, die Studenten lesen sie. Für sie ist doch die Romantik wichtig! Im nächsten Jahr würde nicht einer sich auf Festkörperphysik spezialisieren. Das sollte man also nicht tun!

Ich möchte nicht auf die Frage zurückkommen, was wichtiger ist, Kernphysik und Elementarteilchenphysik oder Astronomie. Dazu können wir keinen Beschluß fassen, in dieser Hinsicht wird es stets etwas unterschiedliche Auffassungen geben. Und es ist gut, daß nicht alle gleich denken.

Abschließend äußert AM M. V. Keldysch einige Bemerkungen zum Entwurf des Beschlusses des Präsidiums der Akademie der Wissenschaften der UdSSR sowie noch zum Bericht der Abteilung für allgemeine und angewandte Physik und stellt noch einmal fest, daß, wie die Diskussion gezeigt habe, die Mehrzahl der Physiker die extremen Standpunkte von AM L. A. Arcimovič nicht teilt.

Ich denke, sagt M. V. Keldysch, daß wir dies in den Beschluß nicht aufnehmen, sondern dort nur die erforderlichen Empfehlungen fixieren.

Beschluß des Präsidiums
der Akademie der Wissenschaften der UdSSR

Im angenommenen Beschluß bestätigte das Präsidium die Arbeit der Abteilung für allgemeine und angewandte Physik und schlug dem Büro der Abteilung vor, Maßnahmen zur Beseitigung noch vorhandener Mängel zu ergreifen. Das Büro der Abteilung wurde beauftragt, Mitteilungen über Untersuchungen auf Gebieten der Physik anzuhören, deren Ergebnisse wesentlichen Einfluß auf die Entwicklung neuer Technologien haben können, und Maßnahmen vorzusehen, die deren schneller Überführung in die Volkswirtschaft dienlich sind. Die Kontrolle der Entwicklung auf dem Gebiet der Polymerphysik, der Festkörpertheorie, der Entwicklung synthetischer supraharter Kristalle, der außeratmosphärischen Astronomie ist zu verstärken. Der Abteilung für allgemeine und angewandte Physik wurde gemeinsam mit der Abteilung für Kernphysik vorgeschlagen, den Stand und die Entwicklung biophysikalischer Untersuchungen in seinen Instituten zu beraten. Die Abteilung muß außerdem die Kontrolle der Tätigkeit der ihr zugeordneten Wissenschaftlichen Räte verstärken, den Instituten der Unionsakademien eine effektivere Hilfe leisten und die Leitung der physikalischen Forschungen in den Hochschulen realisieren.

2. Beziehungen zur technischen Nutzung

2.1. *Die Physik dient der Technik*

A. M. Prochorov

Die Geschwindigkeit des wissenschaftlich-technischen Fortschrittes hängt in einem wesentlichen Maße von dem Niveau eines industriemäßigen Gerätebaues und von der Lieferung neuer Materialien, die den modernen Anforderungen entsprechen, ab. Dieses Niveau wird seinerseits von den Erfolgen auf dem Gebiet der Festkörperphysik bestimmt. Deshalb muß die Festkörperphysik mit Recht als ein Fundament des wissenschaftlich-technischen Fortschrittes betrachtet werden.

Es ist durchaus wahrscheinlich, daß für viele Leser das zu Beginn Gesagte eine gewisse neue Offenbarung ist; sicher haben sie selten über irgendwelche hervorragenden Ergebnisse aus diesem Wissenschaftsgebiet etwas gehört. Und selbst das ist nicht verwunderlich. Damit mein Gedanke besser verstanden wird, erlaube ich mir, ein Beispiel anzuführen. Stellen Sie sich bitte vor: Eine gewisse Untersuchungsetappe ist abgeschlossen worden. Neue unikale Elemente wurden geschaffen. Auf ihrer Basis entwickeln Konstrukteure originelle Systeme. Über diese Systeme wird in den Zeitungen und Zeitschriften berichtet. Aber die Physiker, die Schöpfer dieser Elemente, bleiben dabei im Dunkeln. Das System kann sehr anschaulich demonstriert werden, es zeigt seine Vorteile; aber die Elemente, aus denen es besteht, kann man oft nur mit Hilfe eines stark vergrößernden Mikroskopes erkennen. Und was vermögen in diesem Falle schon Erklärungen zu helfen...

Ich möchte versuchen, wenigstens über einige Gebiete der Wissenschaft und Technik zu berichten, die heute ohne eine stürmische Entwicklung auf dem Gebiet der Festkörperphysik undenkbar wären.

Es erscheint uns so, als ob die Quantentheorie des Festkörpers noch vor recht kurzer Zeit eine ausschließliche Sache von Theoretikern gewesen ist. Heute spielen im Leben der Gesellschaft elektronische Geräte eine große Rolle, bei deren Entwicklung die Quanteneigenschaften des Festkörpers im weiten Maße ausgenutzt wurden, z. B. für die Schaffung von elektronischen Rechenmaschinen. Die ersten elektronischen Rechenmaschinen, die noch mit Röhren arbeiteten, sind erst vor ungefähr zwanzig Jahren aufgetaucht. Sie waren noch sehr groß, wenig zuverlässig und verbrauchten viel Elektroenergie. Diese Maschinen konnten nur einige tausend Operationen pro Sekunde durchführen und wurden im Grunde genommen als schnell arbeitende Arithmometer verwendet. Der Fortschritt bei der Untersuchung der Festkörpereigenschaften gestattete, diese Röhren durch festkörperelektronische Elemente, durch Transistoren, zu ersetzen und danach prinzipiell neue miniaturisierte und hochzuverlässige Elemente, die integrierten Schaltkreise, zu entwickeln. Der Übergang zu den mikroelektronischen Schaltkreisen ermöglichte es, die Rechengeschwindigkeit der EDVA bis zu einigen Millionen und in einigen Maschinen bis zu hunderten Millionen Operationen pro Sekunde zu erhöhen.

Die Effektivität bei der Benutzung von Datenverarbeitungsanlagen hängt in vielem von der Kapazität des Maschinengedächtnisses ab. In modernen Speichereinrichtungen werden gewaltige Massive von Informationen bewahrt. Wenn man alle diese Informationen ausdrucken müßte, würde man einen typographischen Text von mehreren Millionen Seiten bekommen. Aber auch das ist schon eine zurückgelegte Etappe. Die neuen Speichersysteme, an denen heute Wissenschaftler und Konstrukteure arbeiten, müssen sich von den gegenwärtigen durch eine noch größere Geschwindigkeit und eine noch größere Kapazität unterscheiden. Sie müssen noch zuverlässiger und noch kleiner sein, wenig Elektroenergie verbrauchen, und sie müssen für eine Serienherstellung geringe Kosten verursachen. Heute zeichnen sich mindestens drei verschiedene Wege für die weitere Erforschung ab, die nach meiner Meinung alle sehr perspektivreich sind. Gemeint ist damit der optische Speicher (unter besonderer Benutzung der Holographie), der magnetische Speicher (mit der Anwendung der sogenannten zylindrischen magnetischen Domänen) und der Halbleiterspeicher, die gegenwärtig eine immer größere Verbreitung erhalten.

Jede neue Generation von elektronischen Rechenmaschinen wird eine immer größere Informationsmenge verarbeiten. Dementsprechend muß auch das Durchlaßvermögen für die entsprechenden Nachrichtenwege vergrößert werden, auf denen diese Informationen zu den Rechenmaschinen gelangen. Die heutigen drahtgebundenen Systeme können die weiter anwachsenden Bedürfnisse nicht mehr befriedigen. Deshalb wird man mit der Zeit zur optischen Nachrichtenübertragung übergehen. Auch zur Lösung dieser Aufgabe wurde schon viel unternommen. Es wurden neue Lichtleiter mit geringen spezifischen Verlusten entwickelt, in denen sich auf einem Weg von einem Kilometer die Lichtintensität lediglich um 50% vermindert. Diese Lichtleiter bestehen aus besonderen Glasfasern mit einer Dicke von ungefähr 0,1 mm. Sie benötigen kein teures und defizites Buntmetall, und sie sind unempfindlich gegenüber elektrischen Störungen. Jüngste Ergebnisse aus dem Gebiet der Festkörperpyhsik gestatten es, Geräte herzustellen, die erfolgreich als Lichtquelle oder -empfänger für solche optischen Informationsverarbeitungslinien benutzt werden können. Spezialisten arbeiten heute an der Entwicklung einiger weiterer erforderlicher Einrichtungen: an Umformern, Kommutatoren und Wiedergabeeinrichtungen. Solche Einrichtungen müssen besonders zuverlässig sein. Alle Elemente eines solchen optischen Informationsverarbeitungssystems müssen über viele Jahre hinweg ohne Ausfall arbeiten. Gerade dafür kann eine Verbindung mit Hilfe von Lasern massenweise eingesetzt werden. Jeder Mensch, für den das nötig ist, kann bei sich zu Hause eine kleine Recheneinrichtung haben, die die Funktion eines Videotelefens oder Fernsehers übernimmt und die außerdem gestattet, sich mit einer Großrechenmaschine zu verbinden, um die Lösung komplizierterer Rechnungen zu finden oder bestimmte notwendige Informationen abzufragen.

Die Entwicklung der Arbeiten auf dem Festkörpersektor hat einen Umschwung in der radioelektronischen Industrie bewirkt, wo gegenwärtig der Übergang von Elektronenröhren und Vakuumgeräten zu Festkörperelementen vollzogen wird. So werden gegenwärtig Arbeiten zur Entwicklung von Wiedergabebildschirmen auf Festkörperbasis für das Fernsehen und die Videotelefonie durchgeführt.

Vom Niveau der Festkörperarbeiten hängen vielfach auch die Erfolge auf dem Gebiet der Quantenelektronik ab. Als ein Beispiel kann man die rekordartige hohe Empfindlichkeit von Quantenverstärkern im Radiobereich nennen, bei denen Rubinkristalle benutzt werden.

Erst vor kurzem konnten Wissenschaftler prinzipiell neue Möglichkeiten zur Erzeugung von extrem hohen Drucken und einer extrem hohen Kompression mit Hilfe von intensiven Laserstrahlen oder mit Hilfe von intensiven Elektronenstrahlen finden. Unter ihrer Einwirkung wird Materie verdampft, wobei dieser Stoff dem reaktiven Druck unterliegt. Bei einer allseitigen Bestrahlung des Stoffes wird er dadurch stark komprimiert, und seine Dichte kann auf ein Mehrfaches erhöht werden. Wissenschftler haben vorgeschlagen, diesen Effekt zur Lösung des Problems der gesteuerten Kernfusionsreaktion zu nutzen. Die bis jetzt vorhandenen Laser haben jedoch noch nicht die dafür notwendigen Eigenschaften. Und in diesem Falle ist der nächste Schritt wieder von den Spezialisten auf dem Gebiet der Festkörperphysik zu leisten.

Die Superkompression eröffnet neue Perspektiven auch für viele andere Gebiete der Wissenschaft und der Technik. Das Tätigkeitsfeld ist hier unbeschränkt; die Materie von Neutronensternen hat eine Dichte von einigen hundert Millionen Tonnen pro Kubikzentimeter. Es ist heute schwer zu sagen, ob Physiker überhaupt einmal solche gigantischen Dichten unter Laboratoriumsbedingungen erzeugen können. Aber selbst die Dichten, die wir heute beherrschen, rufen unzweifelhaft ein großes Interesse vom Standpunkt der Änderung charakteristischer Eigenschaften der Festkörper hervor. Bei einem Druck von mehr als zehntausend Atmosphären ändert sich die Plastizität vieler Stoffe bei allseitigem, d. h.

isostatischem Druck wesentlich, sie erhöht sich. Es entstand die Idee, hohe Drucke für neue fortschrittliche Technologien zu benutzen. Eine solche neue Technologie, genannt „Hydroextrusion“, ist das Ergebnis der schöpferischen Zusammenarbeit zwischen Physikern, Technologen und Konstrukteuren. Sie gibt uns nicht nur die Möglichkeit, Materialien in die notwendige Form zu bringen, sondern sie kann auch viele der Stoffeigenschaften erheblich verbessern.

Wissenschaftler, die heute auf dem Gebiet der Festkörperphysik arbeiten, richten große Aufmerksamkeit auf die Synthese neuer Kristalle und von Materialien mit den verschiedenartigsten Eigenschaften. Man kann sich kaum noch eine moderne Technik ohne Hartstoffe vorstellen. Große künstliche Diamanten und kubisches Bornitrid werden von unserer Industrie bereits hergestellt, und mit ihnen werden die verschiedenartigsten Werkzeuge gefertigt. Die Synthese unter hohem Druck wird auch immer stärker benutzt, um weitere Kristalle und Materialien herzustellen.

Die Qualität von synthetisiertem Material hängt nicht nur von der Reinheit der Ausgangssubstanzen ab, sondern auch von seiner Homogenität; das Material muß genaue Proportionen der beteiligten Substanzen und Verbindungen einhalten. Besonders schwer wird es, diese Forderung bei der Synthese von Hochtemperaturwerkstoffen zu erfüllen, da beim Schmelzen des Materials in Tiegeln der Stoff durch die Tiegelwandung verunreinigt wird. Vor einiger Zeit wurde diese Schwierigkeit mit Erfolg durch eine neue Schmelzmethode mit einem kalten Container überwunden. Mit dieser neuen Methode wurden schon Materialien mit wertvollen Eigenschaften hergestellt, und gegenwärtig bemüht sich die Industrie, ihre ständige Produktion zu beherrschen. Eines dieser Materialien wird gegenwärtig mit recht gutem Erfolg als Elektrode für MHD-Generatoren erprobt, die bei ihrer Arbeit eine hohe Temperatur in einer aggressiven Umgebung aushalten müssen. Es ist wahrscheinlich unnötig, noch einmal darauf hinzuweisen, daß die Entwicklung von Elektrostationen auf der Basis von MHD-Generatoren eine äußerst aktuelle Aufgabe darstellt.

In einem Zeitungsartikel ist es nicht möglich, über alle wichtigen Zweige der Festkörperphysik zu berichten. Aber auch dieser kurze Überblick, so hoffe ich, gibt dem Leser die Möglichkeit, sich Vorstellungen über die Vielfalt und über die Bedeutung der fundamentalen Untersuchungen zu machen. Hier hat man nicht so sehr die Entdeckung neuer Gesetze als Ziel gestellt, dafür aber die Entdeckung neuer Eigenschaften und Effekte, die auf der Basis der Quantentheorie des Festkörpers erklärbar sind.

Für die Entdeckung solcher neuen Eigenschaften und Erscheinungen werden in der Regel suprareine Materialien benötigt und die Erarbeitung verfeinerter, origineller Technologien. Oft benötigt man für eine solche Arbeit viele Jahre. Aber die Anstrengungen der Wissenschaftler machen sich durch neue Erfolge auf dem Gebiet der Festkörperphysik sowie durch technische Neuerungen, die sich auf diesen Erkenntnissen aufbauen, bezahlt.

2.2. *Perspektiven in der praktischen Anwendung einiger Errungenschaften der Festkörperphysik*

V. I. Trefilov

Das schnelle Entwicklungstempo der Industrieproduktion in der Periode der wissenschaftlich-technischen Revolution ist gekennzeichnet durch ständig steigende Maßstäbe bei der Nutzung wissenschaftlicher Errungenschaften. Vor unseren Augen entstehen in kurzer Zeit neuartige Produktionszweige, ändern sich die traditionellen Bereiche der Produktion und der Ökonomie radikal, vergrößert sich mit märchenhafter Geschwindigkeit die Kraft und das Leistungsvermögen des menschlichen Genies, festigt sich seine Macht über die Natur.

Schon heute erweisen sich in vielen industriell hochentwickelten Ländern Wissenschaft und Technik als effektivster Investitionsbereich. Speziell in der Sowjetunion ist nach Angaben von Akademiemitglied Trapesnikov der Nutzen aus Investitionen auf dem Gebiet der Wissenschaft dreimal größer als der Nutzen aus der Erweiterung der Grundfonds in der Industrie. Die Kommunistische Partei und die Regierung der Sowjetunion widmen der Entwicklung von Wissenschaft und Technik ständige Aufmerksamkeit, sie betrachten Wissenschaft und Technik als Haupthebel zur Steigerung der Effektivität in der gesellschaftlichen Produktion. Es sei daran erinnert, daß der XXIV. Parteitag der KPdSU in der Hauptaufgabe des 9. Fünfjahrplanes 1971—1975 formulierte: Gewährleistung eines bedeutenden Aufschwunges im materiellen und kulturellen Lebensniveau des Sowjetvolkes auf der Grundlage eines hohen Entwicklungstempos in der sozialistischen Produktion, der Steigerung der Effektivität in der Produktion, der Nutzung des wissenschaftlich-technischen Fortschritts und der Steigerung der Arbeitsproduktivität.

Ohne Zweifel nimmt heute die Festkörperphysik in der Entwicklung der wissenschaftlich-technischen Revolution einen führenden Platz ein, besonders deshalb, weil sich dieses Gebiet der Physik als äußerst fruchtbar sowohl hinsichtlich fundamentaler wissenschaftlicher Erkenntnisse als auch hinsichtlich wichtiger praktischer Schlußfolgerungen erwiesen hat. Eben auf dem Gebiet der Festkörperphysik und in den eng mit ihr verbundenen technischen Wissenschaften arbeiten heute wahrscheinlich die stärksten wissenschaftlichen Kollektive.

So bestimmt heute die Werkstoffproblematik, als wichtigste Sphäre der Anwendung der Ergebnisse aus der Festkörperphysik, die schon immer eine bedeutende Rolle bei der Entwicklung der Zivilisation gespielt hat, das Profil und die Möglichkeiten vieler Industriezweige.

In Anlehnung an den bekannten Ausspruch von J. J. Tomson kann gesagt werden, daß der technische Fortschritt durch die vier Grundfaktoren Wissen, Energie, Werkstoffe und Organisation bestimmt wird.

Als universelle Größe zur Charakterisierung des Entwicklungsniveaus der gesellschaftlichen Produktivkräfte kann die Prokopfproduktion an Elektroenergie angesehen werden. Gerade deshalb legte der Begründer des Sowjetstaates V. I. Lenin einen so allgemeingültigen Gedanken in seinen bekannten Ausspruch: Kommunismus — das ist Sowjetmacht plus Elektrifizierung des ganzen Landes.

Im rückständigen zaristischen Rußland betrug die Erzeugung von Elektroenergie 14 kWh pro Kopf der Bevölkerung, 1970 dagegen wurden 3000 kWh erreicht. In der Annahme, daß im Jahre 2000 in der UdSSR 350 Millionen Menschen leben werden, muß die UdSSR Ende des 20. Jahrhunderts 9—10mal mehr Elektroenergie erzeugen als 1970. Selbst wenn bis zu diesem Zeitpunkt die natürlichen Brennstoffvorkommen noch nicht ausgeschöpft sein sollten, zeigen die Berechnungen sowjetischer Spezialisten, daß mit den Kenntnissen der siebziger Jahre bei dem Versuch, das erforderliche Niveau der Energieerzeugung durch die klassische Methode des Verbrennens zu erreichen, ernste Komplikationen auftreten werden. Allein für den Transport der notwendigen Brennstoffmengen im Maßstab der UdSSR werden nicht weniger als 5000 Eisenbahnzüge pro Tag benötigt.

Die heute von Spezialisten vieler Länder geäußerten Befürchtungen über die möglichen Zeiträume für die Erschöpfung mineralischer Brennstoffe, besonders der flüssigen und der gasförmigen, die komplizierten Probleme der Umweltverschmutzung durch die Verbrennungsprodukte und die angeführten schnell anwachsenden Transportprobleme aktivieren außerordentlich die Forschungs- und Ingenieurarbeiten zur Nutzung neuer Energiequellen, vor allem der Sonnenenergie, der Energie aus der Kernspaltung und aus der Kernfusion.

Aus der Sicht der praktischen Realisierung schon erarbeiteter Varianten zur Nutzung der Sonnen- und besonders der Atomenergie erlangt die Herstellung entsprechender Halbleiter-, bestrahlungsbeständiger, Thermoemissions-, hitzebeständiger, warmfester und feuerfester Werkstoffe, sowie die Herstellung von Werkstoffen mit speziellen Eigenschaften (Kern-, optische, chemische u. a.) vorrangige Bedeutung. So wird die Effektivität moderner Turbinen, magnetohydrodynamischer Generatoren, thermoelektronischer und Thermoionenwandler und von Brennstoffelementen durch die Erfolge bei der Herstellung von Werkstoffen mit vorgegebenen Eigenschaften bzw. Eigenschaftskombinationen entscheidend mit- oder vorbestimmt. Für kernenergetische Anlagen sind Kernbrennstoffelemente und Materialien für Konstruktionen und für Schleifen mit flüssigen Metallen wichtig. Die Entwicklung derartiger Werkstoffe erfolgt aber in erster Linie auf der Grundlage der Gesetzmäßigkeiten der Festkörperphysik. Somit führt auch das Energieproblem in gewissem Grade auf das Werkstoffproblem.

Besonders hohe und komplizierte Anforderungen werden an die Werkstoffe kompakter transportabler Systeme für kosmische Apparate gestellt, bei denen aus Gründen der Gewichtseinsparung die Werkstoffe extremen Bedingungen wie Temperatur, Druck, Belastungen u. a. ausgesetzt sind. Anforderungen aus der Atom-, Raketen-, kosmischen und Flugzeugtechnik haben deshalb die Anwendung einer breiten Klasse neuer Werkstoffe stimuliert: Wolfram, Molybdän, Niob, Tantal, Rhenium, Chrom, Beryllium, deren Legierungen, hochschmelzende Verbindungen wie Karbide, Nitride, Silicide, Boride u. a. Die überwiegende Mehrzahl der genannten Werkstoffe sind nun aber im Bereich mittlerer und tiefer Temperaturen spröde. Nur die schnelle Entwicklung der Verformungs- und Bruchphysik, die auf der Theorie der Kristallgitterdefekte und den unikalen Möglichkeiten genauer physikalischer Experimente auf Gitter- und Atomebene beruht, ermöglichte in gewissem Grade einen erfolgreichen Kampf mit dieser Versprödung, so daß

Methoden der praktischen Anwendung dieser Werkstoffe erschlossen werden konnten. Der Anwendungsbereich warmfester Werkstoffe erweitert sich heute stürmisch.

Die neuesten Errungenschaften der Festkörperphysik eröffnen Möglichkeiten für die Erarbeitung von Werkstoffen mit bedeutend höheren Festigkeiten. Das trifft vor allem auf Konstruktionswerkstoffe, hauptsächlich Stähle, und auf die Werkstoffe für Werkzeuge zu. Es ist bekannt, daß die Versprödung die physikalische Grenze jeglicher Verfestigung ist, so daß eine gezielte Verschiebung des Beginns des makroskopischen Bruchs durch die Erzeugung disperser, schichtförmiger oder von Verbundsystemen, sowie durch dosiertes Legieren von Mischkristallen, welche letzten Endes die Versetzungsverteilung bestimmen, die Festigkeit bis in Bereiche der theoretischen Festigkeit steigern läßt. Zu Beginn des 20. Jahrhunderts lagen die typischen Festigkeitswerte zwischen 300 und 500 N mm^{-2}, heute dagegen sind sie auf 1000 bis 4000 N mm^{-2} angewachsen. Das erwartete Festigkeitsniveau Ende der 80er Jahre bzw. Anfang der 90er Jahre wird heute mit 3000—7000 N mm^{-2} abgeschätzt.

Berechtigte Perspektiven für die Erzeugung hochfester Zustände in Stählen eröffnen die in der UdSSR entwickelten neuen Methoden der thermomechanischen Behandlung, einschließlich der elektrischen Schnellwärmebehandlung als Alternative zur klassischen Methode des Patentierens. Die Schnellwärmebehandlung erweitert die Nomenklatur der Stahlmarken für eine derartige thermomechanische Behandlung und gewährleistet hohe Festigkeiten bei verminderter Tieftemperaturversprödung.

Für Verbundwerkstoffe dürfte in absehbarer Zeit ein Festigkeitsniveau von 10000—12000 N mm^{-2} durchaus real sein.

Das Streben nach hohen Festigkeiten durch Erzeugung äußerst disperser oder feinkörniger Systeme führt in einigen Fällen zum schlagartigen Übergang in einen Zustand mit sehr niedrigen Festigkeiten und gigantischer

Plastizität. Diese Erscheinung wird Superplastizität genannt. Sie wurde von Akademiemitglied Bočvar und seinen Schülern entdeckt. Superplastische Zustände finden bereits heute in der Industrie ihre Anwendung, ihr Anwendungsbereich wird sich zweifellos erweitern.

Das Interesse an feindispersen bzw. feinkörnigen Strukturen wächst in den letzten Jahren im Zusammenhang mit den Möglichkeiten der Pulvermetallurgie und den Herstellungsmethoden für Dünnschichtsysteme. Wie an Kohlenstoff, Kupfer, Gold und einigen anderen Objekten nachgewiesen werden konnte, wird bei Kristallitgrößen von $(1-2) \cdot 10^{-7}$ m nahezu die theoretische Festigkeit erreicht. Somit eröffnen sich auch Perspektiven für die Annäherung an diese Festigkeitswerte in polykristallinen Werkstoffen.

Große Aufmerksamkeit wird heute der Verbesserung der Ermüdungsfestigkeit gewidmet, besonders auch deshalb, weil bis heute die Erfolge auf diesem für die überwiegende Anzahl von technischen Aufgaben so wichtigen Gebiet noch sehr bescheiden sind.

Die Sowjetunion nimmt heute einen führenden Platz in der Gewinnung von hochqualitativem Diamant ein, dessen Anwendungsbereich in der Technik ständig wächst, als Werkzeug, Strahlungsdetektor, in der Optik und im Fernsehen. Neue Möglichkeiten bieten sich jedoch mit der Synthese großer Diamantkristalle und dem Diamanten ähnlicher Verbindungen (Boride) sowie ihrer polykristallinen Zustände vom Typ Ballas und Carbonado. Für die Halbleitertechnik sowie für die halbleitergerechte Reinheit von Nitriden, Karbiden, Oxiden, Siliciden, Boriden u. a. ist die Darstellung hochreiner und dosiert legierter diamantähnlicher Verbindungen äußerst wichtig. Berechtigte Hoffnungen erwecken halbleitende Einkristalle des Bornitrids und des Aluminiumnitrids für die Lösung einer ganzen Reihe von Aufgaben in der Elektronik. Diese hochschmelzenden, gegen aggressive Medien beständigen Werkstoffe strahlen effektiv im blaugrünen Spektralbereich. Sie haben eine Perspektive in den opto-elektronischen Elementen der 4. Generation von Rechenmaschinen.

Im Zusammenhang mit der Dissoziation bzw. Stöchiometrieänderung einer großen Anzahl von hochschmelzenden Verbindungen (besonders der Nitride) bei Temperaturen in der Nähe des Schmelzpunktes wird die Darstellung hochreiner Einkristalle wesentlich durch die Erfolge der metallurgischen Schmelztechnik bei hohen Drücken und unter kontrollierten Atmosphären bestimmt. Als Energiequellen kommen dabei die Sonne und der Laser in die nähere Auswahl. Hochschmelzende einkristalline Verbindungen haben eine große Bedeutung auch für die Verbesserung der Eigenschaften von Schneidwerkzeugen, feuerfesten Werkstoffen u. a.

Große Hoffnungen werden in die Synthese neuer Modifikationen hochschmelzender Verbindungen (z. B. wurzitähnliche Modifikation des Bornitrids) gesetzt, deren Anwendung bei den Schneidwerkzeugen eine Revolution in der spanabhebenden Bearbeitung hervorrufen kann. Die Bedeutung der genannten metallurgischen Schmelzmethoden unter Nutzung der Sonnenenergie geht weit über den Rahmen der dargelegten Aufgaben hinaus. Sie haben ihre Perspektive auch besonders in metallurgischen Orbitalbetrieben der Zukunft, in der Metallgewinnung aus kosmischen Objekten und bei Bau-, Montage- und Reparaturarbeiten im Kosmos (Schweißen, Löten, Metallbearbeitung).

Eine tiefgreifende revolutionäre Umwälzung in der Technik wird die breite Anwendung der Supraleitung hervorrufen. Auf dem Gebiet der Energieübertragung wurde der Fortschritt bis in die jüngste Zeit durch die Erhöhung der Arbeitsspannung der Hochspannungsleitungen bestimmt. Diese Entwicklung ist verbunden mit einer bedeutenden Zunahme des Gewichtes und der Höhe der Hochspannungsmasten sowie einer Verteuerung der Umspannstationen. Der Übergang auf Supra- und Kryoresistorleitungen ändert radikal Art und Möglichkeiten der Übertragungssysteme. So läßt sich z. B. über einen 3 mm starken Supraleiter bei einer Spannung von 100 kV eine Leistung von $30 \cdot 10^6$ kW übertragen. Die Anwendung leistungsstarker Magnetfelder aus Spulen mit supraleitenden Metallen ermöglicht einen weiteren Fortschritt in der Entwicklung von Kernfusionsgeneratoren, Beschleunigern und Schutzsystemen gegen kosmische Strahlung in Raumschiffen. Besonders perspektivreich erscheint die Entwicklung von supraleitenden Speichern anstelle des Baus von Spitzenlastkraftwerken in Industriezentren sowie beim Einsatz in den verschiedensten kosmischen Objekten.

Gegenwärtig wird im klassischen Schema der Elektroenergieproduktion die spezifische Leistungserhöhung der Turbogeneratoren durch Erhöhung der mechanischen, thermischen und elektromagnetischen Belastungen der Werkstoffe erreicht. Diese traditionellen Wege des technischen Fortschritts sind heute nahezu ausgeschöpft. Ein neuer Sprung vorwärts scheint mit der Anwendung von supraleitenden oder hochreinen Metallen bei tiefen Temperaturen möglich zu sein. Dadurch könnten die Stromdichte und die Induktion eines Magnetfeldes um 1—2 Größenordnungen gesteigert werden. Viele Spezialisten sind deshalb der Meinung, daß die Entwicklung von Kryoelektromaschinen (Generatoren und Motoren) eine der Hauptrichtungen für den Fortschritt in der Energetik ist. Nicht vergessen werden soll die Perspektive der Nutzung der Supraleitung für die Entwicklung geräuscharmer Transportsysteme, z. B. für den Transport auf Magnetkissen. Auf der Weltausstellung Expo 70 wurde bereits die Konstruktion eines Zuges für 1000 Passagiere mit einer Geschwindigkeit von 500 km h^{-1} demonstriert.

Schätzt man heute die Perspektiven der technischen Nutzung der Supraleitung ein, so darf man annehmen, daß der Effekt einer Einführung dieses Ergebnisses der Festkörperphysik in ihren Auswirkungen zumindest vergleichbar sein wird mit einem anderen ihrer Ergebnisse, nämlich der Entdeckung und Meisterung der Halbleiter.

In diesem kurzen Übersichtsvortrag konnten nur einige

wenige Beispiele der Beschleunigung des wissenschaftlich-technischen Fortschritts auf der Basis der Errungenschaften der Festkörperphysik dargelegt werden. Sie zeigen jedoch hinreichend klar die grenzenlosen Möglichkeiten dieses Bereiches der Physik in der Entwicklung der wissenschaftlich-technischen Revolution.

2.3. *Wissenschaftliche Grundlagen der Schaffung anorganischer Werkstoffe für die neue Technik*

I. V. Tananajev

Die Rolle anorganischer Werkstoffe im technischen Fortschritt nimmt ununterbrochen zu. Besonders große Bedeutung in der modernen Technik erwerben sich warmfeste und hitzebeständige Werkstoffe, die unter extremen Bedingungen einsetzbar sind und über lange Zeit die Festigkeitscharakteristika, Verschleißfestigkeit, optische, elektrische und andere Eigenschaften aufrechterhalten. Verschiedene Gebiete der Technik stellen den Forschern neue Aufgaben: es werden ungewöhnliche metallische Legierungen, hochschmelzende oxidische und nichtoxidische keramische Werkstoffe, wärmebeständige Gläser, Sitalle und Schutzschichten für Metalle benötigt.

Im Ergebnis gemeinsamer Tätigkeit von Industriezweig- und akademischen Instituten sowie Hochschulen wurden in relativ kurzer Zeit im Lande bedeutende Fortschritte auf diesem Gebiet erreicht. So wurden z. B. eine ganze Reihe temperaturbeständiger Legierungen auf Titanbasis, Legierungen vieler seltener Elemente und effektive Methoden zur Herstellung von Bimetallen geschaffen. Verfahren zur Herstellung neuer schwerschmelzender Werkstoffe auf der Basis seltener Metalle, hochfester feinkörniger Beton ohne grobe Füllstoffe, vibrokolloider zementartiger Kleber, Sitallen und

Schlackensitallen wurden gefunden. In bedeutendem Maße entwickelten sich Untersuchungen zur Technologie verschiedenartiger metallkeramischer Werkstoffe. Es werden Methoden zur Synthese von faserigem Asbest und Phosphatmaterialien für Spezialtechniken und das Bauwesen ausgearbeitet. Schwerschmelzende Suboxide, Karbide, Silizide und andere sauerstofffreie Verbindungen für die Produktion hochfester, feuerfester, korrosions- und strahlenresistenter Werkstoffe wurden synthetisiert. Neue Wege für anorganische temperaturfeste Überzüge zum Schutz der Werkstoffe vor der Zerstörung in aggressiven Medien wurden gefunden.

Die genannten Untersuchungen an anorganischen Werkstoffen hängen eng mit dem Fortschritt in der anorganischen Chemie zusammen, weil sich beide Wissenschaftsrichtungen in enger Zusammenarbeit und bei sorgfältiger Koordinierung der durchzuführenden Arbeiten entwickeln müssen. Die schnell wachsende Zahl bekannter physikalischer Eigenschaften anorganischer Stoffe bringt diese Gebiete einander näher und trägt zugleich zur Präzisierung der Definition über anorganische Werkstoffe bei, die durch eine bestimmte Summe ausgewiesener Eigenschaften charakterisiert sind, die ihre Arbeitszustände unter den gegebenen Bedingungen angeben.

Die zur Berechnung der Eigenschaften zukünftiger Werkstoffe erforderliche Größe der Konstanten hängt von der Reinheit der Ausgangsstoffe ab. Wichtig ist deshalb, die Frage nach deren Erhöhung zu stellen. Das bezieht sich besonders auf die Industrie der seltenen Elemente, die vorläufig noch nicht alle seltenen Elemente und ihre Verbindungen in ausreichender Reinheit herstellt. Aber es ist ja bekannt, daß anorganische Werkstoffe für den Einsatz unter extremen Bedingungen meist auf der Basis seltener Elemente erhalten werden. Schwerpunkt der Untersuchungen in der eigentlichen anorganischen Chemie (abgesehen von Synthesearbeiten) sollte die Ausarbeitung neuer Methoden der Bestimmung physikalischer Eigenschaften sein (früher war die Hauptaufgabe der anorganischen Chemie das Auffinden neuer Klassen und Verbindungen und die Bestimmung einer kleinen Zahl ihrer Konstanten). Besondere Bedeutung gewinnt die Messung der Stoffeigenschaften bei extremen Werten der Temperatur, des Druckes und der mechanischen Einwirkung.

Die Zahl der für die Darstellung anorganischer Werkstoffe und die Bestimmung ihrer Eigenschaften angewandten Methoden nimmt schnell zu. Die entsprechenden Geräte und Anlagen wurden alle vervollkommnet und in einer Anzahl von Fällen mit der modernen Rechentechnik vereinigt. Als Beispiel kann ein automatisches Diffraktometer für Strukturuntersuchungen dienen, an dem die Operationsgeschwindigkeit auf das Zehnfache erhöht werden konnte. Immer häufiger lassen sich neue Methoden der Synthese anorganischer Werkstoffe anwenden, insbesondere wird die Intensität der Einwirkung auf den Stoff erhöht: bei der Ausnutzung des Plasmas, des Elektronenstrahls, aber auch bei der Erwärmung durch Sonnenstrahlung, der Impulsverdichtung (bis zu Millionen Torr), bei Arbeiten unter den Bedingungen höchsten Vakuums (Kosmos) sowie bei der Erhöhung der Werte von Druck und Temperatur, bei der Hydrothermalsynthese, bei der Anwendung der Transportreaktionen unter Beteiligung der Gasphase und beim Heißpressen.

Für die Darstellung neuer anorganischer Werkstoffe ist die physikalisch-chemische Analyse ganzer Stoffsysteme überaus effektiv, insbesondere solcher, die aus hochschmelzenden Komponenten bestehen. In Zukunft wird aber ihre Verwendung vermutlich einige methodische Veränderungen erfahren. Bei der Systemuntersuchung macht es sich erforderlich, einige strukturelle Besonderheiten der Produkte, die Wechselwirkung und ihre Dispersion, zu berücksichtigen. So ist die klassische zweigliedrige Formel der physikalisch-chemischen Analyse für Zustands-Eigenschaftsdiagramme (die auch für Eigenschaften der Schmelze gilt) um weitere zwei Glieder zu ergänzen, die Struktur und die Dispersion. Die Notwendigkeit einer solchen Ergänzung ist offensichtlich, weil ohne Studium der Struktur auf Ionen- oder molekularer Basis (auf der Grundlage der Ergebnisse der Methoden der Kristallchemie, der IR-Spektroskopie, der kombinierten Dispersion, NMR, EPR, KMR u. a.) die wissenschaftliche Behandlung zum Verständnis der Natur der anorganischen Werkstoffe gegenwärtig unmöglich ist. Besonders klar wurde das mit dem Einsatz neuer automatisierter Anlagen mit höherem Auflösungsvermögen. Experimentelles Material für den Wissensfonds wird jetzt so schnell angehäuft, daß vermutlich nach 10—15 Jahren die theoretische Konstruktion der Zustandsdiagramme mit Hilfe der EDV möglich wird.

Die Anwendung kybernetischer Methoden in der physikalisch-chemischen Analyse wurde schon lange begonnen. Gegenwärtig werden Versuche zur Konstruktion der Zustandsdiagramme zwei- und mehrkomponentiger Systeme angestellt, deren Ausgangskomponenten Metalle, Metalloxide oder Salze sind. Es gibt Beispiele, die zeigen, daß eine Voraussage über die Entstehung chemischer Verbindungen in diesem oder jenem System auf der Grundlage der physikalischen Eigenschaften der Komponenten möglich ist. Allerdings war bisher die Rede von dieser oder jener Form der Produkte der Wechselwirkung, die auf den Stoff als solchen bezogen werden kann. Wenn man aber einen bestimmten anorganischen Werkstoff betrachtet, muß man die Zustandsform, d. h. letzten Endes den Dispersionsgrad, berücksichtigen.

Im Grunde genommen ist die Abhängigkeit der Materialeigenschaften von der Dispersität längst bekannt. Beispiele dafür sind: die Kristallisation des Glases in den verschiedenen Stadien der Sitallisation, die Vergrößerung der Teilchen bei der Alterung metallischer und anderer Schmelzen, der Prozeß der Zement-Verfestigung. Die Einführung der Dispersion als obligatorisches Argument in die Grundformel der physikalisch-chemischen Analyse setzt die Sammlung entsprechender experimenteller Daten voraus. In Zukunft wird es möglich sein, sie zu systematisieren und sie in rationellen

Rechenprogrammen für rechnergesteuerte Anlagen auszunutzen.

Die Dispersion kann sich in sehr weiten Grenzen verändern, von atomaren (molekularen) bis zu großen Monokristallen. Im Zustandsdiagramm, das aus angenommenen Kriterien entsteht, erfordert das zusätzliche Koordinaten. Folglich wird die physikalisch-chemische Analyse anorganischer Werkstoffe, d. h. nicht der Stoffe an sich, komplizierter, besonders im Falle vielkomponentiger Systeme.

Die Lösung der mit der Untersuchung solcher Systeme verbundenen Aufgaben, die den unmittelbaren Übergang zum Material gewährleisten, liegt sicher in weiter Ferne, die Entwicklung dieser komplexen Richtung ist jedoch unentbehrlich.

In gedrängter Form kann die vollständige viergliedrige Formel der physikalisch-chemischen Analyse in folgender Form dargestellt werden:

Zusammensetzung	**Struktur**	**Dispersion**	**Eigenschaft**
atomar, molekular (gewichtsmäßig) von 0—100%	durch entsprechende Methoden: Röntgenstruktur- u. -spektroskopische Methoden (IR, KMR, KGR, EPR u. a.), aber auch durch Bestimmung der Defektstruktur: Versetzungen, Defekte Defektagglomerate (Festkörperphysik)	von monoatomaren und molekularen Dispersionen bis zu Monokristallen; einschließl. des kolloiden Zustandes	alle meßbaren Eigenschaften (Physik, Thermodynamik, Mechanik, Festigkeit)

Es ist ganz offensichtlich, daß Untersuchungen zu der so geordneten Formel der physikalisch-chemischen Analyse in ihrem Gesamtumfang nur von Wissenschaftlerkollektiven verschiedener Disziplinen vorgenommen werden können. Die Rolle der Physik bei der Schaffung neuer anorganischer Werkstoffe ist sehr bedeutend und soll in einem gesonderten Abschnitt betrachtet werden.

Es ist eine verbreitete Meinung, daß in jüngster Zeit eine bedeutende „Physikalisierung“ der Chemiker vor sich geht. Wenn man jedoch die historischen Erfahrungen berücksichtigt, erkennt man auch früher ähnliche Erscheinungen, die sich jedoch in Abhängigkeit vom Zustand sowohl der physikalischen als auch der chemischen Wissenschaft verschieden äußerte. Als zu Beginn des vergangenen Jahrhunderts viele grundlegende Begriffe der Chemie formuliert wurden, führte der Einfluß von Physikern (Dalton, Gay-Lussac, Dulong-Petit, Avogadro u. a.) zur Entdeckung und Formulierung der Gesetze der Stöchiometrie und zur Präzisierung des Kriteriums des Molekulargewichtes als Fundament der chemischen Wissenschaft. Die Entdeckung des Periodengesetzes durch D. I. Mendelejev beendete diese Etappe, die durch die Devise „das Atom ist unteilbar“ charakterisiert werden kann.

Mit der Entdeckung der Radioaktivität, der Isotopie und der Röntgenstrahlen („das Atom ist teilbar“) verstärkte sich der Einfluß der physikalischen Ansichten in der Chemie, genauer die exakte physikalische Interpretation chemischer Prozesse, in solchem Umfang, daß die physikalische Chemie als eigenständige Disziplin entstand. Zu Beginn unseres Jahrhunderts entwickelten sich auf der Basis der Entstehung und Entwicklung der Theorie des Atombaues auf breiter Linie die Untersuchungen über den Aufbau der chemischen Verbindungen und die Theorie der chemischen Bindung. Nun wurde das chemische Verhalten der Atome und Moleküle und die Reaktionsfähigkeit unter Berücksichtigung allgemeiner Daten über den Elektronenbau des Orbits der Atome interpretiert. Zugleich vergrößerte sich schnell die Zahl der gemessenen physikalischen Eigenschaften chemischer Verbindungen. Das schaffte die Voraussetzungen für die Ableitung durchgehender mathematischer Charakteristika der Eigenschaften der Stoffe und ganzer Systeme in

Abhängigkeit von den fundamentalen Ausgangsparametern der anteiligen Komponenten.

So ist von den stöchiometrischen Gesetzen der Chemie bis zur Berechnung der Eigenschaften der Systeme bei Vorgabe ihrer Zusammensetzung ein gerader Weg der „Physikalisierung" der anorganischen Chemie zu beobachten, und wenn am Ende des vorigen Jahrhunderts aus der organisierten Form der Zusammenarbeit der Physiker und Chemiker die physikalische Chemie (und wenig später die chemische Physik) entstand, so ist jetzt offensichtlich die Zeit angebrochen, wo Physiker und Chemiker uneingeschränkt zusammenarbeiten. Das ist bei der Entwicklung neuer anorganischer Werkstoffe besonders wichtig. Jetzt sollte im Perspektivplan die Notwendigkeit der sogenannten anorganischen Verbundwerkstoffe besonders hervorgehoben werden, deren praktischer Wert sich aus der Möglichkeit ergibt, verschiedene Eigenschaften in einem Objekt zu kombinieren.

Im Prinzip ist die Frage der Verbundwerkstoffe nicht neu, aber ihr muß notwendigerweise mehr Aufmerksamkeit geschenkt werden. Die Schaffung solcher Werkstoffe ist eine komplizierte Sache, weil sie in ihrer Zusammensetzung verschiedenartige Elemente enthalten (z. B. Metall und Dielektrika), die unter Betriebsbedingungen wie eine Einheit funktionieren müssen. Es glückte lange Zeit nicht, die erheblichen Schwierigkeiten zu überwinden, deshalb wurde in der vergangenen Zeit den Werkstoffen der Vorzug gegeben, die aus *einem* Stoff bestanden. Aus uralten Zeiten wurden steinerne Werkstoffe bekannt (Steinzeitalter oder — anders ausgedrückt — Zeitalter der Keramiken). Ungefähr 6000 Jahre sind dem Menschen die Metalle bekannt (Zeitalter der Metalle), aber Metall und Stein zu vereinigen lernte man erst vor verhältnismäßig kurzer Zeit.

Es gibt drei Möglichkeiten der Zusammensetzung von Verbundwerkstoffen: Metall + Metall ($M_1 + M_2$); Keramik + Keramik ($K_1 + K_2$); Metall + Keramik ($M + K$). Für alle drei Arten der Verbundwerkstoffe kann angenommen werden, daß die Komponenten entweder nicht wechselwirken oder aber unter Betriebsbedingungen der Erzeugnisse eines mit dem anderen wechselwirken. Im ersten Fall haben wir es mit den mechanistischen Systemen zu tun, deren Verhalten unter Arbeitsbedingungen aus mechanischen Daten (Materialfestigkeit) abschätzbar ist, wobei Maßstabsfaktoren u. a. berücksichtigt werden müssen. Im zweiten Fall beeinflussen sich die Komponenten und bilden an der Zwischenphasengrenze ein neues Produkt. Das geschieht praktisch immer, weil bei der Nutzung der Erzeugnisse die Einwirkung hoher Temperaturen von Druck und anderer Faktoren unvermeidbar ist. Für anorganische Werkstoffe, die bei genügend hohen Temperaturen eingesetzt werden, existiert die erste Variante praktisch nicht.

Bei der Wechselwirkung innerhalb eines Verbundwerkstoffes können sich chemische Verbindungen entsprechend den verschiedenen Oxydationsstufen der Metalle bilden, komplizierte Verbindungen, die bei Kombination $K_1 + K_2$ und $M_1 + M_2$ (intermetallische Verbindungen) entstehen, aber auch Phasen wechselnder Zusammensetzung vom Typ fester Lösungen. Aus diesem Grunde kann das Spektrum der Komponenten von Verbundwerkstoffen sehr viel komplizierter werden, sobald das entsprechende Produkt bei hohen Temperaturen eingesetzt wird. Das führt zu Unsicherheiten in der Berechnung des Verhaltens und der Eigenschaftsreserven der Produkte in den verschiedenen Arbeitsstufen. Daher beschränkt man sich gewöhnlich darauf, bestimmte Stoffeigenschaften, insbesondere die Festigkeitscharakteristika, in Abhängigkeit von der Zeit und der Intensität der Einwirkung zu bestimmen. Solche phänomenologischen Werte sind jetzt für eine ganze Reihe von Verbundwerkstoffen gesammelt, und ihre Anzahl nimmt schnell zu.

Die Verallgemeinerung dieser Erfahrungswerte bleibt einstweilen noch hinter der Praxis zurück. Es ist jedoch anzunehmen, daß schon in naher Zukunft der ernsthafte

Versuch unternommen wird, bei der Unterscheidung der Verhaltensmechanismen von Verbundwerkstoffen ungeachtet der Kompliziertheit der Fragen auf das molekulare Niveau überzugehen.

Besonders soll betont werden, daß der Ansicht, daß die Menge der Wechselwirkungsprodukte in einem Verbundwerkstoff durch die Werte entsprechender Diagramme bestimmt ist, nicht vollständig zugestimmt werden kann, weil Verbundwerkstoffe bekanntlich Nichtgleichgewichtssysteme sind. Deshalb muß zu den modernen Methoden ihrer physikalisch-chemischen Analyse noch die Kinetik hinzugefügt werden. Verbundwerkstoffe sind „lebendige" Systeme, und bei der Untersuchung unter Betriebsbedingungen spielen Fragen der Kinetik die entscheidende Rolle. Zustandsdiagramme haben im vorliegenden Fall nur dann allseitige Bedeutung, wenn sie aus experimentell gewonnenen Werten unter Berücksichtigung der Kinetik aufgestellt wurden. Die Frage der Zweckmäßigkeit der Darstellung „kinetischer" Diagramme ist nicht neu, sie erreichte aber noch keine große praktische Bedeutung. Bisher war es möglich, daß sich die physikalisch-chemische Analyse hauptsächlich auf den Stoff orientierte, weil keine besondere Notwendigkeit bestand, den Akzent auf die Kinetik der entsprechenden Prozesse zu lenken. Außerdem kann man bei der Betrachtung von Verbundwerkstoffen nicht umhin, die Dispersion der Ausgangsstoffe und der im Arbeitsprozeß gewonnenen Werkstoffe zu berücksichtigen.

Gewöhnlich nimmt man an, daß Verbundwerkstoffe künstlich aus den entsprechenden Makrokomponenten zusammengesetzte Systeme sind: aus der Matrix, das sind kompakte Materialien (Metalle oder Keramika) ganz beliebig großer Abmessungen, und aus Armierungsmaterial mit Fasern oder Fäden aus Metall oder Keramik, am günstigsten im monokristallinen Zustand. Weil in irgend einer Weise immer scharfe Grenzen zwischen Makro- und Mikroaufbau bestehen, ist es nach Meinung des Autors nicht erlaubt, den Begriff Verbundwerkstoff auf die Kategorie von Werkstoffen zu erweitern, die Komponenten in atomarer oder molekularer Dispersion enthalten und wo nur bedingt Grenzen zwischen den einzelnen Gruppen existieren.

Jede der genannten Arten von Verbundwerkstoffen wird zweckmäßigerweise in drei Gruppen eingeteilt, in denen die Komponenten nach ihrer Dispersion unterschieden werden:

1. Der Verbundwerkstoff, der aus zwei Teilen („Blöcken") beliebig großer Abmessungen zusammengesetzt ist, wobei jeder selbständige Funktionen trägt. In diesem Fall ist die Kontaktfläche zwischen den Blöcken im Vergleich zu deren Größe verschwindend klein, und bei hohen Temperaturen (die aber die Schmelztemperatur nicht übersteigen), kann das Verhalten entsprechender Erzeugnisse als Funktion des Verhaltens seiner Bestandteile betrachtet werden. Ein „Ereignis" in der Zwischenphasengrenze hat untergeordnete Bedeutung; das neue Erzeugnis ist so, wie die mittlere Kohäsion der Blöcke.

2. Verbundwerkstoffe, in denen die Dispersion der Armierungsteilchen verhältnismäßig groß ist, wie z. B. dünne monokristalline Fäden, kurze Fasern (1—5 mm), kleine Kristalle. Hier ist jede Komponente von der anderen abhängig, und die Menge der Zwischenphasenbildung ist mit der Menge der Ausgangskomponenten vergleichbar. Das Verhalten dieses verbreitetsten klassischen Typs von Verbundwerkstoffen ($Al + Al_2O_3$; $Mg + MgO$; $Ni + ThO_2$ u. a.) kann in einem bekannten Temperaturintervall wie ein System betrachtet werden, das gewöhnlich Gegenstand der physikalisch-chemischen Analyse ist.

3. Verbundwerkstoffe auf dem Niveau der Mischung der Komponenten mit atomaren und molekularen Abmessungen. Gewöhnlich sind das chemische Verbindungen vom Typ AB, AB_2, A_2B und andere, bis zu Doppelsalzen und Komplexverbindungen, sowie auch Phasen wechselnder Zusammensetzung. Meist werden Stoffe aus derartigen Komponenten nicht zur Klasse der Verbunde ge-

rechnet. Das ist aber im Prinzip nicht ganz richtig, weil solche äußeren Einwirkungen (z. B. Bestrahlung, die verschiedenste Arten von Defekten bildet) auf das Material stattfinden können, in denen die Atome bzw. Moleküle, die die Verbindung bilden, sich „unabhängig" verhalten und die Betriebseigenschaft beeinflussen.

Die angebotene Klassifikation ist möglicherweise umstritten, aber sie umfaßt alle Typen von Verbundwerkstoffen, wenn nach der Teilchengröße, den Komponenten und den zusammengefügten Stoffen klassifiziert wird. Außerdem darf man nicht vergessen zu berücksichtigen, daß bei genügend hohen Temperaturen (z. B. nahe der Schmelztemperatur der Komponenten) die wechselseitige Diffusion so rasch zunimmt, daß das Erzeugnis aus dem Verbundwerkstoff des Typs 2 wie ein Erzeugnis vom Typ 3 funktioniert. Jederzeit läßt sich berechnen, inwiefern unter dem Gesichtspunkt der Ausnutzung des Erzeugnisses eine Umwandlung des einen Materialtyps in den anderen zulässig ist.

Mit der Entwicklung von Wissenschaft und Technik entsteht ein dringendes Bedürfnis nach einem breiten Werkstoffsortiment, insbesondere metallischer Werkstoffe, mit vorgegebenen komplexen Eigenschaften, wie z. B. hoher Festigkeit, Emission, Elastizität, vektorellen wärmephysikalischen, magnetischen, elektrophysikalischen und anderen Charakteristika.

Bekanntlich nimmt unser Land in der Untersuchung der Zustandsdiagramme metallischer Systeme eine führende Stellung in der Welt ein. Jetzt ist es jedoch erforderlich, die mehr oder weniger fehlerfreie Vorhersage der Zusammensetzung von Legierungen mit vorgegebenen Eigenschaften auf der Basis des Periodensystems zu erlernen. In dieser Phase ist es wichtig, die EDV heranzuziehen. Man muß die Forschung auf die Untersuchung des Kriechverhaltens, der Plastizität und der Relaxation von Legierungen bei Temperaturen oberhalb 0,5—0,6 der Schmelztemperatur erweitern.

Sehr perspektivisch sind das Heißwalzen im Hochvakuum und die Explosionsmethode. Es werden industrielle Walzstraßen mit Kräften bis 500 t für die Produktion vielschichtiger Platten großer Abmessungen projektiert. In Verbindung mit der Plasma-Methode läßt die Herstellung von Schichten Milliarden-Einsparungen erwarten. Es ist auch notwendig, das Schmelzen im Vakuum von $10^{-8}-10^{-10}$ mm und die Messung einer Reihe von Eigenschaften bei 2500—3000 °C zu meistern. Man kann sagen, daß die Messung der Eigenschaften bei hohen Temperaturen für alle Arten anorganischer Werkstoffe wichtig ist.

Notwendig gebraucht werden Legierungen auf der Basis des Titans, Niobs, Chroms, Tantals und anderer hochschmelzender Metalle mit einer Wärmefestigkeit bei 500—2500 °C und Aluminium-Magnesium-Legierungen die mit Seltenerd-Elementen legiert sind und die Erhöhung der maximalen Arbeitstemperaturen von 300—350 °C auf 400—500 °C gestatten. Die Notwendigkeit der Schaffung von Verbundwerkstoffen auf der Basis metallischer Matrices, die mit leichten Fasern aus Aluminium, Magnesium und Titan armiert sind und die spezifische Festigkeit um das Fünf- bis Zehnfache erhöhen, führt zu einer Anzahl Fragen bezüglich der Diffusionsbarrieren, metastabilen dispersen Zusammensetzungen, Festigkeitsmechanismen, der Kinetik der Oxydation, der Dissoziation der Oxide usw.

Es ist erforderlich, Supraleiter mit Arbeitstemperaturen von 23—25 K (flüssiger Wasserstoff) und stabilen Arbeitsparametern für Gleich- und Wechselstrom und Übertragungsdichten bis 10 Mill. A/cm^2 zu entwickeln. Der Schlüssel zur Lösung dieser Probleme liegt in den Händen der Chemiker, die die entsprechenden Zustandsdiagramme untersuchen.

Eine große Aufgabe ist es, alle seltenen Metalle in ultrareinem Zustand herzustellen. Das ist notwendig für die Schaffung vieler Arten anorganischer Werkstoffe mit hohem Gebrauchswert. Ungenügende Aufmerksamkeit wird der Untersuchung der Struktur der Metalle (Aufbau der Fermiflächen) entgegengebracht. Die Arbeiten in dieser Richtung müssen intensiver geführt werden.

Ein umfangreiches Forschungsgebiet sind die Werkstoffe auf Oxidbasis. Man kann eindeutig zeigen, daß „gewöhnliche" Systeme aus Metall und Sauerstoff in letzter Zeit sehr wenig untersucht wurden. Der Mechanismus der Oxydation der Metalle erwies sich in der Tat als recht kompliziert; die Kenntnis der Kinetik solcher Prozesse ist aber für die Aufklärung, z. B. der Rolle der Suboxide in der Schutzwirkung von Deckschichten auf Metallen, wichtig.

Viel versprechen Mischoxide der Seltenerdmetalle mit Elementen der IV., V. und VI. Gruppe des Periodensystems insbesondere für MHD-Generatoren. In einer Reihe von Instituten werden in dieser Richtung Sucharbeiten durchgeführt, insbesondere an einigen Zusammensetzungen, z. B. festen Lösungen, von Oxiden des Zirkons und des Yttriums und Oxiden von Erdalkalimetallen, die bereits Verwendung finden oder sich in der Erprobung befinden.

Eine wesentliche Intensivierung müssen die Untersuchungen auf dem Gebiet der feuerfesten Konstruktionskeramika erhalten. Arbeiten zur Bestimmung der Deformationsgeschwindigkeit, des Kriechens, der Dauerfestigkeit und des elektrischen Widerstandes dieser für die Technik wichtigen Werkstoffe müssen beschleunigt werden.

Es ist erforderlich, die Untersuchungen der Eigenschaften von Metalloxidschmelzen mit dem Ziel der wissenschaftlichen Begründung und Auswahl optimaler Haftvermittler für anorganische Werkstoffe (zuweilen kommen diese Haftschichten im festen Zustand vor, und ihre Bindungseigenschaften entwickeln sich im Herstellungsprozeß der Werkstoffe) auszuweiten. Das betrifft auch die Ausdampfung keramischer Werkstoffe im Vakuum, Arbeiten zur Gewinnung einkristalliner Fäden und in verschiedenen Teilen des Spektrums durchsichtiger polykristalliner Keramika. Es muß hier vermerkt, werden, daß die Gewinnung monokristalliner Fäden für Verbundwerkstoffe eine besonders große Bedeutung hat.

Erfolgreich entwickeln sich die Untersuchungen zu forsteritischen feuerfesten Stoffen in der Schwarzmetallurgie und zu handelsüblichen elektrogeschmolzenen feuerfesten Gelatinen.

Vieles kann man von der Substitution arbeitsaufwendiger Prozesse der Darstellung von Oxidkeramika durch die Automatisierung ihrer Herstellung mittels der Methoden des Heißpressens, aber auch von der Anwendung neuer Methoden zur Beseitigung verdorbener Futter erwarten. Das verlangt Anlagen, die bei hohen Drucken arbeiten (etwa 15 kbar für hydrothermale Bedingungen und 200 bis 300 kbar für trockene Systeme), Plasmabrenner für Temperaturen über 5000 °C und in großer Zahl Hochtemperaturröntgenanlagen.

In letzter Zeit wurde den polymeren Phosphaten große Aufmerksamkeit zuteil, die bei niedrigen Temperaturen aus wäßrigen Lösungen gewonnen werden und bei Erwärmung bis 2000 °C und mehr widerstandsfähig sind. Feuerfeste Phosphatwerkstoffe haben verschiedene Verwendung als Leime für Keramika und Glasplaste, leichtgewichtige Betone (Phosphorite), hitzebeständige Überzüge, Verputzfliesen usw.

Ein wenig abseits steht die Frage der Gewinnung anorganischer Werkstoffe auf der Grundlage ionogener Fluoride des Lithiums, Calziums, Magnesiums, Bariums, Strontiums, Zinks, Kadmiums und Seltenerdmetallen mit bestimmten optischen, dielektrischen und magnetischen Eigenschaften und ihre Anwendung. Vielfältig und schwer überschaubar ist die Glasindustrie. Für die Technik ist die Oberflächenbeschaffenheit und die Hochtemperaturbeständigkeit des Glases von besonderem Interesse. Hier erhielten das Ionenaustauschverfahren, die chemische Ätzung mit nachfolgender siliziumorganischer Beschichtung, die Flüssighärtung und andere Verfahren große Bedeutung.

Beträchtliche Bedeutung erweckten Fragen der Theorie

des glasartigen Zustands, die Erweiterung des Sortimentes von Phosphat- und Berrylatglas sowie von Glas, das Seltenerdelemente enthält. Es muß betont werden, daß die Zukunft dieser beliebten Werkstoffart von der Möglichkeit der relativ leichten Anschaffung der dazu erforderlichen Mengen seltener Elemente abhängt. Die Produktion hochreinen Quarzglases muß stark ansteigen.

Ungewöhnlich schnell entwickeln sich Arbeiten zur Darstellung, Untersuchung der Eigenschaften und die Anwendung glasig-kristalliner Werkstoffe, der Sitalle. In der UdSSR wurden 10 Arten derartiger Werkstoffe mit vorgegebenen komplexen technischen Eigenschaften entwickelt, dielektrische, mit Ausdehnungskoeffizienten gleich Null, korrosionsbeständige u. a. Der Bereich ihrer Anwendung ist ungewöhnlich groß und reicht von großen Röhren bis zu Mikroschemata. Es ist außerdem notwendig, Sitalle mit großer Stabilität der Wärmebeständigkeit, der optischen Durchsichtigkeit, Verbunde mit faserigen Materialien, mit hohen dielektrischen Eigenschaften, steingegossene Sitalle, schlackenfreie Sitalle und eine Reihe anderer zu entwickeln. Es wird die Theorie der katalysierten Kristallisation entwickelt und die Kinetik des Wachstums der kristallinen Phase sowie die Einflüsse der Glasphase auf die Eigenschaften der Sitalle untersucht. Es fällt schwer, ein Gebiet der Technik zu nennen, wo nicht sauerstofffreie Werkstoffe wie Boride, Karbide, Nitride, Phosphide, Silizide, Hydride und Chalkogenide benötigt werden. Allen drei Arten sauerstofffreier Werkstoffe, metallischer, nichtmetallischer und metallähnlicher (diese gehören zur Art der Metallkeramika), wird bei uns große Aufmerksamkeit gewidmet. Es werden Methoden der Synthese sauerstofffreier Verbindungen und die Darstellung von Einkristallen, z. B. aus der Schmelze der Metalle, aber auch viele ihrer Eigenschaften wie temperatur- und elektrophysikalische, magnetische, Thermoemissionseigenschaften und andere untersucht. Vervollkommnete Methoden der Herstellung sauerstofffreier Verbindungen im Zustand erhöhter

Reinheit, in Form von Monokristallen, Whiskern und Fäden werden entworfen, Synthesen bei hohen Drucken und Temperaturen ausgearbeitet, breite Untersuchungen zum Bornitrid durchgeführt (Isolatoren, selbstschmierende Lager, Füllmittel für Spezialgummi-Sorten); zu Chalkogeniden werden neue Methoden der Darstellung, der physikalisch-chemischen Analyse, der Darstellung großer Monokristalle erforscht; Möglichkeiten der Darstellung von Hochtemperatur-Halbleitern, Luminophoren und festen Ölen werden gesucht. Die perspektivisch besten Methoden der Synthese und zahlreiche physikalische Methoden zur Untersuchung der Eigenschaften werden eingesetzt.

Für die Atom- und Raketenindustrie werden neue feuerfeste, korrosionsfeste, elektro- und radiotechnische, hochabriebfeste Werkstoffe entwickelt.

Theoretische und Strukturuntersuchungen werden geplant, die in Anbetracht ihrer großen Zahl für die EDV-Anwendung vorgesehen werden, so z. B. automatische Diffraktometer und andere neue Apparaturen.

Ungewöhnlich groß ist der Kreis der Komponenten, die für die Auswahl außerordentlich wichtiger Arten anorganischer Werkstoff-Schutzschichten zur Verfügung stehen. Überaus vielfältig sind die Methoden ihrer Herstellung. Der Schutz der Metalle vor Korrosion ist von gewaltiger ökonomischer Bedeutung. Dazu gehören auch hochschmelzende Metalle mit großer technischer Bedeutung wie Titan, Zirkon, Seltenerdelemente, Niob, Molybdän, Wolfram und ihre Verbindungen, die ohne Schutz unter gewöhnlichen atmosphärischen Bedingungen nicht funktionsfähig sind. Zu den anorganischen Schichten gehören auch organosilikatische, die sich beim Erhitzen zersetzen und feuerfeste, rein anorganische Schichten zurücklassen. Der eigentliche Kern des Problems der Schutzschichten ist ein Problem der Verbundwerkstoffe aller Typen. Ihr Verhalten, die Zwischenphasenwechselwirkung, ist sehr kompliziert und noch unzureichend untersucht.

Es ist notwendig, wissenschaftliche Prinzipien der Kohäsion anorganischer Schichten mit verschiedenartigen Stoffen auszuarbeiten. Das verlangt die Untersuchung von Hochtemperaturprozessen an Zwischenphasengrenzen und in der Deckschicht. Vor den Gelehrten steht die Aufgabe der Synthese porenfreier Schichten mit Methoden der Gasphasen- und Plasmatechnologie, der Schlickertechnologie, der lokalen Erwärmung ohne Versprödung der Metalle, die Darstellung „selbstheilender“ und vielkomponentiger Diffusionsschichten und eine Reihe anderer Aufgaben.

Die exakte Prognostizierung auf lange Sicht auf dem Gebiet der anorganischen Werkstoffe ist eine sehr schwere Aufgabe, weil besondere Leistungen das Verhältnis der Teilaufgaben schon in naher Zukunft verändern können. Aber die Hauptrichtungen, deren Entwicklung für die Entscheidung der dargelegten Probleme wichtig ist, werden unter allen Umständen ihre Bedeutung behalten.

2.4. *Die Zukunft der Metalle*

A. P. GULJAJEV

Metall ist als das wichtigste Material für die Herstellung von Maschinen, Apparaten und Gebrauchsgegenständen anzusehen, da im Gegensatz zu anderen Stoffen eine lokale Überlastung (beispielsweise infolge einer Konzentration von Spannungen) zu einer örtlichen plastischen Verformung ohne Zerstörung bei einer gleichzeitigen „Selbstverfestigung“ führt. Bei zähplastischen nichtmetallischen Stoffen entsteht bei lokaler Überlastung keine „Selbstverfestigung“, der Querschnitt verringert sich und die Spannungen nehmen zu. Bei Stoffen, die sich nicht plastisch verformen lassen, führt eine Überlastung zur Rißbildung und dann zu einem plötzlichen Sprödigkeitsbruch.

Es ist anzunehmen, daß die Schaffung plastischer, sich

selbst verfestigender nichtmetallischer Stoffe aus folgenden Gründen nicht möglich sein wird:

- Die Fähigkeit zur plastischen Verformung und zur Kaltverfestigung weisen nur Stoffe auf, die über freie Elektronen verfügen. Das trifft nur für Metalle zu.
- Damit den nichtmetallischen Stoffen eine solche plastische Verformbarkeit verliehen werden kann, müßten sie in ihrem Aufbau verändert und in ihnen freie Elektronen erzeugt werden. Die Stoffe würden dadurch zu Metallen.

Um die Mitte des 19. Jahrhunderts genügten etwa 2 Dutzend metallischer Stoffe (Eisen, einfacher kohlenstoffhaltiger Stahl, Grauguß, Bronze und einige andere), um die Bedürfnisse des Maschinenbaues und anderer Zweige der Technik zu befriedigen. Jetzt zählt die Nomenklatur der Stahl- und Graugußsorten und ihrer Legierungen nach Zehntausenden.

Einige wichtige Zahlenangaben über die Entwicklung auf dem Gebiet der Metalle von 1800 bis 2050

Jahr	Metallproduktion	Anzahl der entdeckten Metalle	Anzahl der industriell hergestellten Metalle	Anzahl der Legierungen	Maximalspannung in Konstruktionen und Maschinen	Erreichte Festigkeit
	Mill. t				kp/mm²	
1800	1	20	8	20	5	30
1850	10	40	10	50	10	50
1900	100	60	12	1000	20	100
1950	400	alle	30	25000	100	250
2000	1000	alle	alle	250000	250	500
2050	1500	alle	alle	unendlich viele	1000	1000

Die Entwicklung der Technik stellt heute Aufgaben, die oft nicht mit den vorhandenen Legierungen gelöst werden können.

Die Entwicklung neuer Werkstoffe muß deshalb Vorrang haben, wenn das Tempo der technischen Entwicklung nicht behindert werden soll. Sie ist auf dem Wege des zufälligen Einsatzes und ohne systematische Prüfung nicht mehr möglich. Die Wissenschaft, und insbesondere die Metallkunde, muß hier den Weg weisen.

Wie wird sich die Metallkunde entwickeln? Welche Entwicklungsergebnisse werden erzielt und in der Praxis angewandt werden können?

Ende des 20. Jahrhunderts

Das Periodensystem der chemischen Elemente zählt mehr als 100 Elemente. Von den bekannten Elementen sind mehr als 70 Metalle, die mit wenigen Ausnahmen industriell hergestellt werden. Die schweren Transplutonium- und anderen kurzlebigen Elemente können kaum als Grundlage für Legierungen dienen, obwohl vermutet wird, daß einige dieser Elemente, etwa um die Ordnungszahl 110, sich als langlebig erweisen können. Legierungen auf der Basis des Rheniums, der Lanthanide (des Praseodyms, des Neodyms usw.) sowie der Platinmetalle (des Osmiums, des Rutheniums usw.) sind möglich. Die wertvollen Eigeschaften einiger dieser Metalle, zum Beispiel des Rheniums, sind schon jetzt bekannt. Ihre Anwendung ist jedoch begrenzt, da noch keine Erze mit einem für die Massenproduktion ausreichenden Gehalt gefunden wurden. Möglicherweise werden solche Erze in der Erdkruste gefunden werden. Es ist jedoch nicht ausgeschlossen, daß sie sich auch auf dem Wege radioaktiver Umwandlungen aus anderen Elementen gewinnen lassen.

Es ist mit hitzefesten metallischen Stoffen auf der Basis bisher dafür nicht angewandter Metalle — des Rheniums, des Rutheniums, des Osmiums, des Iridiums und anderer — zu rechnen. Die geringe plastische Verformbarkeit einiger seltener Metalle wird durch Verfahren, die eine Beseitigung der Beimengungen ermöglichen, positiv zu beeinflussen sein. Was bereits bei Halbleitern wie Silizium und Geranium erreicht wurde — sie in jeder beliebigen Reinheit zu gewinnen —, wird wahrscheinlich bei jedem Metall möglich sein. Es ist anzunehmen, daß Chrom, Wolfram, Molybdän, Beryllium und ihre Legierungen in plastischer Form bereitgestellt werden können.

Das Hüttenwesen wird sich auf die Herstellung allgemeinen und hochwertigen Materials spezialisieren. Für viele Zwecke des täglichen Bedarfs werden weder jetzt noch künftig besondere Stoffe anstelle des Kohlenstoffstahls erforderlich sein. Er wird weiterhin in großen Mengen nach modernsten und hochproduktiven Verfahren hergestellt werden. Viele Zweige der Technik (der Kraftfahrzeugbau, der Flugzeugbau, die Fernsehindustrie usw.) werden aber mit einer Vielzahl metallischer Werkstoffe versorgt werden müssen.

Außer bei Legierungen auf der Basis neuer oder wenig angewandter Metalle (Tantal, Niobium, Rhenium, Beryllium und andere) werden qualitative Veränderungen auch bei den Legierungen auf der Basis der bekannten Metalle (Eisen, Nickel, Kobalt, Kupfer, Aluminium und andere) vor sich gehen. Vor allem werden sich neue Prüfverfahren durchsetzen. Die übliche Zugprüfung mit der Bestimmung der sogenannten Festigkeitsgrenze wird Prüfverfahren weichen, bei denen die praxisbezogenen Kennwerte ermittelt werden (zum Beispiel Widerstand gegen Rißbildung, Ermüdungsfestigkeit). Diese Qualitätsmerkmale der Metalle werden den Liefer- und Abnahmebedingungen zugrunde gelegt werden und Eingang in die Festigkeitsberechnungen finden.

Für die neuen Anforderungen der Technik werden Verfahren zur Gewinnung von Legierungen mit der notwendigen Reinheit angewandt werden (auch zur Erzielung superhoher Reinheit), die zu einer hohen Homogenität führen. Die Herstellungsmethoden für Legierungen werden erforderlichenfalls alle Arten von Inhomogenität (die zonale und die Dendritseigerung) und die Anisotropie (unterschiedliche Eigenschaften in verschiedenen Richtungen) ausschließen. Die Korrosion der Metalle wird durch Überzüge verhindert werden, die schon in einem sehr frühen Stadium der Verarbeitung der Metalle angebracht werden. Es werden Verfahren für die Verbindung von Metallen entwickelt werden, bei denen die Metallstruktur nicht — wie beim Schweißen — beeinträchtigt wird. Viele neue Arten von Halbfabrikaten (beispielsweise Bleche von 5 m Breite und mehr sowie von 10 µm Dicke und weniger) werden gefertigt werden.

Die Herführung der statischen Festigkeit an die theoretischen Werte (bei Eisenlegierungen 500 kp/mm²) wird echte Leichtbaukonstruktionen ermöglichen. Die Grenze der Ermüdungsfestigkeit und des Widerstandes gegen Sprödigkeitsbruch wird auf 150 und 200 kp/mm² erhöht werden (zur Zeit 50 und 100 kg/mm²). Legierungen auf der Basis von Titan, Aluminium, Nickel und einiger anderer Metalle werden, was die mechanischen Eigenschaften betrifft, dem Stahl nahekommen.

Für Verbundwerkstoffe ist mit einer Menge von 10 bis 20% der Menge der hergestellten Metalle zu rechnen. Die Verbundwerkstoffe bestehen aus einem weniger festen, jedoch plastischen Material, das mit hochfesten Fasern (in Form von Netzen, Waben usw.) armiert ist. Dadurch werden günstigere Eigenschaften als bei den bisher üblichen Werkstoffen erreicht.

Der Einsatz von EDV-Anlagen in der metallkundlichen Forschung wird üblich sein. Nach einem vorgegebenen Programm wird damit nicht nur eine Legierung von bestimmter Zusammensetzung hergestellt werden und eine bestimmte Bearbeitung erfahren (durch Druck und Temperatur), sondern es wird außerdem eine vollständige Information über die Eigenschaften und Besonderheiten ihres Aufbaus gewonnen werden. Dadurch wird sich die Suche nach Legierungen mit den gewünschten spezifischen Eigenschaften vereinfachen. Die Anzahl der zu erforschenden Legierungen wird sich wesentlich vergrößern lassen, die Prüfungsergebnisse sowie die Anforderungen und die Eigenschaften werden besser zu berechnen und zu systematisieren sein.

Außerdem werden mit Hilfe der EDV alle Zustandsdiagramme für hochreine Stoffe mit sehr starker Annäherung neu aufgebaut werden: zunächst zweifache ($100 \times 100 = 10000$ Diagramme) und später dreifache und noch kompliziertere Systeme.

Wahrscheinlich wird es möglich sein, den Elastizitätsmodul durch Veränderung der Zusammensetzung und durch thermische Bearbeitung beträchtlich zu verändern und ein Material mit einem sehr hohen Elastizitätsmodul (50000 bis 100000 kp/mm^2) zu schaffen.

Über eine thermische Spezialbehandlung mit entsprechender Druckeinwirkung werden besondere magnetische, mechanische und andere Eigenschaften der Metalle und Legierungen erzeugt werden.

Die Oxydierung, die Entkohlung und andere Einwirkungen der Atmosphäre auf das erhitzte Metall werden sich durch Bearbeitung oder Erhitzung unter Vakuum oder trägen Gasen und durch Schutz des Metalls mit Hilfe von Folien vermeiden lassen.

Verfahren der gezielten Erzeugung von Spannungen innerhalb des Metalls zur Beeinflussung seiner Festigkeit werden verstärkt angewandt werden.

Es ist damit zu rechnen, daß die Oberfläche der Metalle mit zwei und mehr Komponenten in verschiedenen Zusammensetzungen angereichert werden wird, damit besondere Eigenschaften der Oberflächenschichten erzielt werden können.

Mitte des 21. Jahrhunderts

Die für den jeweiligen Zweck optimale Legierung wird vorhanden sein oder erzeugt werden können. Dadurch werden eine hohe Lebensdauer und Zuverlässigkeit sowie ein geringeres Gewicht der Maschinen und der sonstigen Erzeugnisse erreicht werden. Bei der Projektierung einer neuen Maschine oder eines technologischen Prozesses werden Informationen über die Werkstoffe erhältlich sein, die den geforderten Kennwerten entsprechen. Damit wird die Wahl des optimalen Materials gewährleistet werden.

Alle Teile der Maschinen der Zukunft werden eine gleichmäßige Standzeit aufweisen. Damit wird der Bedarf an Ersatzteilen im heutigen Umfang entfallen. Die Instandsetzungen werden eine andere Bedeutung erhalten.

Es werden nicht leichtfertig Zeit und Kräfte für die Herstellung einer großen Anzahl kurzlebiger Maschinen verbraucht, sondern Maßnahmen zur Verlängerung der Lebensdauer der Maschinen ergriffen werden. Der Verschleiß von Maschinenteilen, die der Reibung ausgesetzt sind, wird unvermeidlich sein, auch wenn er durch die Materialauswahl, durch Oberflächenverfestigung, durch besondere Oberflächenbehandlung, durch besondere Schmiermittel usw. weitestgehend eingeschränkt werden wird. Eine Lösung dieses Problems ist in der Schaffung von Werkstoffen zu sehen, die den Verschleiß durch stetige Volumenzunahme („Wachsen") kompensieren. Solche Stoffe können Legierungen mit einer metastabilen Struktur sein, deren Umwandlung von einer Vergrößerung des Volumens begleitet wird und die Verringerung der Abmessungen beim Verschleiß kompensiert.

Es besteht noch kein Anlaß anzunehmen, daß das Eisen als die Basis von Legierungen ganz durch andere Metalle verdrängt werden wird, obwohl auf vielen Spezialgebieten und neuen Gebieten Legierungen auf anderer Basis das Eisen verdrängen werden. Dennoch wird der Mangel an seltenen Metallen dazu zwingen, nach ihnen in der Erdkruste, im Meer und auf dem Meeresgrund sowie wahrscheinlich auch auf dem Mond und auf Planeten des Sonnensystems zu suchen. Gesteinsproben, die vom Mond mitgebracht wurden, weisen einen hohen Gehalt an Chrom, Titan, Yttrium und Zirkonium auf. Es ist nicht ausgeschlossen, daß für die Erzeugung verschiedener seltener Metalle auch die Rohstoffgewinnung auf dem Mond erwogen werden wird.

Je nach den Schürfergebnissen wird mit der Gewinnung der notwendigen Erze aus der Erdkruste unter dem Meeresgrund und wahrscheinlich auch aus sehr tiefen Schichten der Erde begonnen werden.

Schließlich ist auch die Nutzung des kosmischen Vakuums denkbar. Das würde die Bearbeitung leicht oxydierender Metalle (Molybdän, Vanadium, Wolfram usw.) in einem Maße erleichtern, das auf der Erde nicht zu erreichen ist. Die Schwerelosigkeit wird gestatten, nach einem einfachen Verfahren Kugeln herzustellen, deren Form ideal sein wird, und Metall ohne Seigerung nach der Wichte zu gewinnen. Betriebe für die thermische Bearbeitung, Schmiedewerke und Walzanlagen könnten auf dem Mond oder auf künstlichen Erdtrabanten stationiert werden. Die von sowjetischen Kosmonauten angestellten Experimente mit dem Metallschweißen beweisen, daß in der UdSSR die Beherrschung der Technologie der Metalle im Kosmos beginnt.

2.5. Das Problem der Zerstörung in der Physik der Festigkeit

V. L. Indenbom und A. N. Orlov

Einleitung

Die jüngsten Diskussionen zur Mechanik der Zerstörung zeigten deutlich eine allgemeine Tendenz der Festkörpermechanik, solche Lösungswege für das Festigkeitsproblem zu suchen, die faktisch schon der Physik der Festigkeit nahekommen. Sie bemühen sich, wenn auch noch etwas schüchtern, die realen Verhältnisse der inhomogenen Struktur des Festkörpers zu berücksichtigen, die infolge der Verformung, des Einflusses von Mikrospannungen, von Strukturdefekten und von Rißkeimen entstanden ist. Zur gleichen Zeit verhalten sie sich zu dieser neuen Information über die Realstruktur der Festkörper, die ihnen die moderne Physik der Festigkeit gibt, mit äußerster Vorsicht und traditionsbefangen. Sie trauen sich noch nicht zu den von den Physikern vorgeschlagenen neuen Methoden und der neuen Art der Beschreibung von Verformungen und Spannungen überzugehen. Andererseits ist in der Physik der Festkörper bereits eine erhebliche praktische Erfahrung angesammelt worden. Es hat sich gezeigt, daß es durchaus keine so einfache Aufgabe ist, auf der Basis der Untersuchungsergebnisse am Elementarakt der plastischen Verformung und Zerstörung eine makroskopische Theorie der plastischen Verformung auszuarbeiten. Zur Untersuchung des Festigkeitsproblemes ist heute eine kühne und tiefgreifende Kooperation zwischen Physikern und Mechanikern notwendig, wobei man sich auch von einigen schon begangenen Wegen abwenden und die neuen Untersuchungsmethoden in der Materialforschung in bezug auf ihre Möglichkeiten und Perspektiven nüchtern analysieren muß.

Mikromechanik der plastischen Verformung und Zerstörung

Es ist kein reines Gedankenexperiment, wenn man sich bemüht, das mechanische Verhalten in der Physik der Festigkeit durch elementare atomare Prozesse zu beschreiben, sondern es wird durch die moderne experimentelle Technik, die es gestattet, das Kristallgitter und seine einzelnen Defekte zu betrachten, direkt gestützt. Elastische und plastische Verformung, die bei einer makroskopischen Beschreibung schwer zu unterscheiden sind, kann man in der Sprache der benachbarten Atome und der zwischenatomaren Bindung leicht unterscheiden: Belastete Bindungen bei Erhaltung der nächsten Nachbarn entsprechen den elastischen Verzerrungen und ein Wechsel oder der Verlust der nächsten Nachbarn entspricht der plastischen Verformung.

Im Fall einer diffusionsbedingten Plastizität beschreiben die Ströme j_k für die Punktdefekte des Gitters (Leerstellen oder Zwischengitteratome) unmittelbar einen Massentransport. Der Gradient dieses Stromes ergibt die Geschwindigkeit für die Veränderung der lokalen plastischen Verformung u_{ik}^P

$$\dot{u}_{jk}^P = j_{k,j}. \tag{1}$$

Die Spur der Tensorgleichung (1) bestimmt die lokale Änderung der Dichte des Körpers

$$\frac{\mathrm{d}}{\mathrm{d}t}\frac{\Delta V}{V} = \dot{u}_{kk}^P = \operatorname{div}\boldsymbol{j}. \tag{2}$$

Im Falle der Versetzungsplastizität würde die Geschwindigkeit der plastischen Verformung unmittelbar durch die Bewegung der Versetzungen bestimmt,

$$\dot{u}_{jk}^P = I_{ik}, \tag{3}$$

wobei I_{ik} der k-ten Komponente des summarischen Burgers-Vektors aller Versetzungen entspricht, die in der Zeiteinheit eine Einheitsfläche längs der Achse i schneidet.

Die Bewegung der Gitterdefekte erfolgt unter dem Einfluß lokaler Spannungen, die auf Grund der hohen inneren Spannung um ein Vielfaches die makroskopischen, an die Probe angelegten Spannungen übersteigen können. Es ist möglich, das Feld der Mikrospannungen mit Hilfe der Dispersion von Spannungen zu beschreiben. Das ist eine der in der Physik der Festigkeit schon gelösten Aufgaben, und zwar im Zusammenhang mit der Berechnung der latenten Energie, der Änderung der Dichte, der Streuung von Röntgenstrahlen, der Änderung von magnetischen und anderen Eigenschaften verformter Kristalle und von Polykristallen. Die Berücksichtigung der Spannungsdispersion ist jedoch bereits bei der Abschätzung der makroskopischen Verformungsverfestigung nicht ausreichend, und es ist notwendig, den Anteil einzelner Komponenten der Versetzungsstruktur und ihre räumlich inhomogene Verteilung zu berücksichtigen.

Das Verhalten der Gitterdefekte unter dem Einfluß der entsprechenden lokalen Spannungsfelder wird als Mikromechanik verformter Körper bezeichnet. Dabei sind bei den inneren Spannungen auch die durch die Defekte selbst hervorgerufenen Spannungen zu berücksichtigen. Es hat also den Anschein, als ob wir die Schwierigkeiten der Mechanik nur vor uns her schieben. Anstatt eine Beziehung zwischen den makroskopischen, plastischen und elastischen Deformationen herzustellen, betrachten wir ein noch komplizierteres mikroskopisches Feld plastischer und elastischer Deformationen. Die Zweifel der Mechaniker in bezug auf eine Möglichkeit zur Untersuchung dieser Aufgabe und zum entsprechenden Übergang zu einer makroskopischen Beschreibung auf dem Wege der Synthese aus elementaren Mechanismen ist also durchaus gerechtfertigt. Eine Lösung dieser Aufgabe wäre tatsächlich hoffnungslos, wenn die Physik der Festigkeit nicht über die Möglichkeiten des Experiments auf der Ebene der elementaren Deformations- und Zerstörungsprozesse verfügte. Dazu gehören die Möglichkeiten der unmittelbaren Untersuchung der mikroskopischen Spannungsfelder und der lokalen Konzentration von Punktdefekten, der Beweglichkeit von Versetzungen usw.

Die gewöhnlichen makroskopischen Methoden zur Untersuchung der Spannung, z. B. über photoelastische oder röntgentopographische Abbildung der Spannungsfelder der Versetzungen, geben nicht immer genügend Informationen. Die Versetzungen selbst sind jedoch ein gutes Objekt für die Untersuchung der lokalen Felder.

Aus dem Krümmungsradius von Versetzungslinien R kann man die Spannung $\sigma = b_i \sigma_{ij} n_j$ bestimmen, die in der Ebene einer Schleife in der Richtung des BURGERS-

Vektors $\boldsymbol{b}$ liegt

$$\sigma = T/bR, \tag{4}$$

T ist die lineare Spannung der Versetzung.

Im Falle einer ungleichmäßigen Verteilung der Punktdefekte wird die Krümmung durch die summarische Wirkung der mechanischen Spannung und des chemischen Potentials, das einer normalen mechanischen Spannung

$$\sigma = \frac{kT}{\Omega} \ln \frac{c}{c_0} \tag{5}$$

äquivalent ist, bestimmt. Hierbei ist c die Konzentration der Punktdefekte, c_0 ihre Gleichgewichtskonzentration, Ω die Größe des entsprechenden Atomvolumens.

Ein Überschlag für die Veränderung der Fläche der Versetzungsschleife dS gibt unmittelbar die Größe der lokalen plastischen Verzerrung

$$u_{ij}^{P} \, \mathrm{d}V = \sum n_i b_j \, \mathrm{d}S, \tag{6}$$

und hieraus folgt für die lokale plastische Verformung

$$\varepsilon_{ij}^{P} \, \mathrm{d}V = \sum \frac{1}{2} (b_i n_j + b_j n_i) \, \mathrm{d}S. \tag{7}$$

Speziell im Falle prismatischer Versetzungsschleifen ($b_i n_i \neq 0$) erhält man die lokale Dichteänderung, die der in der Schleife absorbierten Zahl von Leerstellen oder Zwischengitteratomen entspricht. Die Versetzungsschleifen sind gegenüber dem Gas der punktförmigen Gitterdefekte auf diese Weise nicht nur ein Meßinstrument für den Druck (d. h. als Manometer), sondern auch für den Verbrauch.

Die Versetzung als Sonde für die Untersuchung der lokalen Spannungsfelder wurden in Versuchen von A. A. Predvoditeljev und Mitarbeitern benutzt, um das Feld von Gleitbändern und Mosaikblockgrenzen zu untersuchen, indem sie einzelne Versetzungen durch diese Felder hindurchgeschoben haben.

In einer Arbeit von BLECHERMANN und NAZVLISCHVILI wurde das lokale Spannungsfeld aus der Krümmung von atomaren Ebenen, die unmittelbar im Elektronenmikroskop beobachtet wurden, bestimmt. Wenn die Form atomarer Ebenen, die einen Riß begrenzen, durch eine Funktion $u = u(x)$ gegeben ist, (siehe Abb. 1), wo x der Abstand vom Riß, und $u = 2y$ die Rißweite ist, so ist die Normalspannung, die auf die beobachtete Fläche wirkt, beschrieben durch eine HILBERT-Transformation gegeben

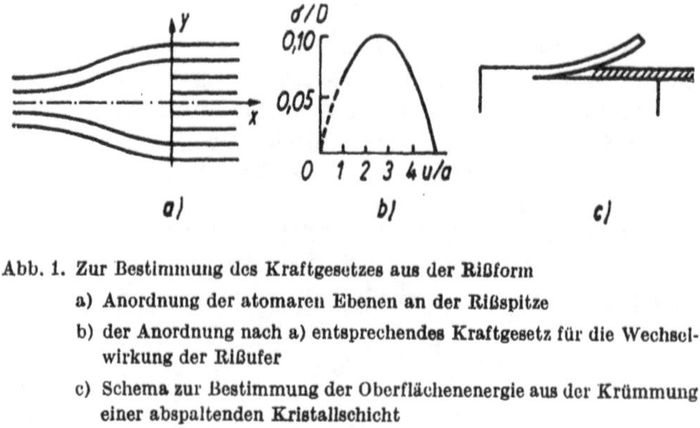

Abb. 1. Zur Bestimmung des Kraftgesetzes aus der Rißform

a) Anordnung der atomaren Ebenen an der Rißspitze

b) der Anordnung nach a) entsprechendes Kraftgesetz für die Wechselwirkung der Rißufer

c) Schema zur Bestimmung der Oberflächenenergie aus der Krümmung einer abspaltenden Kristallschicht

durch

$$\sigma(x) = D \int_{-\infty}^{\infty} \frac{\frac{du}{dt}}{t - x} \, dt, \tag{8}$$

D ist ein elastischer Modul.

Durch Ausschließen der Variablen x aus der Beziehung $\sigma = \sigma(x)$ und $u = u(x)$ ist es möglich, eine Funktion $\sigma = \sigma(u)$, das Gesetz für die Wechselwirkung atomarer Ebenen, d. h. faktisch ein Kraftgesetz, das in der mikroskopischen Theorie für Risse auftritt, abzuleiten. In der Arbeit von BLECHERMANN an Kupferphtalocyanid wurde diese Beziehung verifiziert mit einem stetigen Verlauf und einem Maximum des E-Moduls bei einem Abstand von 2,7 des Gitterparameters.

Die Idee dieser Methode ist der bekannten Idee von Obreimov vollkommen analog, der die Oberflächenenergie aus der Biegung eines sich abspaltenden Glimmerplättchens bestimmte (Abb. 1c). Wenn Obreimov diese Krümmung hätte nicht nur mit der optischen Methode und einer Auflösung in der Größenordnung der Wellenlänge untersuchen können, sondern auch mit den Methoden der modernen Elektronenmikroskopie oder Röntgentopographie, so hätte er eben nicht nur die Oberflächenenergie, d. h. das Integral das Kraftgesetzes, sondern auch das Kraftgesetz selbst gefunden. Durch den Übergang auf das Niveau der Versetzungsbeschreibung mit ihrer Auflösung und ihren Experimenten werden die gewöhnlichen Methoden der Mechanik grundlegend modifiziert. Als Beispiel sei angeführt, daß auch eine Fraktographie auf atomarem Niveau mit der heutigen Experimentiertechnik zur Dekoration von Spaltflächen möglich ist und daß man diese Methodik erfolgreich für die Untersuchung von feinen Details des Aufbaues der zerstörten Kristalle und für die Aufklärung von elementaren Wechselwirkungsprozessen zwischen wachsenden Rissen und Versetzungen sowie anderen Gitterdefekten benutzen kann.

Ein weiteres Beispiel für das erfolgreiche Vordringen der Methoden der Versetzungsmikromechanik in die Praxis der mechanischen Materialprüfung ist der Fortschritt, der mit der Anwendung der Methode der Mikrohärte erreicht wurde. Anstatt die Größe des Eindruckes zu bestimmen, untersucht man jetzt Parameter, die empfindlicher von der Struktur und den Materialeigenschaften abhängen, nämlich die sogenannten Versetzungssterne, die charakteristisch für die plastische Verformung unter dem Indentor sind. Schon ein einfaches Ätzen der Probenoberfläche gibt danach Informationen, die viel reichhaltiger sind als mit den alten Methoden. Ein schichtweises Ätzen, das die räumliche Struktur der Versetzungssterne offenlegt, gestattet Informationen über die gesamte Versetzungsspezifik der plastischen Verformung eines untersuchten Materials zu erhalten.

Eine Spezifik der Mikromechanik besteht in dem hohen Wert nicht nur der statischen, sondern auch der dynamischen inneren Spannung. Hierzu gehören besonders die Spannungen, die nicht von der Bewegung von Gitterdefekten, sondern durch thermische Fluktuation, d. h. durch die Bewegung von Phononen, hervorgerufen sind. Die Fluktuationen von Schubspannungen in einem Volumen V bei der Temperatur T haben entsprechend den Gesetzen der statistischen Physik die Amplitude

$$\sigma_T = (GkT/V)^{1/2}, \tag{9}$$

wobei G der Schubmodul und k die Boltzmann-Konstante sind. Für Punktdefekte $V \approx \Omega$ ist die durch die Fluktuation bestimmte Komponente der Spannungen dominierend, so daß die orientierte Bewegung der Defekte (eine gerichtete Diffusion) vor dem Hintergrund einer intensiven Wärmebewegung abläuft. Für Versetzungssegmente $V = b^2 l$ mit der Segmentlänge l ist die durch die Fluktuation bedingte Spannung (9) etwa von der gleichen Größenordnung wie die Spannung dieses Segmentes $\sigma_0 = \frac{Gb}{l}$, die die Segmentkrümmung und den Verlust der Stabilität bestimmen. Eine Gleichheit zwischen den Spannungen σ_T und σ_0 wird erreicht, wenn das Verhältnis b/l die Größenordnung von kT/Gb^3 erreicht. In den Aufgaben zur Bewegung von Versetzungen ist es besonders wichtig, die Fluktuationen zu berücksichtigen, wenn die thermische Fluktuation die Versetzungen bremsen kann (dynamische Energieverluste schnellbewegter Versetzungen, amplitudenabhängige innere Reibung) oder wenn umgekehrt das Überwinden verschiedener Barrieren durch Versetzungen erleichtert wird (Erzeugung paarweiser Sprünge, Überwindung von Punktdefekten und von anderen lokalen Hindernissen, Versetzungshysterese u. a.).

Die Existenz kristalliner Körper, die von der Physik

der Festigkeit untersucht wird, darunter auch das plastische Fließen und die Zerstörung, ist das Leben der Gitterdefekte, ihre Erzeugung, Bewegung und Wechselwirkung, und zwar nicht nur der Versetzungen, unter den Bedingungen hoher innerer Spannung und thermischer Fluktuation. Vor nicht allzu langer Zeit wurde sogar bestritten, daß es möglich ist, die Versetzungen in die Zahl der gesetzmäßigen Gitterdefekte einzureihen, wobei in der Halbleiterindustrie die Kontrolle der Versetzungsdichte in Kristallen bereits eingeführt wurde, als die Wissenschaftler noch diskutierten. Danach erreichten die Versetzungen ihre allgemeine Anerkennung, aber unbegründeterweise wurden die Punktdefekte vergessen. Gegenwärtig erkämpfen sich die Mikrorisse ihre Anerkennung als typischer Gitterdefekt. Solange ein Material lebt (und dient), enthält es Risse, so daß die Anwesenheit von Rissen kein exotisches Ereignis, kein kritischer Zustand oder eine andere Abnormität ist, sondern der reale Zustand eines realen Materials, das seine gleichberechtigte Beschreibung, eine allseitige Untersuchung und eine praktische Nutzung verlangt. Die Vorbereitung eines Materials zur Zerstörung durch die Ansammlung von Defekten und die Zerstörung selbst sind kinetische Prozesse, die von der realen Materialstruktur abhängen und vom Niveau der thermischen Fluktuationen. Deshalb wird in der Festigkeitsphysik das Problem der Zerstörung von kinetischen Gesichtspunkten aus und nicht von der Position eines kritischen Ereignisses behandelt.

Die modernen Methoden der unmittelbaren Beobachtung von Gitterdefekten geben uns eine reichhaltige Information über das innere Leben realer kristalliner Stoffe. Bei der Analyse dieser Informationen treffen Physiker jedoch auf Schwierigkeiten, die auch den Mechanikern bekannt sind. Die wichtigste Aufgabe besteht in der Suche nach solchen Strukturparametern, die den untersuchten Prozeß charakterisieren. Auch der Mechaniker muß sich solche Parameter ausdenken, indem er empirische Schemata den makroskopischen Eigenschaften der Materialien anpaßt. Die Physiker suchen oder wählen solche Parameter aus dem Überschuß an Informationen über die Struktur des Materials. Phantasie ist in beiden Fällen notwendig. Manchmal scheint ein Unterschied im Herangehen nur in Worten zu bestehen. Es ist nicht verwunderlich, daß in der Festigkeitsphysik zunächst die Zerstörungsfälle beachtet werden, bei denen nach makroskopischen Befunden die den Prozeßablauf bestimmenden elementaren Mechanismen identifiziert werden können.

Die bis heute angesammelten Daten zeigen, daß die Zerstörung einen äußerst unterschiedlichen Ablauf nehmen kann in Abhängigkeit von der Struktur des Materials und der Form der plastischen Verformung, die die Zerstörung einleitet und mit ihr einhergeht. Betrachten wir einige typische Beispiele.

Punktdefekte im Zerstörungsprozeß

Unter den Bedingungen hoher Temperatur und geringer Spannungen verläuft die plastische Verformung polykristalliner Materialien über diffusionsbedingtes Fließen: Leerstellen werden an Korngrenzen erzeugt, die unter einem kleinen Winkel zur Zugspannung stehen, und sie werden an anderen Grenzen, die den größten Normalkomponenten der Zugspannung unterliegen, wieder absorbiert. Dabei erfolgt ein selbstkonsistentes Gleiten entlang der Korngrenzen. Wenn diese Bedingungen nicht ganz erfüllt sind, entstehen an den absorbierenden Grenzen oder an Eckpunkten dieser Grenzen Poren, die weiter wachsen. Der weitere Massentransport, der für das plastische Fließen notwendig ist, erfolgt dann auf Kosten des Porenwachstums. Man kann deshalb so rechnen, daß die Geschwindigkeiten für die Zerstörung und für die Verformung übereinstimmen. Durch die Vereinigung von Poren entstehen Magistralrisse. Dabei ist die kritische

Verformung größenordnungsmäßig durch das Verhältnis zwischen dem Porendurchmesser und dem Korndurchmesser gegeben. Die Lebensdauer ist umgekehrt proportional der Kriechgeschwindigkeit und kann zufriedenstellend aus der Lösung der Diffusionsaufgabe für das Wachsen und die Vereinigung von Poren abgeschätzt werden. Wenn man einige unwesentliche Zahlenfaktoren vernachlässigt, erhält man

$$\frac{D\tau}{L^2} = \frac{kT}{\Omega(\sigma - P)}, \tag{10}$$

mit τ Lebensdauer, D effektiver Selbstdiffusionskoeffizient (Volumen- oder Korngrenzendiffusion); L Abstand zwischen den Porenkeimen; σ Normalzugspannung, P zusätzlicher isostatischer Druck. Eine Beziehung zwischen dem Kriechen und der Lebensdauer, dem Einfluß der Temperatur, der Form des Spannungszustandes und der Struktur des Materials wird in diesem Falle offen sichtbar.

Die Rolle dieses rein diffusionsmäßigen Kriechens wird geringer mit der Erniedrigung der Temperatur und der Erhöhung der Spannungen. Die Leerstellen entstehen schon nicht mehr an den Korngrenzen, sondern in immer größerer Zahl innerhalb der Körner als ein Nebenprodukt der Versetzungsbewegung. Der Anteil dieser Bewegung an der plastischen Verformung nimmt zu, aber der Mechanismus des Wachsens und der Vereinigung von Poren behält für die Zerstörung noch seine Bedeutung.

Wenn die Temperatur geringer wird als die Hälfte der Schmelztemperatur und wenn die Spannungen so groß werden, daß sie die Aktivierungsenergie um einige kT erniedrigen, so beginnt ein Bereich, der von Žurkov speziell untersucht wurde und der durch eine sehr einfache Kinetik des Kriechens und der Zerstörung charakterisiert ist. Wie schon im Fall der Gleichung (10), hat das Kriechen und die Zerstörung die gleiche Aktivierungsenergie U, wobei U linear von der Spannung σ abhängt und bei einer Extrapolation auf $\sigma = 0$ die Energie der

Selbstdiffusion erheblich übersteigt:

$$\tau = \tau_0 \exp \frac{U_0 - \gamma\sigma}{kT}; \tag{11}$$

$$\dot{\varepsilon}^P = \frac{\varepsilon_0}{\tau_0} \exp\left(-\frac{U_0 - \gamma\sigma}{kT}\right). \tag{12}$$

Der vorexponentielle Faktor τ_0 ist von der gleichen Größenordnung wie die Periode der atomaren Schwingungen, die Konstante U_0 stimmt ungefähr mit der Sublimationswärme überein, und lediglich das Aktivierungsvolumen γ ist eine strukturempfindliche Charakteristik des Materials.

Experimentelle Untersuchungen der Struktur von Metallen unter den für die Beziehung (11) und (12) geltenden Beziehungen haben gezeigt, daß das Gesetz von ŽURKOV dem Kriechen einer Blockstruktur entspricht, die vom Wachsen der Blockabmessungen bei einem stetigen Zerfließen der Blockgrenzen begleitet wird. Die Blöcke sind um wenige Zehntel Minuten desorientiert, so daß an der Stelle, an der Grenzen aufbrechen, zweifellos hohe Spannungen auftreten. In diesen Versuchen ist es jedoch nicht gelungen, den Mechanismus für die Zerstörung dieser Zwischenblockgrenzen und die Bildung von Rissen an ihnen zu finden, obwohl in anderen Materialien die Entstehung von Rissen an Blockgrenzen oft beobachtet wurde und der Mechanismus für die Zerstörung dieser Zwischenblockgrenzen bei dem Hochtemperaturkriechen von polygonisierten Ionenkristallen in Versuchen von GEGUSIN und anderen detailliert untersucht wurden.

Die physikalische Interpretation des Gesetzes von ŽURKOV ist noch Gegenstand der Diskussion. So wurde der Versuch unternommen, dieses Gesetz mit dem Übergang von Leerstellensenken zur Erzeugung von Zwischengitteratomen zu begründen (die Richtung des Massentransports würde dabei erhalten bleiben). Einige Folgen dieser Zwischengitteratom-Hypothese wurden als recht exotisch betrachtet und nicht den Experimenten entsprechend. In den letzten Jahren erhielt diese Hypothese jedoch eine Reihe von experimentellen Bestätigungen.[1])

Die Realisierung des Gesetzes von Žurkov ist für Polymere schon sehr ausführlich geklärt und behandelt worden, auch die Zerstörung bei Ermüdung wurde schon geschlossen dargestellt. Deshalb sei hier nur kurz auf eine Besonderheit der Ermüdungszerstörung hingewiesen, auf die Entstehung der Ermüdungsbänder, in denen eine große Anzahl von Leerstellen vorhanden ist, die eine makroskopische Spannungskonzentration hervorrufen. Insbesondere an den Stellen, an denen diese Ermüdungsbänder auf die Metalloberfläche austreten.

Versetzungen und Risse

Die bisher aufgezählten Beispiele beziehen sich auf Zerstörungen, die durch Punktdefekte bedingt sind. In der Festigkeitsphysik wird den Versetzungsmechanismen für die Bildung und das Wachstum von Rissen eine nicht geringere Bedeutung beigemessen. Unter den Modellen, die in der Literatur wiederholt diskutiert wurden, seien besonders Modelle mit Rissen an den Enden von abgebremsten Gleitlinien erwähnt:

- Risse, die bei dem Gleiten in inhomogenen gebogenen Gittern entstehen,
- Risse, die durch die Vereinigung von gegeneinander laufenden Versetzungsbündeln entstehen, u. a.

In diesen Modellen wird, ausgehend von einer allgemeinen Idee von Stepanov, das Feld der inneren Spannungen betrachtet, das bei einer inhomogenen plastischen Verformung entsteht. Es wird die Möglichkeit zur Bildung

---

[1]) Der gegenwärtige Stand in dieser Frage wird in der Originalarbeit in einer Anlage durch Indenbom beschrieben.

von Rissen in diesem Feld bei Bedingungen betrachtet, bei denen die erforderliche Arbeit für die Bildung neuer freier Oberflächen auf Kosten der gespeicherten Energie der inneren Spannung zur Verfügung steht. Die energetische Bilanz wird aufgestellt, ohne die Details des in der Rißspitze ablaufenden Prozesses zu betrachten. Es wird lediglich vorausgesetzt, daß für die Rißbewegung, bezogen auf eine Einheitslänge der Rißfront, eine Energie von 2γ erforderlich ist, wo γ die spezifische Oberflächenenergie dieses Materials oder die effektive Oberflächenenergie mit Berücksichtigung des Verlustes für die plastische Verformung an der Rißspitze darstellt. Es wird weiter angenommen, daß die Versetzungsanhäufungen bei der Rißöffnung unbeweglich bleiben (über die eigentliche Bewegung der Versetzung und ihr Hineinlaufen in den Riß wird lediglich in Worten gesprochen). Schließlich wird angenommen, daß man die diskrete Natur der Versetzungsansammlung, die den Riß erzeugen, nicht zu betrachten braucht, und daß man diese Ansammlung kontinuumsmäßig, d. h. faktisch wie gleitende Risse, beschreiben kann. Alle diese vereinfachenden Annahmen sind durchaus nicht begründet und wurden in den letzten Jahren häufig kritisiert und überprüft.

Das makroskopische Herangehen an die Klärung der energetischen Vorteilhaftigkeit für die Rißentwicklung wird am einfachsten durch Berechnung der elastischen Energie durchgeführt, die im Probevolumen bei der Bewegung der Versetzung um eine Einheitslänge freigesetzt wird (Konfigurationskraft nach IRWIN). Im ebenen Fall beträgt diese Konfigurationskraft für einen geradlinigen Riß in der Ebene Z zwischen den Linien $x = x_1$ und $x = x_2 = x_1 + L$

$$F = \frac{\pi L}{4G} \left[\bar{\tau}_{yz}^2 + (1 - \nu)\left(\bar{\sigma}_{yy}^2 + \bar{\tau}_{xy}^2\right)\right]. \tag{13}$$

Hier ist $\bar{\sigma}$ die mittlere gewichtete Spannung in der Ebene y

zwischen den Geraden x_1 und x_2 auf dem Abschnitt (x_1, x_2).

$$\bar{\sigma} = \frac{2}{\pi L} \int_{x_1}^{x_2} \sigma_0(x') \sqrt{\frac{x_2 - x'}{x' - x_1}}\, dx'. \tag{14}$$

Der Ausdruck (13) löst die Frage über den Einfluß der Form des Spannungszustandes vollständig und bedarf nicht der Einführung von zusätzlichen Gliedern, die den isostatischen Druck berücksichtigen würden, wie das gelegentlich in der Literatur getan wird. Schreibt man

$$F = 2\gamma, \tag{15}$$

so erhält man ein energetisches Kriterium für das Rißgleichgewicht, das dem Kraftkriterium vom BARENBLATT äquivalent ist.

Das makroskopische Herangehen ist jedoch nur für makroskopische Risse ausreichend und nicht für sich bildende Mikrorisse, bei denen die Oberflächenenergie nicht der Rißfläche proportional und nicht längs des Risses konstant ist. Die Verringerung der Oberflächenenergie an der Rißspitze, die erstmalig von REBINDER bemerkt wurde, kann aus den Betrachtungen ebenfalls nicht ausgeschlossen werden, wenn die Länge dieser Abschnitte, auf denen die Verringerung vorkommt, im Vergleich zur Gesamtlänge des Risses nicht klein ist. Mit anderen Worten: für Mikrorisse ist es erforderlich, das Kraftgesetz für die Wechselwirkung zwischen den Rißufern konkret zu berücksichtigen und nicht nur das Integral dieses Kraftgesetzes, das die spezifische Oberflächenenergie des Materials ergibt.

Um die Rißform unter Berücksichtigung der Wechselwirkung der Rißufer zu untersuchen, muß man die der Gleichung (8) entsprechende nichtlineare Integralgleichung

$$\sigma(u) = D \int_{-\infty}^{\infty} \frac{du/dt}{t - x}\, dt \tag{16}$$

lösen. Hier und im weiteren wird der Einfachheit halber angenommen, daß der Riß aus Versetzungen entstanden ist, die in ihn hineingelaufen sind. Spannungen, die durch andere Quellen verursacht sind, kann man analog betrachten. Die Gleichung (16) ist ein direktes Analagon zu der bekannten Gleichung von Peierls und Nabarro, die das atomare Modell für eine Stufenversetzung beschreiben. Während jedoch im Modell von Peierls und Nabarro der Körper an der Versetzung in zwei elastische Halbräume längs der Gleitebene geteilt wird und in dieser Ebene im weiteren mit nichtlinearen Kräften wieder zusammengefügt gedacht wird, wird bei der Gleichung (16) der Schnitt längs der zusätzlichen Versetzungsebene durchgeführt, und das nichtlineare Gesetz der Wechselwirkung elastischer Blöcke, gegeben auf der rechten Seite der Gleichung (16), bekommt eine andere Form als in der Gleichung von Peierls und Nabarro und besteht faktisch aus zwei Kraftgesetzen, dem Gesetz der Wechselwirkung der atomaren Ebenen im Rißbereich und dem Kraftgesetz für das Paket von atomaren Ebenen, das den Versetzungskeil bildet.

In einer Arbeit wurde die Gleichung (16) für den Fall einer deutlich abgegrenzten Endzone behandelt, bei der der zentrale Teil des Risses frei von Spannungen ist, was im gewöhnlichen Peierls-Nabarro-Modell der starken Aufspaltung von Versetzungen entsprechen würde. Die Autoren haben für eine ganze Serie von Kraftgesetzen eine explizite parametrische Darstellung der Lösung gefunden, bei gleichem Anfangsmodul, gleicher Oberflächenenergie und Keildicke. Die verschiedenen Kraftgesetze beinhalten einen unterschiedlichen Abfall der Kräfte zwischen Atomebenen und folglich auch unterschiedliche maximale Bindungskräfte. Der Fortschritt, der sich bei der Ausarbeitung der mikroskopischen Rißtheorie abzeichnet, gestattet uns zu erwarten, daß in der nächsten Zeit der Prozeß der Bildung und Entwicklung von Rissen noch genauer betrachtet werden wird.

Eine andere Schwierigkeit der gegenwärtigen Theorie für die Rißentstehung ist mit der Notwendigkeit verbunden, den diskreten Aufbau der Versetzungsanordnung zu berücksichtigen. Bei einer kontinuumsmäßigen Beschreibung der Versetzungsanhäufung an der Rißspitze entstehen Singularitäten im Spannungsfeld wie $X^{-1/2}$, und entsprechend den Gleichungen (13) bis (15) müßte sich in einem solchen Feld der Riß unbehindert weiterentwickeln, soweit bei der entsprechenden Singularität der Faktor die erforderliche Größe proportional zu $\gamma^{1/2}$ erreicht hat. Wenn die Singularität durch eine Abhängigkeit $x^{-\alpha}$ mit $\alpha > 1/2$ gegeben ist, so fällt die Konfigurationskraft (13) beim weiteren Anwachsen des Risses. Der Riß erreicht eine bestimmte maximale Größe und verharrt dann. Bei $\alpha < 1/2$ wächst die Konfigurationskraft mit dem weiteren Anwachsen des Risses, und die schwierigste Etappe ist die Erzeugung des Risses. Der kritische Wert $\alpha = 1/2$, der bei der kontinuumsmäßigen Beschreibung der Anhäufungen auftritt, zeugt davon, daß es notwendig ist, die Beschreibung genauer vorzunehmen, zumindest im Falle der Anwendung der makroskopischen Rißtheorie. Ein anerkannter Fortschritt in dieser Richtung wurde in der letzten Zeit in einigen Arbeiten erreicht, die die Effektivität einer diskret-kontinuierlichen Auffassung demonstriert haben, wobei die Versetzungen im Kopf der Anhäufung diskret und alle übrigen kontinuumsmäßig beschrieben wurden.

Das diskret-kontinuumsmäßige Herangehen hat sich auch bei der Beschreibung der Wechselwirkung von Rissen mit Versetzungen als nützlich erwiesen. Es sei daran erinnert, daß die übliche Lösung unberechtigterweise lediglich eine passive kraftmäßige Beteiligung der Versetzungen vorsieht. Es ist jedoch verständlich, daß die Spannungsrelaxation beim weiteren Wachsen des Risses nicht nur durch die Öffnung des Risses, sondern auch infolge der Bewegung realer Versetzungen in der Nähe des Risses zustandekommt. Weitere qualitative Überlegungen wurden in einer Arbeit von Vladimirov und Channanov zur Frage der Wechselwirkung der wachsenden Risse mit Versetzungen angestellt.

Die schrittweise Bewegung von Versetzungen bei der Erzeugung von Rissen kann unter Berücksichtigung der thermischen Fluktuationen betrachtet werden. Das gestattet bei einer vorgegebenen Aktivierungsenergie die Erniedrigung der Spannung abzuschätzen, die für die Rißbildung erforderlch ist. Zum Beispiel kann die Rißbildung auf dem Weg über die Vereinigung von zwei gleichartigen Versetzungen mit der Spannung für eine nichtaktivierte Rißbildung verglichen werden. Die Berücksichtigung der Versetzungsbewegung beim Wachstum der Risse führt zu einer merklichen Veränderung für die Wachstumsbedingungen. So kann in Abhängigkeit von der Geometrie das Vereinigen von Versetzungen zu einem Riß erschwert oder auch erleichtert werden.

Ein zweiter Effekt ist mit der teilweisen Relaxation der Energie der Versetzungen gekoppolt, die in einen Riß hineinlaufen, und kann die Bedingungen für das Wachsen der Risse bei großen Versetzungsdichten in der Größenordnung von 10^{11} cm^{-2} verändern, wenn das Material ohne Schutz gegenüber Rissen ist, weil der Aufwand an Versetzungsenergie mit einem Überschuß durch die Verringerung der latenten Energie kompensiert wird. Zu analogen Einschätzungen für die maximale Versetzungsdichte gelangte Odink, der von energetischen Gesichtspunkten ausging.

Andere Aspekte des Zerstörungsproblems

Bei dieser Übersicht über den gegenwärtigen Stand zum Problem der Zerstörung in der Festigkeitsphysik soll der Vollständigkeit halber noch auf einige andere Richtungen hingewiesen werden, die im Verlaufe dieser Konferenz offenbar nicht genügend behandelt werden. Auch in dem vorliegenden Bericht mußte die Klasse der behandelten Gitterdefekte aus Zweckmäßigkeitsgründen eingeengt werden. Eine große Bedeutung besitzen für die Zerstörung auch Phasenausscheidung (Erzeugung von Rissen an Ausscheidungen bei zähem Bruch, Spannungsrelaxation an der Rißspitze auf Kosten martensitischer Umwandlungen usw.). Die Vorbereitung auf den Riß erfolgt nicht über die volumenmäßige Ansammlung von Defekten. In vielen Fällen, z. B. bei der Extrusion und Intrusion, bei Ermüdungsbelastungen, spielen Prozesse an der Probenoberfläche eine erstrangige Bedeutung. Entsprechende Erscheinungen werden in einem speziellen Bereich der physikalischen Chemie, in der physikalisch-chemischen Mechanik untersucht. Dabei hängen die mechanischen Eigenschaften solcher Materialien oft von der Natur und den Eigenschaften einer dünnen Oberflächenschicht ab, z. B. von Halbleitereigenschaften einer Oxidschicht auf einer Metalloberfläche. Die Untersuchung der Eigenschaften von Oberflächenschichten und die Erarbeitung von Methoden zu ihrer Verfestigung und Passivierung gestatten oft, die Festigkeit der Materialien um zwei Größenordnungen zu erhöhen.

In der Festigkeitsphysik werden erfolgreich Probleme zur Herstellung hochfester Materialien gelöst, die eine Festigkeit aufweisen, die den theoretischen Abschätzungen nahekommt. Dabei treten jedoch neue Fragen über den besonderen Ablauf der Zerstörung solcher Materialien auf, z. B. zur Sicherheit gegenüber Gewaltrissen, zum Schutz gegenüber zufälligen Schädigungen usw.

Zum Schluß sei noch erwähnt, daß die Festigkeitsphysik nicht nur die Möglichkeiten einer Erhöhung, sondern auch die zu einer Eniedrigung von Festigkeitseigenschaften fester Körper untersucht. Dieses Problem spielt bei der Erarbeitung neuer Methoden der spanenden Bearbeitung von Metallen, bei Methoden für eine gezielte Zerkleinerung von Stoffen und in einer Reihe weiterer für die Praxis wichtiger Fälle eine Rolle.

2.6. Der Zerstörungsvorgang in Festkörpern

A. I. Sluzker

Anfangs des 20. Jahrhunderts hatte sich die Vorstellung vom atomaren Aufbau der Stoffe durchgesetzt, die mechanische Zerstörung der Körper betrachtete man als Resultat der Wechselwirkung äußerer Kräfte mit einer Konstruktion aus Atomen, die durch Bindungskräfte miteinander verbunden sind. Es schien natürlich, die Fragen der Festigkeit eines Körpers (d. h. die Stabilität einer solchen Konstruktion aus Atomen) auf Grundlage einer direkten Gegenüberstellung der Kraft- oder Energiecharakteristik der interatomaren Wechselwirkung mit gleichartigen Charakteristiken der äußeren Einwirkung zu lösen. Hieraus leitete man Kriterien für die Festigkeit ab, wie z. B. die Grenzfestigkeit. Dabei wurde allerdings die Wärmebewegung der Atome ignoriert, die ja zur Folge hat, daß mit den äußeren Kräften kein statisches System wechselwirkt, sondern ein System, in dem sich die Teilchen in ungeordneter Bewegung befinden. Es zeigte sich jedoch, daß in der Mehrzahl der Fälle bei der mechanischen Zerstörung die Wärmebewegung eine entscheidende Rolle spielt, das forderte eine radikale Überprüfung herkömmlicher Konzeptionen.

Der Erörterung dieser Erscheinungen ist der vorliegende Artikel gewidmet. In ihm werden Ergebnisse dargelegt, die zum größten Teil im Physikalisch-Technischen Joffe-Institut der Akademie der Wissenschaften der UdSSR unter Leitung von Akademiemitglied S. Shurkow gewonnen wurden.

Die Grundlage für die Formulierung der Wärmenatur der mechanischen Zerstörung lieferten Untersuchungen des Verhaltens von Körpern unter Einwirkung einer konstanten Belastung. Wenn man an einem Körper eine Zugkraft anlegt, dann wird dieser Körper bei einem beliebigen Wert dieser Kraft zerreißen, sowohl bei großer, als auch bei kleiner. Unter Einwirkung einer großen Kraft zerbricht er lediglich schneller als unter Einwirkung einer kleinen Kraft. Experimente dieser Art zeigen die physikalische Haltlosigkeit des Begriffes „Grenzfestigkeit" — solche „Grenzen" gibt es einfach nicht. Als Ersatz trat die charakteristische Größe „Lebensdauer bei Belastung" auf. Die Lebensdauer eines Körpers (wir werden sie mit τ bezeichnen) ist die Zeit vom ersten Anlegen einer konstanten Spannung (σ) bis zum Moment des Bruchs des Körpers — des Zerfalls des Körpers in Teile.

Das Einbeziehen der Zeit in den Kreis der Festigkeitscharakteristiken führte sofort auf den Gedanken, daß die Zerstörung ein Prozeß und kein kritisches Ereignis ist. Die Untersuchung der Abhängigkeit der Lebensdauer von der Spannung und — besonders von der Temperatur erlaubte die grundlegenden Züge dieses Prozesses zu erklären — seine Wärmenatur.

Die Untersuchungen wurden mit verschiedenartigen Festkörpern durchgeführt: Metallen (polykristallin und monokristallin), Legierungen, Kristallen mit Ionenbindung und kovalenter Bindung, Polymeren, Gläsern und heterogenen Materialien. Die Lebensdauer wurde unter Einwirkung einer Belastung einfachster Art — einer einachsigen Zugkraft — gemessen. Die Lebensdauer konnte in einem großen Zeitintervall bestimmt werden: Die Messungen von τ überstrichen einige Zehnerpotenzen (von 10^{-3} s bis zu einigen Monaten). Die Temperatur wurde in den Grenzen von einigen hundert Grad variiert, man verwendete einen breiten Bereich von Spannungen. Bei jedem einzelnen Versuch wurde die Spannung in der Probe während der gesamten Lebensdauer konstant gehalten.

Wenn man die Temperatur konstant hält und von Probe zu Probe nur die Spannung ändert, beobachtet man für eine gegebene Art von Proben eine starke Abhängigkeit der Lebensdauer von der Spannung. Der Logarithmus der Lebensdauer fällt linear mit wachsender Spannung. Beispiele dieser Abhängigkeiten zeigt Abb. 1. Die Linearität der Abhängigkeit zwischen lg τ und σ besteht für Festkörper aller untersuchten Arten. Es versteht sich, daß sich die Linearität nicht bis in die Gebiete sehr kleiner ($\sigma \to 0$) und sehr großer Spannungen erstrecken kann. Im ersten Fall würde das den Zerfall eines Körpers in Teile innerhalb einer endlichen Zeit auch bei Fehlen äußerer Spannungen bedeuten. Es gelingt auch tatsächlich, bei

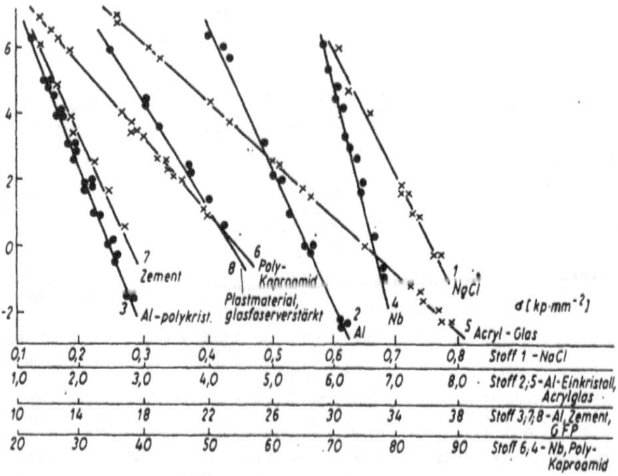

Abb. 1. Abhängigkeit der Lebensdauer von der Spannung bei konstanter Temperatur für Steinsalz, (1) Aluminium (2), Aluminiumpolykristalle (3), Niob (4), Akrylglas (5), Polykaproamid (6), Zement (7) und glasfaserverstärktes Plastmaterial (8)

$\sigma \to 0$ experimentell ein Abknicken der Abhängigkeit lg τ und σ und eine asymptotische Annäherung an die Ordinate zu beobachten. Im zweiten Fall würde es zum Zerfall des Körpers unter Belastung mit einer Geschwindigkeit größer als die Schallgeschwindigkeit führen, das ist ebenfalls unreal. Die Abhängigkeit von lg τ und σ muß für große σ in eine Horizontale bei 10^{-5} bis 10^{-6} s übergehen (für Proben mit linearen Abmessungen der Größenordnung Zentimeter). Das ist in Abb. 2 schematisch gezeigt. Dieser Übergang konnte bisher noch nicht experimentell nachgewiesen werden, an seiner Realität kann man jedoch kaum zweifeln.

Zwischen diesen beiden Typen von Krümmungen liegt ein genügend ausgedehnter Bereich linearer Abhängigkeit, der auch in der folgenden Analyse benutzt wird.

Die nächste Etappe bildet die Untersuchung der Ab-

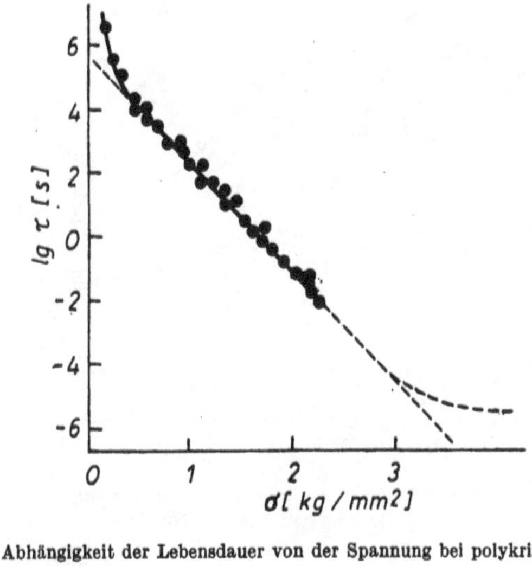

Abb. 2. Abhängigkeit der Lebensdauer von der Spannung bei polykristallinem Aluminium bei 400 °C

hängigkeit der Lebensdauer von der Spannuug bei verschiedenen Temperaturen. Es zeigte sich, daß bei Messungen bei einer Reihe von Temperaturen $T_1, T_2, T_3 \ldots$ für jede von ihnen die Abhängigkeit lg τ und σ linear bleibt, die Steigung der Geraden sich aber gesetzmäßig ändert (Abb. 3). Mit Erhöhung der Temperatur verringert sich der Anstieg der Geraden lg τ und σ, während er sich bei Erniedrigung von T vergrößert und der Vertikalen nähert. Dadurch wird auch das Auftreten einer solchen Charakteristik wie der „Grenzfestigkeit“ erklärt. Man bestimmte tatsächlich früher die Festigkeit von Festkörpern meist bei relativ niedrigen Temperaturen (für Materialien wie Steine, viele Metalle, Glas usw. sind schon Zimmertemperaturen genügend niedrig). Dann wurde die Abhängigkeit lg τ und σ so steil, daß die Illusion vom Schwellencharakter der Zerstörung entstand:

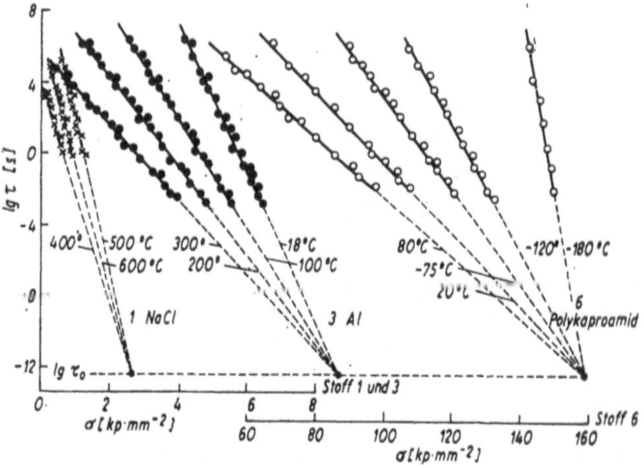

Abb. 3. Spannungsabhängigkeit der Lebensdauer bei Steinsalz, von Aluminium und Polykaproamid bei verschiedenen Versuchstemperaturen

Eine geringe Erhöhung von σ — und die Lebensdauer fällt auf wenige Augenblicke, eine geringe Verringerung von σ — und die Lebensdauer wächst auf astronomische Werte. Die Untersuchung der Lebensdauer in einem großen Temperaturbereich zeigt jedoch das Fehlen einer „Grenzfestigkeit“ als physikalische Materialcharakteristik.

Höchst interessant erweist sich der Umstand, daß die Schar linearer Abhängigkeiten lg τ und σ bei verschiedenen Temperaturen ein Bündel von Geraden darstellt, die sich alle in einem Punkt, dem Pol, schneiden (Abb. 3).

Es zeigte sich eine erstaunliche Tatsache: Für Festkörper aller Arten befindet sich dieser Pol praktisch bei ein und demselben Wert der Lebensdauer: 10^{-13} s. Es versteht sich, daß die Konstanz mit logarithmischer Genauigkeit erfüllt wird ($\lg \tau_0 \sim 13 \pm 1$, mit τ_0 als Lebensdauer im Pol), da der Pol Ergebnis einer ziemlich weiten Extrapolation ist (siehe Abb. 3).

Die experimentell erhaltenen Abhängigkeiten zwischen der Lebensdauer (τ), der Spannung (σ) und der Temperatur (T) erlauben es, eine analytische Relation zwischen diesen Größen aufzustellen.

Es zeigte sich, daß die Lebensdauer der Körper durch folgenden Ausdruck bestimmt wird:

$$\tau = \tau_0 \exp \frac{U(\sigma)}{kT} \tag{1}$$

mit

$$U(\sigma) = U_0 - \gamma\sigma \tag{2}$$

k Boltzmann-Konstante, T absolute Temperatur.

Als Zeugnis für die Anwendbarkeit der Ausdrücke (1) und (2) zur Beschreibung der experimentellen Daten über die Lebensdauer soll folgende Prüfung dienen: Die „Fächer" (der in Abb. 3 gezeigten Typen) müssen jeweils eine einheitliche Gerade ergeben, wenn man

$$U(\sigma) = kT \ln \frac{\tau}{\tau_0}$$

gegen σ aufträgt.

Als Beispiel sind in Abb. 4 die Ergebnisse einer entsprechenden Bearbeitung der experimentellen Daten für eine Reihe von Festkörpern angeführt (darunter auch der in Abb. 3 gezeigten). Es ist gut sichtbar, daß sich die Punkte sehr dicht längs einzelner Geraden, die jeweils einem der Materialien entsprechen, gruppieren. Diese Tatsache zeigt anschaulich, daß die Gleichungen (1) und (2) tatsächlich die Abhängikeit $\tau(\sigma, T)$ gut beschreiben. Alle

Schlüsse über die Natur der Zerstörung der Körper fließen aus der Analyse des Ausdruckes (1), der als Grundgleichung der Lebensdauer angesehen wird.

Bemerken wir zuerst den „seltsamen Umstand“, daß die Lebensdauer des Körpers in gleicher Art von der angelegten mechanischen Kraft (Spannung σ) und von der Temperatur (T) bestimmt wird. Beide Größen gehen in

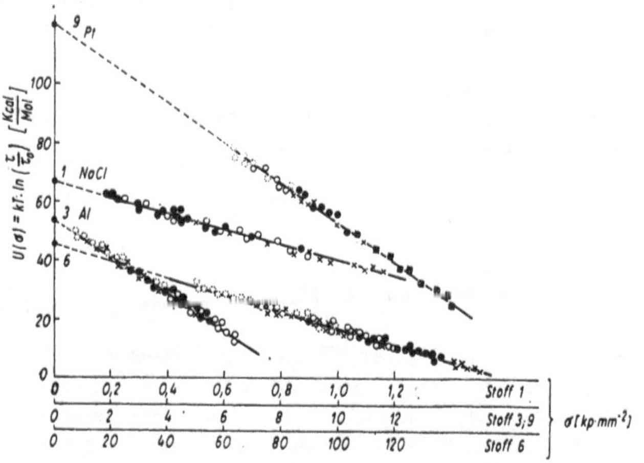

Abb. 4. Abhängigkeit der Aktivierungsenergie der Zerstörung von der Spannung, gemessen an Steinsalz (1), Aluminium (3), Polykaproamid (6) und Platin (9)

das Argument der Exponentialfunktion ein. Das schon allein weist darauf hin, daß die Wärmebewegung (sie wird durch die Temperatur charakterisiert) eine wichtige Rolle beim Zerreißen eines Körpers spielt. Beachten wir jetzt das genaue Aussehen der analytischen Verbindung von τ und T, die durch den BOLTZMANN-Faktor dargestellt wird (d. h. τ ist proportional dem Faktor $e^{\frac{U}{kT}}$). Um das auszunutzen, erinnern wir uns der fundamentalen Gesetzmäßigkeiten der Wärmebewegung der Atome in Festkörpern. Wie bekannt ist, gab J. FRENKEL, indem er die Lehre MAXWELLS und BOLTZMANNS weiterentwickelte, folgende Auslegung der Wärmebewegung der Atome: Im Festkörper schwingt jedes Atom um seine Ruhelage mit der Periode τ_a der Größenordnung 10^{-13} s und der Schwingungsenergie E_m ($E_m = kT$). Infolge der stochastischen Wärmebewegung konzentriert sich an jedem Atom von Zeit zu Zeit kurzzeitig eine erhöhte kinetische Energie E_{Fl}. Diese Ereignisse tragen die Bezeichnung Wärmefluktuation. Die mittlere Zeit τ_{Fl} zwischen zwei aufeinanderfolgenden Fluktuationen der Energie E_{Fl}, die am gleichen Atom stattfinden, wird nach FRENKEL durch die Gleichung:

$$\tau_{\mathrm{Fl}} \sim \tau_a e^{\frac{E_{\mathrm{Fl}}}{kT}} \tag{3}$$

beschrieben.

Vor allem fällt die erstaunliche Übereinstimmung der Ausdrücke (1) und (3) ins Auge. Unterstreichen wir noch einmal: $\tau_0 \sim \tau_a \sim 10^{-13}$ s! Die Übereinstimmung ist so groß, daß sich sogleich die Möglichkeit folgender Annahme ergibt: Die Wärmebewegung wirkt auf das Zerbrechen eines Körpers nicht in Form eines mittleren, verhältnismäßig schwachen „Wärmehintergrundes“, sondern in Form von „Wärmeblitzen“ — der Fluktuationen.

Eine Bekräftigung dieser Überlegungen ermöglichte die Erklärung des Sinns der letzten Größe in Gleichung (1), der Größe $U(\sigma) = U_0 - \gamma\sigma$. Es ist natürlich, daß die Gleichungen (1) und (3) bei $U(\sigma) = E_{\mathrm{Fl}}$ ineinander übergehen. Diese Gleichheit spiegelt das Wesen der Wärmefluktuationen wider, d. h. sie erlaubt festzustellen, wofür diese Fluktuationen verausgabt werden.

In Übereinstimmung mit allgemeinen Vorstellungen über kinetische, aktivierte Prozesse erlauben die Wärmefluktuationen den Atomen und Molekülen die Überwindung der Potentialbarrieren, die durch die Einwirkung der Nachbaratome erzeugt werden. Die Größe $U(\sigma)$ kann deshalb Aktivierungsenergie des Zerstörungsprozesses genannt werden, diese Energie hängt dabei von der anliegenden Spannung σ ab und erniedrigt sich mit wachsendem σ.

Die Größe U_0 (ursprünglich Aktivierungsenergie) wird aus den Messungen der Lebensdauer (siehe Abb. 4) bestimmt. Dabei wird $U(\sigma)$ bis zu $\sigma = 0$ extrapoliert.

Werte für U_0 sind für die in Abb. 4 gezeigten Daten und für eine Reihe anderer in Tabelle 1 zusammengestellt. Jetzt können diese Werte U_0 mit bekannten „nichtmechanischen" Größen verglichen werden: Der Aktivierungsenergie des Wärmezerfalls der interatomaren Bindungen (Sublimationsenergie bei Metallen; Energie der Thermodestruktion in Polymeren).

Diese Daten sind ebenfalls in Tabelle 1 angeführt. Es fällt sofort ins Auge, daß die Aktivierungsenergie der Zerstörung mit der Energie des Zerreißens der interatomaren Bindungen fast völlig übereinstimmt. Hieraus folgt ein einfacher Schluß: Die Energie der Wärmefluktuation wird für die Trennung der Atome im belasteten Festkörper ausgegeben. Das stellt das Wesen des Zerstörungsprozesses dar. Der Gedanke, daß ein Körper infolge des Bruchs der zwischenatomaren Bindungen zerreißt, ist trivial. Aber keineswegs trivial erweist sich im Lichte des oben Gezeigten die Weise der Trennung und die Rolle der äußeren Kräfte bei der Zerstörung eines Körpers. Früher glaubte man, daß die äußere Kraft auf die interatomaren Bindungen aufgeteilt ist und selbst das „Auseinanderreißen" der Atome in den Stellen bewirkt, wo die äußere Spannung die inneren Bindungen übertrifft. Sind die äußeren Kräfte jedoch schwach, dann findet kein Bruch statt — die Atome werden lediglich leicht voneinander entfernt.

Und eine Zerstörung würde natürlich nicht stattfinden, wenn sich nicht die Wärmebewegung, die Wärmefluktuationen, einmischten. Die Fluktuationen bewirken in Abwesenheit äußerer Kräfte Brüche der interatomaren Bindungen an verschiedenen Orten. Diese Brüche werden jedoch dank der Restauration (oder Rekombination) der zerrissenen Bindungen bald wieder liquidiert, weil zur Wiederherstellung der Bindung keinesfalls Fluktuationen mit größerer Energie als die, welche zum Aufbrechen

Tabelle 1

Stoff	τ_0	Aktivierungsenergie der Zerstörung	Aktivierungsenergie des Wärmezerfalls der Bindungen	γ	V_a	Koeffizient der Überspannung
Metalle	[sec]	$U_0 \left[\frac{\text{Kcal}}{\text{Mol}}\right]$	in $\frac{\text{Kcal}}{\text{Mol}}$	$[cm^3 \cdot 10^{23}]$	$[cm^3 \cdot 10^{23}]$	$n = \frac{\gamma}{V_a}$
			Sublimationsenergie			
Zink	10^{-13}	30	27	120	$\sim 1{,}5$	80
Silber	10^{-13}	62	65	126	$\sim 1{,}7$	74
Platin	10^{-13}	125	127	350	$\sim 1{,}5$	230
Aluminium geglüht bei						
550 °C	10^{-13}	55		660		400
420 °C	10^{-13}	55		430		260
290 °C	10^{-13}	55	55	320	$\sim 1{,}65$	195
gewalzt	10^{-13}	55		160		97
legiert (2% Mg)	10^{-13}	55		105		64
Silberchlorid	10^{-13}	31	30	740	$\sim 2{,}0$	370
Polymere			Energie der Thermodestruktion			
Polyvinylchlorid	10^{-13}	35	32	53	$\sim 5{,}0$	11
Polypropylen	10^{-13}	56	57	45	$\sim 5{,}5$	8
Polytetrafluoräthylen	10^{-13}	75	78	48	$\sim 4{,}0$	12
Polykaproamid:						
nichtorientiert	10^{-13}	45		127		60
orientiert,	10^{-13}	45		20		9,5
unter Ultraviolett-			43		$\sim 2{,}1$	
strahlung,	10^{-13}	45		58		28
plastifiziert	10^{-13}	45		31		15

führten, benötigt werden. Das Anlegen einer Zugkraft vermindert die Zerfallsenergie. Das bedeutet, es gibt mehr Zerfälle der interatomaren Bindungen als vor Anlegen der Belastung. Gleichzeitig erschwert die äußere Belastung die Rekombination. Die Atome befinden sich nach dem Zerfall der Bindung in einem größer als normalen Abstand voneinander entfernt. Für eine Wiederherstellung der Bindung sind jetzt sehr große Fluktuationen nötig, die jedoch selten auftreten. Das bedeutet, die Zerfallsgeschwindigkeit der Bindungen übersteigt die Geschwindigkeit ihrer Wiederherstellung. Im belasteten Körper beginnt eine Häufung zerbrochener Bindungen.

Jeder dieser Brüche wird jedoch nicht durch die äußere Kraft selbst hervorgerufen. Ein Atom mit durch die äußere Kraft gespannten Bindungen erwartet gleichsam die Ankunft einer Wärmefluktuation, die sich als eine Art Schere erweist und die interatomaren Bindungen zerschneidet.

Es ergibt sich, daß die Wärmefluktuationen der unmittelbar zerstörende Faktor sind. Die Energie für die Zerstörung des Körpers wird hauptsächlich aus seinem Vorrat an Wärmeenergie, und nicht aus der Arbeit der äußeren Kraft geschöpft. Die äußere Kraft spielt die Rolle eines Ventils, das die zerstörende Wirkung der Wärmefluktuation erleichtert und richtet.

Die Erkenntnis der entscheidenden Rolle der Wärmefluktuationen beim Prozeß der mechanischen Zerstörung eines Körpers bildet den Grundinhalt der Arbeiten über die kinetische Natur des Zerbrechens.

Abb. 5 zeigt schematisch eine Gegenüberstellung des alten, rein mechanischen mit dem neuen, thermofluktuativen Bild der Zerstörung eines Körpers.

Jetzt kann in allgemeiner Form der Begriff Lebensdauer und die Ähnlichkeit der Gleichungen (1) und (3), von denen eine sich auf den ganzen makroskopischen Körper und die andere auf ein einzelnes Atom bezieht, erklärt werden.

Wenn ein Körper zerbrechen, d. h. in Teile zerfallen soll, müssen in seinem Querschnitt alle Bindungen zerbrochen

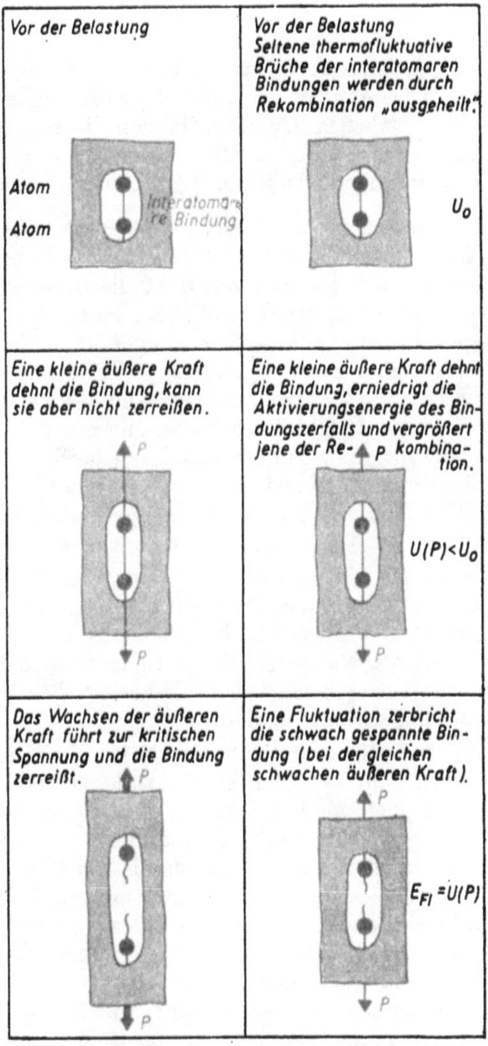

Abb. 5. **Traditionelle mechanische Vorstellung über den kritischen Bruch der interatomaren Bindungen unter unmittelbarer Einwirkung einer äußeren Kraft** — **Kinetische Vorstellung vom Bruch der interatomaren Bindungen infolge der Wärmefluktuationen**

werden. Die Lebensdauer unter Belastung ist folglich die Zeit, die dafür gebraucht wird, daß die Mehrzahl der Bindungen im gegebenen Querschnitt von Wärmefluktuationen der zerreißenden Größe „besucht" worden ist. Diese Fluktuationen erreichen verschiedene Atome zu verschiedenen Zeiten, im Verlauf von $\tau_{Fl} = \tau_0 e^{\frac{E_{Fl}}{kT}}$ „besucht" eine Fluktuation der Stärke E_{Fl} fast alle Atome im gegebenen Querschnitt und zerbricht die interatomaren Bindungen auf der Querschnittsfläche, wenn $E_{Fl} > U(\sigma)$ gilt. Das ergibt eine Lebensdauer τ ungefähr gleich τ_{Fl}.

Es versteht sich, daß die dargelegte Erklärung höchst schematisch ist (sie berücksichtigt keine lokalen Zerstörungen — wie Defekte und Risse, und auch Deformationserscheinungen, die zur Umverteilung der Spannungen auf der Querschnittsfläche führen, werden nicht beachtet), sie enthält jedoch die Grundzüge der thermofluktuativen Zerstörung.

Jetzt muß der letzte Parameter in den Gleichungen (1) und (2) betrachtet werden, der Koeffizient γ. Es zeigt sich, daß mit diesem Parameter die Fragen der geringen Festigkeit realer Körper im Vergleich zur theoretischen Festigkeit und der Verfestigung bei mechanischer Bearbeitung oder Legierung verbunden sind.

Es muß vor allem der Unterschied im Verhalten des Koeffizienten γ im Vergleich zu den anderen Parametern von Gleichung (1) geklärt werden. Wie schon bemerkt wurde, bleibt τ_0 praktisch unverändert für beliebige Festkörper und deren Zustände; das ist auch natürlich, da die Frequenz der Wärmeeigenschwingungen der Atome aller kondensierten Stoffe, fest oder flüssig, nahe der Zeit 10^{-13} liegt. Es zeigte sich, daß auch U_0 für einen gegebenen Stoff in einem beliebigen seiner Zustände konstant bleibt, gleichgültig ob der Körper vorher durch Erhitzen, mechanische Bearbeitung oder Legierung behandelt wurde. Im Unterschied zu τ_0 und U_0 verändert sich γ stark in Abhängigkeit von der Bearbeitung. Das wird aus den in Tabelle1 gegebenen Daten sichtbar: Die Aktivierungsenergie U_0 bleibt ungeändert für verschiedene Zustände von Aluminium oder Polykaproamid, γ ändert sich dagegen recht wesentlich.

Welchen physikalischen Sinn hat nun der Koeffizient γ? Bemerken wir zuerst, daß im Ausdruck $U(\sigma) = U_0 - \gamma\sigma$ der Term $\gamma\sigma$ diejenige Arbeit widerspiegelt, die die äußere Kraft (Spannung σ) bei der Zerstörung leistet. Den restlichen Teil der Arbeit, d. h. $U_0 - \gamma\sigma$, leisten die Fluktuationen. Diese mechanische Arbeit ist etwa gleich dem Produkt der Kraft, die auf ein Atom wirkt (f_i), und des Abstandes, auf den die Atome bis zu ihrer Trennung voneinander entfernt werden müssen (etwa das Doppelte der Reichweite der interatomaren Bindung).

Wenn die äußere Kraft gleichmäßig auf die Atome in der Querschnittsfläche verteilt ist, gilt: $f_i \sim \sigma l_a^2$ (l_a — interatomarer Abstand, der praktisch gleich dem Atomdurchmesser ist). Die Arbeit der äußeren Kraft beim Abreißen der Atome voneinander würde dann $f_i \cdot l_a \sim l_a^3 \cdot \sigma = V_a \cdot \sigma$ (V_a — Atomvolumen, das praktisch für alle Elemente gleich ist und etwa zwischen $2 \cdot 10^{-23}$ cm^3 und $3 \cdot 10^{-23}$ cm^3 liegt) betragen. Es ist nicht schwer zu sehen, daß der Faktor V_a dem Sinn nach äquivalent dem Koeffizienten γ aus den Gleichungen (1) und (2) ist.

Dann wäre folglich zu erwarten, daß der experimentell aus den Lebensdauermessungen bestimmbare Koeffizient γ konstant und nahe dem Wert 10^{-23} cm^3 ist. Aus der Tabelle 1 ist jedoch sichtbar, daß die experimentellen Werte von γ 10^{-23} cm^3 um viele Male übersteigen und von Material zu Material und bei verschiedenen Materialzuständen stark variieren.

Das kann am vernünftigsten dadurch erklärt werden, daß im belasteten Körper die wahren lokalen Spannungen (σ_{loc}) die mittleren stark übersteigen (und natürlich laufen an diesen Stellen die Zerstörungsprozesse am intensivsten ab). Mit anderen Worten: Der Term $\gamma\sigma$ kann auf folgende Weise geschrieben werden: $V_a \cdot \sigma_{loc}$. Dann gilt $\gamma = n \cdot V_a$, mit $n = \frac{\sigma_{loc}}{\sigma}$ dem Koeffizienten der Überspannnung. Die für eine Reihe von Fällen berechneten Werte n sind in der letzten Spalte der Tabelle angeführt. Diese Werte reichen von einigen Einern bis zu mehreren Zehnern.

Der Koeffizient γ kann folglich als Konzentrationsgrad der Spannungen im belasteten Körper angesehen werden.

Aus der Tatsache, daß bei verschiedener Bearbeitung eines Stoffes die Aktivierungsenergie der Zerstörung konstant bleibt, und sich lediglich der Koeffizient ändert, folgt ein wichtiger Schluß: Die interatomare Wechselwirkung, die durch die Nahordnung der Atome bestimmt wird, verändert sich bei Variation des Zustandes nicht; es finden Veränderungen der gegenseitigen Lage, der Form und der Größe von Gebieten mit Abmessungen von zehn bis hundert Atomdurchmessern statt. Das Vorhandensein einer solchen Überstruktur, oder auch von Defekten, bestimmt die lokalen Überspannungen, eine Veränderung der gegebenen Struktur führt zur Veränderung des Niveaus der Überspannungen (zur Veränderung von γ). Dieser Schluß erhielt in letzter Zeit experimentelle Bekräftigung (siehe unten).

Alles oben dargelegte stützt sich auf experimentelle Daten phänomenologischer Art: Es wurde das äußerliche Verhalten eines Festkörpers untersucht, seine Lebensdauer in Abhängigkeit von der Spannung und der Temperatur. Daraus konnten hinreichend ernsthafte Schlußfolgerungen über den Zerstörungsablauf gezogen werden.

Das Anlegen einer äußeren Belastung an einen Festkörper bewirkt eine Spannung der interatomaren Bindungen. Dabei wird auf Grund der Heterogenität des Aufbaus realer Stoffe die äußere Belastung ungleichmäßig über die Bindungen verteilt — es entstehen lokale Überspannungen. An diesen Stellen erniedrigt sich die Aktivierungsenergie des Zerfalls der Bindungen am stärksten. Eben an diesen Stellen sind die Prozesse des thermofluktuativen Bruchs der Bindungen am intensivsten. Hier informieren sich Zerstörungsherde, die den Anfang der zerstörenden Risse bilden. Nachdem sich ein Riß gebildet hat, konzentriert sich der Zerstörungsprozeß praktisch auf die Spitze des Risses, die infolge der gleichen thermofluktuativen Akte schrittweise den Körper zerschneidet. Der Schluß, daß in einem bestimmten Stadium des Zerreißens eines Körpers eine Lokalisierung der Zerstörung in Form von Rissen stattfindet, und daß diese Risse mit Hilfe der Thermofluktuationen wachsen, wurde durch direkte Untersuchung der Wachstumskinetik der Risse und Gegenüberstellung ihrer Wachstumsgeschwindigkeit und der Lebensdauer des gegebenen Körpers gezogen.

Es versteht sich, daß Bindungen auch an anderen Stellen des Körpers zerreißen, aber in den Spitzen der Risse ist die Überspannung nicht nur auf Grund der Überstruktur, sondern auch durch das Spannungsfeld des Risses selbst überhöht. Deshalb übersteigt hier die Entwicklung des thermofluktuativen Zerstörungsprozesses bei weitem die Zerstörung an anderen Punkten des Körpers.

Mittels Groß- und Kleinwinkelröntgenstreuung und der Elektronenmikroskopie wurde die Heterogenität des Aufbaus der Festkörper im überatomaren Maßstab bestimmt. Mit den gleichen Methoden konnten auch Spannungskonzentrationen gefunden werden. Es zeigten sich z. B. in kristallinen Polymeren amorphe Zwischenschichten und in der Mosaikstruktur von Metallen und Kristallen Grenzflächen zwischen den Blöcken.

Mittels der Infrarotspektroskopie wurde aus der Verschiebung und Deformation der Absorptionsbanden in belasteten Polymeren das Vorhandensein übermäßig gespannter Bindungen gezeigt, der Grad der Überspannung ermittelt (von einigen Einern bis zu vielen Zehnern) und die relative Konzentration der überlasteten Bindungen abgeschätzt.

Durch paramagnetische Resonanz, Massenspektrometrie und Infrarotspektroskopie wurde der Verlauf und die schrittweise Anhäufung von Brüchen der interatomaren Bindungen im belasteten Körper bestimmt. Die Untersuchung der Abhängigkeit der Zuwachsrate dieser

Brüche von Spannung und Temperatur und die Entdeckung, daß die flüchtigen Stoffe, die aus einem belasteten Körper abgesondert werden, mit den Produkten der Thermodestruktion identisch sind, bewiesen endgültig, daß die gespannten interatomaren Bindungen infolge Wärmefluktuationen zerbrechen. Schließlich konnten mittels Kleinwinkelröntgenstreuung und Streuung sichtbaren Lichtes in belasteten Körpern kleinste entstehende Risse beobachtet werden, deren Abmessungen einige zehn bis hundert Ångström betrugen und die infolge Anhäufung von Bindungsbrüchen an dem am stärksten gespannten Stellen auftraten.

Die Entwicklung des kinetischen Zugangs zur Zerstörung beziehungsweise Festigkeit erlaubt Fragen der Verfestigung der Materialien wissenschaftlich begründet zu lösen, sowie eine Analyse des Verhaltens der Materialien bei erhöhten Temperaturen (Hitzebeständigkeit), bei wechselnden, zyklischen Belastungen (Ermüdung) usw. Die alte Wissenschaft über die Festigkeit der Materialien trat auf Grundlage des neuen „Wärmestandpunktes" in eine Etappe der Überprüfung vieler ihrer Sätze, in die Etappe neuer intensiver Entwicklung.

2.7. *Physikalisch-chemische Mechanik der Kontaktwechselwirkung fester Körper*

A. Ju. Ischlinskij, J. A. Rebinder und I. V. Kragelskij

Die Erhöhung der Einsatzzeit und der Zuverlässigkeit von Maschinen wird angesichts des hohen Bedarfs der Volkswirtschaft eines der wichtigsten Probleme der Technik, sowohl in der UdSSR als auch in anderen industriell entwickelten Ländern. Als Folge der unzureichenden Lebensdauer der Maschinen hat die Volkswirtschaft bedeutende Verluste zu tragen, die das Tempo des technischen Fortschritts hemmen, den Aufwand an gesellschaftlicher Arbeit durch den Reparaturservice des

Maschinenparks erhöhen, die Ausnutzung der Produktionsmöglichkeiten des Maschinen- und Gerätebaues verschlechtern und die Effektivität des Materialaufwandes verringern.

Die hauptsächliche Ursache des Versagens von Werkstücken und Arbeitsorganen der Maschinen besteht nicht in ihrem Bruch, sondern in der Veränderung von Abmessungen der beweglichen Verbindungen und in der Beschädigung der Reibungsflächen. So verringert sich beispielsweise der Kompressionsgrad und man beobachtet Gasdurchbruch in Kolbenmotoren, wodurch sich ihre Leistung verringert. Es verschlechtert sich die Genauigkeit der Mechanismen und die Qualität der Erzeugnisse, die in spanabhebenden Werkzeugmaschinen produziert werden. Die Lenkung der Transportmittel wird gemindert, was sich auf die Verkehrssicherheit negativ auswirkt.

Die Abnutzung der Werkzeuge und der Arbeitsorgane von Maschinen senkt nicht nur die Produktivität, sondern führt auch zu einer Erhöhung des spezifischen Energieverbrauches für die Erzeugnisse. Infolge der Abnutzung entstehen Spielräume, Schläge in den Verbindungen und Vibration, was zu zusätzlichen Belastungen, zur Entstehung erhöhten Maschinenlärms und nicht zuletzt zum Verklemmen bewegter Teile führt. Das wiederum kann Havarien und Katastrophen zur Folge haben.

In unserem Land werden jährlich für Maschinenreparaturen 10 bis 13 Mrd Rbl. verbraucht, davon mehr als 5 Mrd Rbl. für die Reparatur von Autos, Traktoren, Landmaschinen und Ausrüstungen der metallverarbeitenden Industrie. Der Betrag für Reparaturen übersteigt nicht selten die Kosten für neue Erzeugnisse. In den zahlreichen Reparaturabteilungen der Werke, Traktorenstationen, Eisenbahnbetriebswerken und in Auto-, Luftfahrt- und Schiffsreparaturbetrieben usw. sind ungefähr 1 Million (!) Zerspanungsmaschinen in Betrieb, welche von einer ganzen Armee von Arbeiten bedient werden.

Nach Berechnungen ausländischer Ökonomen beträgt

der Verlust durch vorzeitigen Verschleiß von Maschinen in England 1,5 Mrd und in den USA mehr als 3,5 Mrd Dollar. In England besteht eine spezielle Regierungskommission für Probleme des Maschinenverschleißes. Hochschulen Englands und der DDR bilden seit 1965 Ingenieurkader als Spezialisten für Verschleißfestigkeit aus.

Der wirksamste Weg zur Erhöhung der Einsatzzeit der Maschinen besteht in der Erhöhung der Abriebfestigkeit von Reibungsteilen. In letzter Zeit nahmen viele Organisationen unseres Landes Arbeiten in dieser Richtung auf, wobei als bewährte Methoden die Erhöhung der Härte, das Aufbringen von Deckschichten und die Auswahl von Schmiermitteln ausgenutzt werden. Einige dieser Methoden verbessern die Abriebfestigkeit beispielsweise um 20—30%. Eine neue Wissenschaft, die physikalisch-chemische Mechanik, eröffnet jedoch die Möglichkeit zur Erhöhung der Abriebfestigkeit um mehrere Größenordnungen.

Worin besteht das Wesen der neuen Ideen?

Früher wurden Schmiermittel gewöhnlich als Schutzüberzüge auf den festen Stoffen betrachtet. Jetzt wird vorgeschlagen, die aktive physikalisch-chemische und chemische Einwirkung des Schmiermittels auf die Struktur der Oberflächenschicht des Festkörpers zu berücksichtigen, und auch elektrokinetische Prozesse, die an den Berührungsstellen ablaufen. Dabei ist es erforderlich, auf die Oberfläche der Stoffe, die am Reibungsprozeß beteiligt sind, selektiv einzuwirken und eine erhöhte Beweglichkeit in einer dünnen oberflächennahen Schicht zu gewährleisten. Das erreichen zwei Effekte, die „adsorptive Herabsetzung der Festigkeit der Festkörper“ und die „selektive Stoffübertragung“, deren gemeinsames Wirken eine quasiflüssige, plastifizierte Schicht erzeugt. In einer solchen Schicht werden Gleitverformungen bei der Reibung lokalisiert, wobei die sich im aktiven Zustand befindenden Mikroteilchen einen Effekt der Verschleißfreiheit mit einem Reibungskoeffizienten schaffen, der dem einer Flüssigkeit entspricht. Diese Mikroteilchen gehen dabei von einer Reibungsfläche zur anderen über. In diesem Zusammenhang ist es falsch, nur die mechanischen Charakteristika der Metalle und ihr Oxydationsvermögen zu berücksichtigen, wie es früher geschah. Es ist notwendig, eine Auswahl der Metalle vorzunehmen, indem man vom physikalischen und vom elektrochemischen Prozeß ausgeht, der in der oberflächennahen Schicht stattfindet und der zur Bildung einer aktivierten Schicht in der Kontaktzone führt, zu einem sogenannten dritten (Friktions-)Körper.

Auf der Grundlage der adsorptiven Senkung der Festigkeit und der selektiven Stoffübertragung werden im Kampf gegen den Verschleiß eine Reihe von Methoden ausgearbeitet. Das sind sowohl das metallplakierende Schmieren (Gleitmittel) mit oberflächenaktiven Komponenten (diese Schmiermittel schaffen an der Oberfläche dünne Schichten weichen Metalls, die vor Abrieb schützen), als auch neue metallpolymere Werkstoffe, die das Prinzip der selektiven Stoffübertragung bei der Reibung gewährleisten, sowie ein neuer technologischer Prozeß zur Bildung von Messingauflagen durch Friktion und Kupferlegierungen sowie flüssige Schmiermittel, die das Prinzip der selektiven Stoffübertragung gewährleisten.

Die Errungenschaften der Tribo-Mechanik und der physikalisch-chemischen Mechanik fester Stoffe ergaben zum Beispiel die Möglichkeit der grundlegenden Änderung des Fließens bei Oberflächenreibungsprozessen in Abhängigkeit von der Konfiguration des Kontakts, den Kontakt-Wechselwirkungen und den physikalisch-chemischen Einflüssen der Umwelt. Diese Leistungen werden jedoch infolge der ungenügenden Kooperation in den Untersuchungen der Mechaniker, Werkstoffkundler und der Spezialisten der physikalisch-chemischen Mechanik in der industriellen Praxis nicht verwertet. Diese Situation darf nicht geduldet werden, weil die Technik hohe Ansprüche an die Genauigkeit und Zuverlässigkeit der Funktion der Maschinenelemente und Mechanismen stellt, die sich unter den Bedingungen der Kontaktwechselwirkung befinden. Die Vereinigung der getrennten Untersuchungen wird zur Entwicklung eines neuen Wissensgebietes führen, zur physikalisch-chemischen Mechanik der Kontaktwechselwirkung. Betrachten wir einige ihrer perspektivischen Richtungen.

Untersuchung der Steifigkeit mechanischer Kopplungen

Die Steifigkeit an mechanischen Kopplungen wird vom Zustand der Oberflächenschicht bestimmt. Die Kontaktsteifigkeit im System Werkbank — Vorrichtung — Werkzeug—Werkstück bestimmt die Qualität der Herstellung von Werkstücken für den Maschinenbau und damit gegenwärtig insbesondere für den Präzisionsmaschinenbau, wo Mikrogenauigkeiten gefordert werden. Bei unzureichender Kontaktsteifigkeit unter Belastungsbedingungen erfolgt eine Annäherung der aneinandergedrückten Werkteile, und das führt zu einer Überschreitung der Toleranzen in der kinetischen Kette. Die so gefertigten Stücke weichen von den vorgegebenen Abmessungen ab. Von der Steifigkeit hängt die Stabilität und die Genauigkeit der Anzeigen, insbesondere gyroskopischer Geräte ab. Die physikalisch-chemische Mechanik und die Mechanik der Kontaktwechselwirkung gestatten die Berechnung der notwendigen Geometrie der Oberfläche an mechanischen Kopplungen, und sie empfehlen dafür optimale Werkstoffe und Schmierstoffe.

Untersuchung der Berührungsflächen

Die Zuverlässigkeit und die Lebensdauer elektrischer Gleitkontakte wächst bei der Zunahme der wirksamen Berührungsfläche und mit der Beseitigung der Oxidschichten. Durch die Realisierung des Effekts der selektiven Stoffübertragung gelingt eine wesentliche Steigerung der Arbeitsfähigkeit elektrischer Kontakte. Vor kurzem wurde eine Versuchsserie von Kommutatoren hergestellt, die Stromdichten bis 4 A/mm² zuließen und nach dem Prinzip der selektiven Stoffübertragung arbeiten. An diesen Kommutatoren fand man nach 2000 Stunden keinen Abrieb, während die meisten normal gefertigten nach dieser Laufzeit einen Abrieb von 5 mm aufweisen, was zum vollständigen Stillstand führte. Eine gute Kontaktleitfähigkeit, eine nichtoxydierende Reibung und der Effekt der Abriebfreiheit wird in Schwachstromkontakten ermöglicht, die aus Legierungen von Gold, Silber und Platin bestehen und unter Bedingungen, welche die selektive Stoffübertragung zulassen und die an der Kontaktoberfläche zur Entwicklung dünner Filme aus plastischem Gold führen. Die Kontaktwechselwirkung bestimmt auch Bedingungen der Wärmeabführung. Das ist besonders bei Bauteilen der Kernenergetik wichtig, wo die Wärmeabgabe äußerst intensiv ist und eine Reihe spezieller Maßnahmen zur Erhöhung der Wärmeableitung getroffen werden müssen.

Untersuchung der trockenen und der Grenzreibung

Die Reibung von Festkörpern wird vom Charakter der Kontakt-Wechselwirkung bestimmt. Die Sicherheit der Arbeit beweglicher Gelenke hängt maßgeblich von der Verwirklichung der erforderlichen Werte der Reibungskräfte ab. Der Grund für Betriebsstörungen ist das Unvermögen, die Reibungskräfte zu steuern. Das Abbremsen von reaktiven Flugzeugen, Hochgeschwindigkeitszügen (bis 500 km/h) sowie von Einschienentransportfahrzeugen hängt in erster Linie von der Realisierung genügend großer Reibungskräfte in den Bremsanordnungen ab. Der Betrag der Reibungskräfte kann, wie jüngste Untersuchungen ergaben, um mehr als das Zehnfache gesteigert werden, und zwar durch Veränderung des Charakters der molekularen Wechselwirkung der Festkörper und als

Resultat der Entstehung und Regeneration dünner beweglicher Schutzfilme unter der entsprechenden physikalisch-chemischen Einwirkung des äußeren Mediums.

Untersuchung des Verschleißes von Festkörpern

Wie wir schon sagten, kann durch Ausnutzung der zwei genannten Effekte die Intensität des Verschleißes von Maschinenelementen um einige Größenordnungen verändert werden. Eine Reihe von Maschinenbaubetrieben der UdSSR begann auf eigene Initiative, Methoden zur Verminderung des Verschleißes in die Praxis einzuführen. So steigerte z. B. die Odessaer Maschinenbaufabrik „Rote Garde“ durch Ausnutzen des Effektes der selektiven Stoffübertragung den Wirkungsgrad des globoiden Reduktors von 0,69 auf 0,9. Dabei erhöhte sich die Kapazitätsauslastung des Reduktors um 50—60%, ohne daß eine künstliche Kühlung erforderlich wird. Unter diesen Bedingungen verlängerte sich die Lebensdauer schneckengetriebener Teile um das Drei- bis Vierfache. Die Ausnutzung des Effektes der selektiven Stoffübertragung für Reibungsteile, die im Meerwasser arbeiten, gewährleistet eine wenig intensive Abnutzung und gestattet Belastungen bis zu 2000 kp/cm².

Schaffung neuer Werkstoffe

Unter Berücksichtigung physikalisch-chemischer Einflüsse der Umgebung gelang es W. A. Belom und B. J. Kupschinov durch geschickte Ausnutzung mechanisch-chemischer Prozesse, die an den Oberflächenabschnitten von Metall-Polymer- und Metall-Schmierstoff-Systemen ablaufen, prinzipiell neue Werkstoffe mit Kupferoxidul als Füllstoff zu entwickeln. Bei der Reibung wird das Kupferoxid zu reinem Kupfer reduziert, das an der Reibungsoberfläche einen dünnen plastischen Film bildet. Dieser unter Ausnutzung des Effekts der selektiven Stoffübertragung entwickelte Werkstoff arbeitet ohne

Schmiermittel und hat einen Abrieb, der um Größenordnungen kleiner ist als derzeit bei polymeren Werkstoffen.

Aus den betrachteten Richtungen der physikalisch-chemischen Mechanik der Kontaktwechselwirkung folgt, daß ihre Grundaufgaben in der Untersuchung der Prozesse liegen, die in einer dünnen Oberflächenschicht ablaufen, in der Untersuchung ihrer Verfestigung und Erweichung, der Rheologie, der strukturellen Veränderungen und der Übergangszustände sowie in der Untersuchung der Mechanik der Wechselwirkung mit der Umgebung, aber auch in der Ausarbeitung einer quantitativen Theorie zur Berechnung der Reibungskräfte und des Verschleißes.

Es ist offensichtlich, daß das Wissen über Reibung und Verschleiß auf molekularer Grundlage (die Aufdeckung des Mechanismus der starken Erweichung einer dünnen Oberflächenschicht) die Möglichkeit zur Verwirklichung einer praktisch verschleißfreien Reibung eröffnet. Für die erfolgreiche Nutzung der neuen Richtung und zugleich der theoretischen Erkundung ist die Gemeinschaftsarbeit mit Produktionsbetrieben erforderlich. Das wird helfen, die aktuellsten Objekte für Untersuchungen auszuwählen und die Arbeitsergebnisse in der Volkswirtschaft schneller zu nutzen.

Autorenverzeichnis

Lifschitz, Ilja Michailovich
Akademiemitglied; Leiter der theoretischen Abteilung im Institut für Physikalische Probleme der AW der UdSSR, Moskau;
Vorsitzender des Wissenschaftlichen Rates „Festkörpertheorie";
Arbeitsgebiet: Quantentheorie der Festkörper

Kaganov, Moisej Isaakovich
Doktor der physikalisch-mathematischen Wissenschaften;
Institut für Physikalische Probleme der AW der UdSSR;
Arbeitsgebiet: Theorie der Metalle und des Magnetismus

Kapiza, Pjotr Leonidovich
Akademiemitglied; Direktor des Institutes für Physikalische Probleme, Moskau; Chefredakteur des Žurnal Eksperimentalnoj i Teoreticheskoj Fiziki (ЖЕТФ);
Arbeitsgebiet: Tieftemperaturphysik und -technik, Supraleitung

Frankfurt, Uschev Jonovich

Frenk, Aleksander Moissevich

Arcimovič, Lev Andreevich, gest. 1973
Akademiemitglied: Akademie-Sekretär der Abteilung für allgemeine Physik und Astronomie der AW der USSR von 1957—1973;
Arbeitsgebiet: Elektronenoptische Systeme, Kernphysik, Isotopentrennung, Kernfusion, Plasmaphysik

KELDYSCH, Mstislaw V.
Mitglied der AW der UdSSR und Präsident von 1961 bis 1975; Direktor des Institutes für angewandte Mathematik;
Arbeitsgebiet: Mathematik und Mechanik

PROCHOROV, A. M.
Akademie-Mitglied; Nobelpreisträger 1964 (gemeinsam mit N. G. BASOV, UdSSR, und Ch. TOWNES, USA, für Arbeiten zur Quantenelektronik); Akademiesekretär der Abt. für allgemeine und Astrophysik der AW der UdSSR, als Nachfolger von ARCIMOVICH;
Arbeitsgebiet: Laser und Quantenelektronik

TREFILOV, Viktor Ivanovich
Korrespondierendes Akademiemitglied; Vizepräsident der Ukrainischen Akademie der Wissenschaften; Direktor des Institutes für Probleme der Materialkunde der AW der Ukrainischen SSR, Kiev;
Arbeitsgebiet: Metallphysik, Werkstoffentwicklung

TANANAJEW, I. V.
Akademiemitglied; Institut für allgemeine und anorganische Chemie, Moskau, Chefredakteur der „Isvestja AW der UdSSR, Serie Anorganische Stoffe“ (Известия АН СССР, серия Неорганические Материалы);
Arbeitsgebiet: Physikalische und anorganische Chemie

GULJAJEV, A. P.
Zentralinstitut für Schwarzmetallurgie, Moskau;
Chefredakteur der Zeitschrift „Metallkunde und Wärmebehandlung der Stoffe“ (Металловедение и термическая обработка металлов);
Arbeitsgebiet: Metallkunde, Technologie

INDENBOM, Vladimir Lvovich
Professor; Institut für Kristallographie, Moskau;
Arbeitsgebiet: Theorie der mechanischen Eigenschaften; Kristallphysik der Schmelze und Kristallisation

Orlov, Aleksej Nikolajevich
Professor; Physikalisch-Technisches Institut, Leningrad;
Arbeitsgebiet: Theorie der Plastizität und Festigkeit, Versetzungstheorie

Sluzker, A. I.
Professor; Physikalisch-Technisches Institut, Leningrad;
Arbeitsgebiet: Kinetik der Festigkeit

Ischlinskij, A. Ju.
Akademiemitglied; Institut für Physikalische Chemie, Moskau;
Arbeitsgebiet: Mechanik, Verschleiß, Automatisierung

Rebinder, J. A., gest. 1973
Akademiemitglied; Institut für Physikalische Chemie, Moskau;
Arbeitsgebiet: Physikalische Chemie, Grenzflächenaktivierung

Kragelskij, I. V.

Quellenverzeichnis

Die einzelnen Beiträge wurden mit freundlicher Genehmigung den unten aufgeführten Zeitschriften entnommen.

Beitrag 1.1.: „Die Zukunft der Wissenschaft“, Verlag Snanije, Moskau 1972, S. 69—86 bzw. „Zukunft im Blickfeld“, Urania-Verlag 1974

Beitrag 1.2.: Vortrag auf einem Internationalen Symposium über Wissenschaftsplanung (Prag 1971), veröffentlicht in „Nauka i Shizn“

Beitrag 1.3.: Auszug aus dem Buch der Autoren „Die Physik unserer Tage“, Verlag Nauka, Moskau 1971, S. 1971—192

Beitrag 1.4.: Vestnik AN SSSR **35** (1) 3—46 (1965)

Beitrag 2.1.: Izvestija 24. 8. 1974
Beitrag 2.2.: Thesen zu einem Vortrag anläßlich der Tage der sowjetischen Wissenschaft und Technik in der DDR, Nov. 1973
Beitrag 2.3.: Vestnik AN SSSR 2 (1972) 21–29
Beitrag 2.4.: Zeitschrift„ Metallovidenije i termiceskaja obrabotka metallov“ 4 (1970) 51–55
Beitrag 2.5.: Vortrag: V. Allunionskonferenz über Festigkeit und Plastizität, Juni 1970, Moskau; – gekürzt! Zeitschrift „Problemi Protschnosti“ 12 (1970) 3–11
Beitrag 2.6.: Zeitschrift „Ideen des exakten Wissens“ (Stuttgart) 7 (1970) 421–429
Beitrag 2.7.: Vestnik AN SSSR 36 (1) (1971) 64–67

Sachverzeichnis

Der Sammelband

- enthält Meinungen bekannter sowjetischer Wissenschaftler zur Entwicklung und zu den aktuellen Aufgaben der Festkörperphysik

- zeigt Wechselbeziehungen der Festkörperphysik zu anderen Disziplinen und zur Technik auf

- illustriert die Entwicklung der Wissenschaft zur Produktivkraft, die gesellschaftliche Verantwortung des Fachwissenschaftlers und die Bedeutung einer effektiven Wissenschaftsorganisation

- erläutert Zusammenhänge zwischen dem Aufbau, der Realstruktur und den Eigenschaften fester Stoffe

- wendet sich an alle naturwissenschaftlich und technisch Interessierten

WISSENSCHAFTLICHE TASCHENBÜCHER

www.ingramcontent.com/pod-product-compliance
Lightning Source LLC
LaVergne TN
LVHW092108300926
849161LV00002B/75
* 9 7 8 3 1 1 2 6 2 1 8 3 7 *